国家科学技术学术著作出版基金资助出版

时间域电磁法勘探的正演问题研究

胡祥云　李建慧　彭荣华　著

科学出版社
北　京

内 容 简 介

本书主要阐述了时间域电磁法的正演问题，具体包括基于拉普拉斯逆变换快速算法的磁偶源、回线源和电偶源一维正演理论和方法，基于结构化矩形块单元交错网格有限差分法、有限体积法及矢量有限单元法的矩形回线源三维正演技术和基于非结构化四面体单元矢量有限单元法的复杂形态回线源三维正演技术。本书还系统总结了时间域电磁法勘探成功案例背后蕴含的地球物理模型，包括矿床地质模型、水文地质模型、地质构造模型和人文模型，这些模型可为正演建模和资料处理解释提供有效指导。

本书可供地球物理专业的本科生、研究生以及从事电磁法勘探的科研和工程技术人员参考阅读。

图书在版编目(CIP)数据

时间域电磁法勘探的正演问题研究／胡祥云，李建慧，彭荣华著. —北京：科学出版社，2019. 6

ISBN 978-7-03-061720-0

Ⅰ. ①时…　Ⅱ. ①胡…②李…③彭…　Ⅲ. ①电磁法勘探-正演-研究　Ⅳ. ①P631. 3

中国版本图书馆CIP数据核字（2019）第121239号

责任编辑：张井飞　韩　鹏／责任校对：张小霞

责任印制：吴兆东／封面设计：耕者设计工作室

科学出版社出版

北京东黄城根北街16号

邮政编码：100717

http://www.sciencep.com

北京中科印刷有限公司　印刷

科学出版社发行　各地新华书店经销

*

2019年6月第　一　版　开本：720×1000　1/16

2023年9月第二次印刷　印张：10 1/4

字数：197 000

定价：138.00元

（如有印装质量问题，我社负责调换）

前　言

我国经济、社会持续快速发展的同时，固体矿产和能源供给不足问题日益突出。为了寻找更多接替资源，我国境内采矿活动深度不断加大，勘查对象正在经历由浅部至深部的转变。与此同时，我国生态环境退化问题逐渐凸显，如地下水短缺与污染。缓解与根治这些问题需要多学科、跨专业的综合研究，地球物理勘探就包含在这些学科之中。

电磁法（electromagnetic methods，EM）是指以地下介质的导电性、导磁性、电化学活动性和介电性差异为物质基础，根据电磁感应原理，通过观测和研究人工或天然电磁场随空间的分布规律或随时间的变化规律，开展资源勘查、水文地质调查等工作的一类地球物理勘探方法。根据发射场源性质，人工源电磁法又可分为两大类，即频率域电磁法（frequency-domain EM，FDEM）和时间域电磁法（time-domain EM，TDEM）。时间域电磁法又称为瞬变电磁法（transient electromagnetic methods，TEM），是利用不接地回线源或接地线源在地下激励产生一次脉冲磁场，并在一次脉冲磁场间歇期间利用线圈或接地电极观测地下介质中引起的二次感应涡流场，从而探测介质电阻率分布的一种地球物理勘探方法。时间域电磁法具有以下主要优点：发射一次电流即能完成测深，工作效率高；观测纯二次场，分辨率高；工作装置灵活多样，包括重叠回线、中心回线、分离回线、大回线、长偏移距、短偏移距、井-地等。这些优点也决定了时间域电磁法应用领域的广泛性，如城市地下空间探测、环境水文调查与监测、固体矿产勘探、地球深部构造研究等领域。

固体矿产资源日趋增大的勘探深度和近地表复杂的地质环境迫使时间域电磁法勘探正在经历两种变革：由一维和二维反演转向三维反演、由定性解释转向定量解释。三维反演技术作为定量解释的核心，它的发展需以精确、稳定、高效的正演算法为基础。基于此，本书聚焦于“时间域电磁法正演”这一基础问题，共分 6 章：第 1 章介绍了电磁法勘探正演研究现状与展望；第 2 章总结了用于时间域电磁法勘探的矿床地质模型、水文地质模型、地质构造模型和人文模型；第 3 章研究了时间域电磁法勘探的一维正演，发展完善了基于拉普拉斯逆变换快速算法的一维正演理论；第 4 章研究了基于结构化矩形块网格的交错网格有限差分法、有限体积法和矢量有限单元法三维正演；第 5 章研究了基于非结构化四面体网格的三维正演，实现了复杂地质体的带地形三维正演；第 6 章总结了本书取得的主要进展。

本书所列内容是在作者及科研团队共同努力下完成的。其中胡祥云负责总体设计，并撰写了第 1 章和第 2 章，李建慧撰写了第 3 ~ 第 6 章，并由彭荣华对内容进行校对和整理。加拿大纽芬兰纪念大学 Colin G. Farquharson 教授在本书所列的一维和三维正演研究中给予了大量帮助；课题组成员蔡红柱、曾思红、韩波、陈斌、刘亚军、李永东、李睿恒、邓华、邵欧阳、郭士明、图尔贡 · 塔依等参加了部分研究工作；其他科研院所的刘树才、姜志海、SeyedMasoud Ansari、Hormoz Jahandari、曹晓峰、凌成鹏、刘云鹤、卢绪山、龙剑波、曹书锦等专家学者对本书亦有贡献，在此一并感谢。前期科研工作及书稿撰写过程中，得到以下基金和资金的支持：湖北省自然科学基金创新群体项目“深部隐伏矿体的三维立体勘探”（2011CDA123）、“深地资源立体探测”（2015CFA019），国家自然科学基金（41504088、41630317 和 41874083）和国家重点研发计划“重大自然灾害监测预警与防范”重点专项项目“高精度地球物理场观测设备研究”（2018YFC1503700）。

希望本书的出版有助于读者较为系统地认识时间域电磁法正演问题，促进时间域电磁法的研究发展。由于作者水平有限，书中不足之处在所难免，恳请读者批评指正。

胡祥云
2018 年 5 月

目　　录

第1章　电磁法勘探正演研究现状与展望

1.1　时间域电磁法基本原理

时间域电磁法原理如图1.1所示。发射装置接通外加电源后，电流缓慢增大至I_0，持续一段时间后瞬时关断电流，电流快速降低至零［图1.1（a）］。外加电流的缓慢增大和快速关断都会引起变化的一次磁场，其强度与外加电流成正比。根据法拉第电磁感应定律，感应电动势也随之产生，其强度与一次磁场负变化率成正比［图1.1（b）］。在感应电动势作用下，导电介质中形成涡流，涡流因热损耗而不断衰减，进而感应产生二次磁场［图1.1（c）］，时间域电磁法即观测该二次磁场。

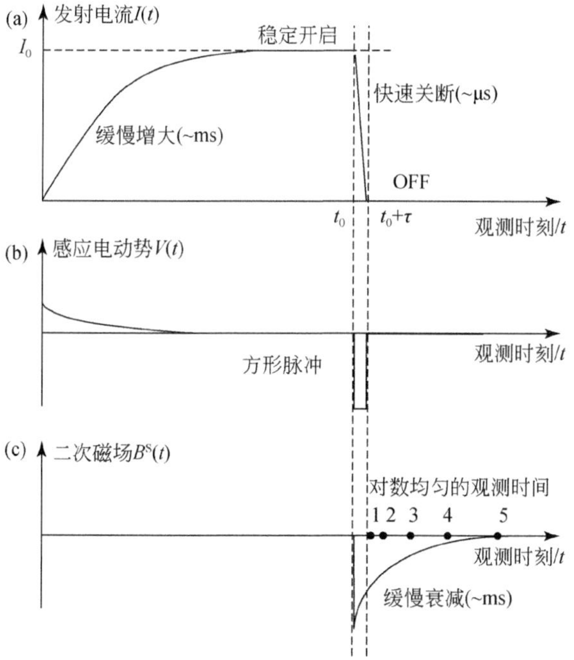

图1.1　时间域电磁法原理示意图（引自Everett，2013）

图1.2为磁性源频率域和时间域电磁法原理示意图，二者均可采用线圈观测磁场。二者区别在于频率域电磁法观测量同时包含一次场和二次场，而时间域电

磁法只观测纯二次场，即地下介质中涡流变化引起的二次磁场脉冲响应。由于观测量不存在一次场的影响，时间域电磁法具有近区观测、分辨率高等优点。

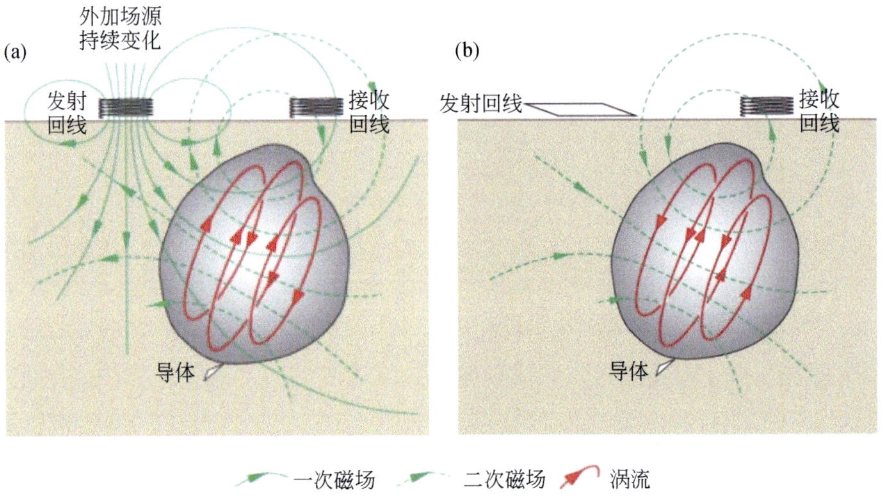

图 1.2　磁性源频率域和时间域电磁法原理示意图（原图引自 Dentith and Mudge，2014）

1.2　电磁法正演研究现状

电磁法勘探的高维正演计算是采用数值方法求解电磁场关于时间和空间变化偏微分方程的数学过程。

目前，电磁场正演计算均基于两种策略：总场算法和背景场/异常场算法(也称为一次场/二次场算法，为了有别于人工源电磁法中的一次场和二次场，本书使用背景场/异常场算法)。由于含 δ 函数场源项的奇异性，基于总场算法的正演计算极易造成场源附近数值解精度差的现象。采用非结构化网格剖分计算区域时，可通过局部加密场源附近网格来有效消除场源奇异性影响，改善数值求解精度。背景场/异常场算法将总场分为背景场和异常场，背景场由解析法求解均匀半空间或一维地电模型获取，而异常场由数值方法求取三维地电模型获取。总场算法和背景场/异常场算法互有优势：总场算法可处理任意复杂的场源和地电模型，背景场/异常场算法的计算精度更高，但需计算异常体分布区域的背景场。

正演计算的控制方程分为基于场和基于势两大类。采用基于场的控制方程时，模拟量即待求量，计算精度高，但当频率较低时，采用迭代法求解大型方程组的精度会受到影响。为了提高数值求解精度，需采用结合了散度校正技术的迭代法或者直接法求解大型方程组，影响了计算效率。采用基于势的控制方程时，迭代法也能较为精确地求解大型方程组，但需由微分计算将矢量势和标量势转化为电场和磁场，计算精度有所损失。随着计算机硬件水平和并行计算的快速发展，直接法求解方程组的优势日益突出，尤其对于多场源电磁法的正演计算，如航空和海洋可控源电磁法。

数值方法的应用发展与计算平台的发展密不可分（Farquharson and Miensopust，2011）。由于 20 世纪 80 年代计算机硬件水平的限制，电磁法三维正演最先使用的数值方法是积分方程法，其突出优点是只需对异常体网格剖分，待求解量小，即方程组阶数低（SanFilipo and Hohmann，1985；Newman et al.，1986）。90 年代至今，随着计算机处理器和存储技术的快速发展，有限差分法由于其算法简明、编程容易实现逐渐获得了广泛关注（Wang and Hohmann，1993；Newman and Alumbaugh，1995；Sasaki and Meju，2009；Streich，2009）。有限差分法需要对整个计算区域进行网格剖分，待求解量更大，生成系数方程组的阶数也随之增大，但是该方法可以用于更加复杂和通用模型的数值模拟。随后，有限体积法由于其能够更精确地处理场源项也逐渐被应用于电磁法三维正演（Haber et al.，2000；Weiss and Constable，2006；韩波等，2015；彭荣华等，2016）。近年来，Jahandari 和 Farquharson（2014，2015）发展了基于非结构化四面体网格的有限体积法，用于电磁法三维勘探。近 10 年来，非结构化网格剖分技术极大地促进了有限单元法在电磁法正演计算中的应用，同时也满足了对复杂地质体和地形开展正演计算的现实需求（Rücker et al.，2006；Li and Key，2007；Börner et al.，2008；Um et al.，2010；Ren et al.，2013；Ansari and Farquharson，2014；Grayver and Bürg，2014）。

1.2.1　频率域电磁法正演

除一维解析法外，频率域电磁法的正演按照维度还可分为二维、2.5 维和三维，这些正演均需数值方法参与完成。

1）二维正演问题

二维正演问题是指地电模型为二维、接地长导线源沿地电模型走向无限延伸的情况，即二维模型、二维场源问题。阎述和陈明生（1999a，1999b）发展和完善了无限长接地导线的有限单元法二维正演；陈小斌和胡文宝（2002）利用有限单元法二维正演分析了频率域电磁测深近区观测的可行性；王若等（2006）开展有限单元法正演时，在计算区域外边界加载了一阶吸收边界条件，并将伪 δ 函数引入场源项，提高了近区数值解精度。

2）2.5 维正演问题

2.5 维正演问题是指地电模型为二维，发射源为磁偶源、电偶源、回线源和接地长导线源的情况，即二维模型、三维场源问题。开展 2.5 维正演时，首先利用傅里叶变换将与地质构造走向一致的电磁场分量转换至波数域，再利用有限单元法等数值方法求取一系列波数的电磁场响应；最后利用傅里叶逆变换将波数域电磁场响应转换至空间域，进而获得二维模型的三维电磁场响应。基于电磁场数值模拟的背景场/异常场算法，Unsworth 等（1993）利用有限单元法实现了水平电偶源的频率域电磁法 2.5 维正演问题，并有效克服了场源的奇异性问题；底青云等（2004）将该算法应用于复杂介质的正演计算，为反演解释提供了良好依据。Li 和 Key（2007）基于背景场/异常场算法，利用自适应有限单元法实现了频率域海洋可控源电磁法的 2.5 维正演问题，场源为水平电偶源。2.5 维正演问题的另一种策略是采用电磁场数值模拟的总场算法，如何克服场源奇异性对数值解的不利影响是该策略的关键问题。Mitsuhata（2000）以伪 δ 函数代替 δ 函数处理场源项、克服了场源奇异性，实现了基于有限单元法的水平电偶源频率域电磁法 2.5 维正演；Mitsuhata 等（2002）延续上述思路，开展了接地长导线源频率域电磁法的 2.5 维正演和反演研究。

3）三维正演问题

三维正演问题是指地电模型为三维，发射源仍为磁偶源、电偶源、回线源和接地长导线源的情况，即三维模型、三维场源问题。基于电磁场数值模拟的背景场/异常场算法，国内外许多学者开展了电性源频率域电磁法的三维正演问题，Farquharson 和 Oldenburg（2002）采用了积分方程法，Weiss 和 Constable（2006）、韩波等（2015）采用了有限体积法；Sasaki 和 Meju（2009）、Streich（2009）采用了交错网格有限差分法；Schwarzbach 等（2011）、李勇等（2015）采用了矢量有限单元法。采用电磁场数值模拟总场算法是电性源频率域电磁法三维正演的另一有效策略。阎述和陈明生（2000）对利用矢量有限单元法开展电偶源频率域电磁法三维正演进行了探索研究。张继锋等（2009）基于电场矢量波动方程，利用节点有限单元法实现了水平电偶源的频率域电磁法三维正演，以伪 δ 函数代替 δ 函数处理场源项，改善了近区数值解精度；并以水平电偶源的一维解析解作为计算区域外边界条件。徐志锋和吴小平（2010）基于磁矢量势 Helmholtz 方程，采用稳定化节点有限单元法实现了水平电偶源的频率域电磁法三维正演，也以水平电偶源的一维解析解作为计算区域外边界条件。Ansari 和 Farquharson（2014）基于磁矢量势 Helmholtz 方程，采用基于非结构化四面体的矢量有限单元法实现了水平电偶源和接地长导线源的频率域电磁法三维正演，将接地长导线看作有限多个水平电偶源的组合，消除了场源奇异性对近区数值解的不利影响。Jahandari 和 Farquharson（2014，2015）基于电场总场 Helmholtz 方程，采用基于非结构化四面体和 Voronoï 网格的有限体积法实现了水平电偶源和接地长导线源的频率域电磁法三维正演，也将接地长导线看作有限多个水平电偶源的组合。

1.2.2　时间域电磁法正演

时间域电磁法的三维正演方法有频谱法、时步法及基于 Krylov 子空间技术的近似算法。无论采取哪类方法，均需采用数值方法，如积分方程法、有限差分法、有限体积法、有限单元法等，多次求解空间域的电磁场分布情况。

1）频谱法

频谱法是瞬变电磁法一维正演的最主要策略，同时也是二维、2.5 维和三维正演的有效策略之一。采用频谱法正演计算时，需先利用数值方法计算频率域或拉普拉斯域一系列频点的电磁响应，再由正弦和余弦变换（Newman et al.，1986；Sugeng，1998；Li et al.，2016）或拉普拉斯逆变换快速算法（Everett and Edwards，1993；王华军和罗延钟，2003；熊彬和罗延钟，2006；Li et al.，2011；李建慧等，2013a）获取时间域电磁响应。这些数值方法包括积分方程法（Newman et al.，1986）、有限单元法（Everett and Edwards，1993；王华军和罗延钟，2003；熊彬和罗延钟，2006；Sugeng，1998；Li et al.，2011，2017）、交错网格有限差分法和有限体积法（李建慧等，2013b）等。

2）时步法

时步法是以某一时刻电磁场三维分布状态作为初始值，并以显式或隐式差分法在时间域离散电磁场控制方程，逐步迭代直接获取时间域电磁场的一种数值方法（Wang and Hohmann，1993；Haber et al.，2004；Commer and Newman，2004；Um et al.，2010；孙怀凤等，2013；邱稚鹏等，2013；Commer et al.，2015）。当采用负阶跃波形场源时，初始电磁场不为零，需采用解析法或数值方法求取电磁场初始值；当采用正阶跃波形场源时，初始电磁场为零；当采用梯形波、半正弦波、斜阶跃波等作为激发源时，迭代格式中需包括电流密度变化项，如果初始时刻不为零，还需计算电磁场初始值。

时间域电磁法数值模拟中，显式和隐式差分法互有优势：显式差分法中时间步长需满足 Courant-Friedrichs-Lewy（CFL）条件，求解晚期响应所需的时间步数多、效率低，但无需求解大型方程组；隐式差分法中时间步长不受 CFL 条件限制，但每次迭代均需求解大型方程组。采用直接法求解方程组时，只要时间步长不变，系数矩阵就不变，只需回代两次即可获得某一时刻的数值解。因此，直接法求解方程组的这种特性使得隐式差分法效率大幅提升。

基于显式差分法的电磁场正演计算时步法中，影响最深远的算法由 Wang 和 Hohmann（1993）提出。他们将 Dufort-Frankel 显式差分法应用于矩形回线激发的瞬变电磁场三维正演计算，并以电流关断后非常短时刻的均匀半空间表面和内部的电磁场脉冲响应作为初始值。Wang 等（1995）利用差分算法对接触带模型开展了三维正演研究。Endo 和 Noguchi（1999）基于 Wang 和 Hohmann（1993）

的算法，将流体力学中坐标变换的方法引入电磁法数值模拟领域，实现了回线源瞬变电磁法带地形模型的三维正演。Commer 和 Newman（2004）也基于 Wang 和 Hohmann（1993）的算法，实现了接地长导线源瞬变电磁法的三维正演，采用基于有限差分法的直流电阻率法三维正演计算了电流关断前的电场，并作为瞬变电磁法三维正演的初始值，使得该算法适用于复杂地电模型。孙怀凤等（2013）也对该算法做了改进，即把电流密度加入麦克斯韦方程组的安培环路定理方程，实现了回线源瞬变电磁法的全电流波形正演。Commer 等（2015）将 Commer 和 Newman（2004）的算法扩展至可用于存在铁质套管情况下地电模型的三维正演。

基于隐式差分法的电磁场正演计算时步法，近年来最受关注的是 Um 等（2010）提出的一种基于后退 Euler 法的时间域矢量有限单元法，该算法采用非结构化四面体网格剖分了计算空间；采用基于节点有限单元法的直流电阻率法三维正演计算了电流关断前的电场，并作为初始值；采用直接法求解大型方程组，提高了求解效率。Um 等（2012a）对 2010 年的算法做了改进，即利用基于不完全 Cholesky 分解预处理因子的共轭梯度法替代直接法求解了大型方程组，并发展了时间步长自适应倍增算法。Um 等（2012b）将 2010 年的算法应用于以垂直电偶源作为场源的海洋可控源电磁法三维正演研究中。Um 等（2013）对 Um 等（2012a）算法做了进一步改进和尝试，即采用基于不完全 LU 分解预处理因子的 QMR 法求解了大型线性方程组。Fu 等（2015）将并行化不完全 Cholesky 分解的预处理因子应用于 Um 等（2012a）提出的算法，提高了原有算法的计算效率。Um 等（2015）将 Um 等（2012a）算法扩展至可用于存在铁质套管情况下地电模型的三维正演，并采用了 Fu 等（2015）提出的并行策略。Yin 等（2016）基于 Um 等（2010）算法的思想，实现了时间域航空电磁法的三维正演。Li 等（2018）研发了铺设于起伏地表的复杂形态回线源激发的瞬变电磁场三维正演算法。

3）基于 Krylov 子空间技术的近似算法

基于 Krylov 子空间技术的近似算法应用于瞬变电磁场三维正演起始于 Druskin 和 Knizhnerman（1988）提出的频谱兰索斯分解法（spectral Lanczos decomposition method，SLDM）。SLDM 中，有限差分法离散后的麦克斯韦方程组被转化为常微分方程，其解可以表示为矩阵指数函数与电磁场初始值的乘积，并采用多项式 Krylov 子空间技术近似矩阵指数函数。随后，Druskin 等学者改进了最初 SLDM 中对于电导率差异大和低频情况下的收敛速度缓慢问题（Druskin and Knizhnerman，1994；Druskin et al.，1999）。近年来，还有学者发展了基于有理数 Krylov 子空间技术的近似算法，进一步提高了收敛速度和计算效率（Druskin et al.，2009，2010；Zaslavsky et al.，2011）。Börner 等（2008，2015）也把基于有理数 Krylov 子空间技术的近似算法用于瞬变电磁场的数值模拟，并采用矢量有限单元法来离散空间域。

1.3 研究展望

我们认为电磁法的正演研究可从以下三方面进一步深入开展：

（1）介观尺度的地电模型分析。一般来说，浅地表松散沉积物含有一定的孔隙，而灰岩、砂岩等沉积岩也包含一定裂隙。这些孔隙和裂隙的联通程度与填充物电性特征对介质的宏观电性特征影响很大。除此之外，斑岩型矿床中的金属硫化物以细脉状和浸染状为主，其与围岩电性差异巨大。然而，当前电磁法勘探数值模拟中地电模型往往只反映介质的宏观电性特征，忽略了微观电性特征。因此，如何建立宏观与微观兼顾的地电模型，以及开展相应的电磁法勘探数值模拟仍是一个值得研究的问题。

（2）特定地电模型分析。目前，用于具体地质勘探目标的地电模型响应特征研究的实例并不多，仅有接触带模型（Wang et al.，1995）、热水型地热模型（Pellerin et al.，1996）、地下水盐化模型（Bauer-Gottwein et al.，2010）和斑岩型矿床模型（Yang and Oldenburg，2012）。正演既服务于野外勘探方案设计，也用于室内资料反演解释。因此，研究特定地电模型的响应特征，不仅能够提高瞬变电磁法当前应用领域资料处理与解释精度，还可能拓展新的应用领域。例如，夕卡岩型矿床是最主要的一种矿床类型，然而瞬变电磁法关于它的实例文章却很少。

（3）地下流体动态监测。地下流体动态监测是电法勘探的一个新兴研究领域，对于包括大地电磁法、瞬变电磁法、直流电阻率法和激发极化法在内的电法方法来说，都是机遇与挑战。地下流体动态监测研究范围既包括海水入侵、垃圾填埋场渗滤液渗漏、地下水系统恢复等浅层领域，也包括固体矿产开采引起的地下水下渗，以及热干岩与页岩气开发中的压裂进程监控（Hoversten et al.，2015）、油气开采程度监测等深部领域。因此，地下流体动态监测对正演计算和反演解释的精度要求很高，不仅要求能够发现异常，而且要求能够从时移数据中计算物性参数的渐变量，进而转化为流体总量或地下介质孔隙度及连通性。

第 2 章　时间域电磁法勘探的地球物理模型

在电磁法正演技术日趋成熟的背景下，特定地电模型的建模与正演是一个重要发展方向。众所周知，同一类型成功实例背后必然蕴含着具有一致特征的地电模型，然而国内外学者对此研究较少。根据瞬变电磁法应用领域的不同，我们将具体分析矿床地质模型、水文地质模型、地质构造模型和人文模型，并给出部分模型的典型实例（李建慧等，2016a）。

2.1　矿床地质模型

目前，瞬变电磁法已成功应用于多种矿床类型。通过分析发现：块状硫化物矿床（Maher，1992；Cooper and Swift，1994；Phillips，2001；Napier，2007；Haber et al.，2007；Vallée et al.，2010；Swidinsky et al.，2012；Oldenburg et al.，2013）、斑岩型矿床（Oldenburg et al.，1997；Flores and Peralta-Ortega，2009；Xue et al.，2012b；Yang and Oldenburg，2012；Yang et al.，2014）、条带状矿床（Xue et al.，2014）模型中，瞬变电磁法一般可直接探测矿体本身；而在金伯利岩钻石矿（Smith et al.，1996）和卡林型金矿（Aktarakci et al.，1997）模型中，瞬变电磁法只能探测成矿有利地质构造。这两类勘探对象中，直接探测矿体本身的案例更多，研究其地球物理模型也更具普遍性和实用性。

2.1.1　块状硫化物矿床

块状硫化物矿床的显著特征是硫化物规模大、品位高，含矿矿物主要为低电阻率的闪锌矿、方铅矿、黄铜矿和黄铁矿等，围岩无论是火山岩（VMS）还是沉积岩（SMS），电阻率均相对较高。因此，矿体与围岩电阻率差异很大，瞬变电磁法可直接探测矿体本身。我们以墨西哥 San Nicolás 矿床为例，分析块状硫化物矿床的简易地球物理模型。该实例中，采用了瞬变电磁法固定回线发射装置。

San Nicolás 矿床是一个以铜-锌为主的块状硫化物矿床，矿体规模巨大、形状复杂、埋藏深度在 175 ~ 250m。图 2.1 为 San Nicolás 矿床南 400m 的东西向地质断面图。由图 2.1 可看出：该矿床地质构造较为复杂，围岩主要为流纹岩和镁铁质火山岩，盖层主要为 50 ~ 150m 层厚的古近纪-新近纪角砾岩，地表为第四纪冲积物。表 2.1 反映了该矿床主要岩性的电性特征，块状硫化物与古近纪-新近纪角砾岩的电阻率相近，而与围岩镁铁质火山岩和石英流纹岩的电阻率差异明显。此外，块状硫化物与其他岩性还存在明显的极化率差异。这些电性差异是瞬变电磁法有效勘探的物性基础。

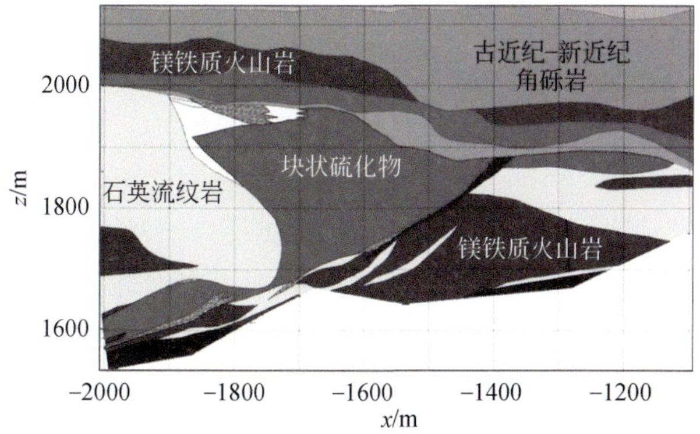

图 2.1　San Nicolás 矿床特定剖面地质断面图（引自 Oldenburg et al.，2013）
大地测绘中，海拔为 z，东向为 x，北向为 y

表 2.1　San Nicolás 矿床主要岩性电性参数表（数据引自 Napier，2007）

岩性	电阻率/(Ω·m)	极化率/(mV/V)
古近纪-新近纪角砾岩	20～30	10～30
镁铁质火山岩	80	30～50
块状硫化物	20	200
石英流纹岩	100	10～20

图 2.2 为 San Nicolás 矿床三维反演电导率结果，图中黑线为发射回线位置。由图 2.2 可看出：块状硫化物（深部高导体）和古近纪-新近纪角砾岩（浅部高

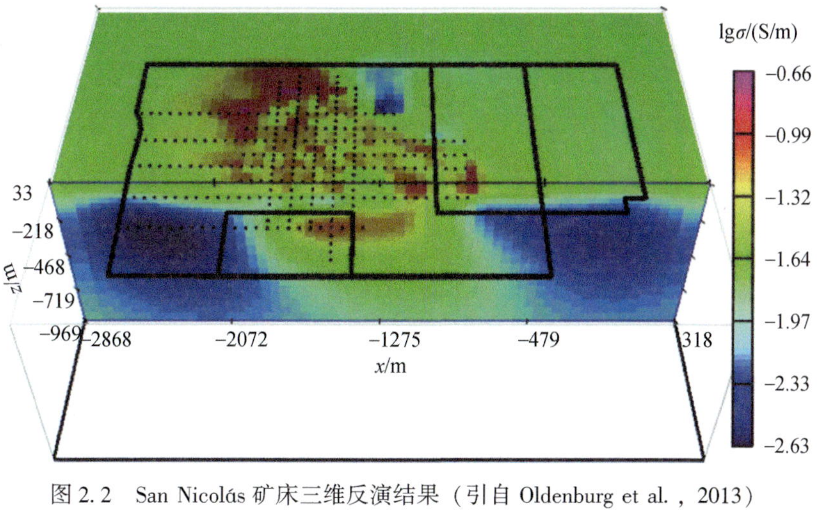

图 2.2　San Nicolás 矿床三维反演结果（引自 Oldenburg et al.，2013）

导体）各自形态清晰，仅局部相连。这说明瞬变电磁法可有效探测低阻覆盖层下的低阻体。然而，该实例反演时并未考虑激发极化效应对反演结果的影响。由于块状硫化物极化率高，激发极化效应引起的感应电动势较强；如不考虑这种影响，反演电阻率可能偏小。

2.1.2 斑岩型矿床

斑岩型矿床是铜和钼资源的最主要来源，其规模巨大、品位较低，矿石具有细脉状和浸染状构造。针对这类细脉浸染状矿床，往往采用激发极化法进行勘探。但是，近年来已有不少文献报道了瞬变电磁法探测斑岩型矿床的成功案例。

典型斑岩型矿床具有独特的蚀变环状分带，自内而外依次是钾化带、石英-绢云母带、泥岩化带和青磐岩化带；相应的矿化分带依次是低品位核、矿体、黄铁矿壳和低黄铁矿壳；而矿石构造从矿化中心往外依次呈现浸染状、细脉浸染状、细脉状和脉状（侯增谦，2004；John，2010）。一般来说，工业矿体主要位于钾化带外侧和石英-绢云母化带内。需要注意的是，4 个蚀变分带并不是每个矿床均发育齐全。Emond 等（2006）提出了斑岩型矿床简易模型，该模型不仅包含了蚀变环状分带，还考虑了淋滤帽和富集带组成的表生带，详见图 2.3。

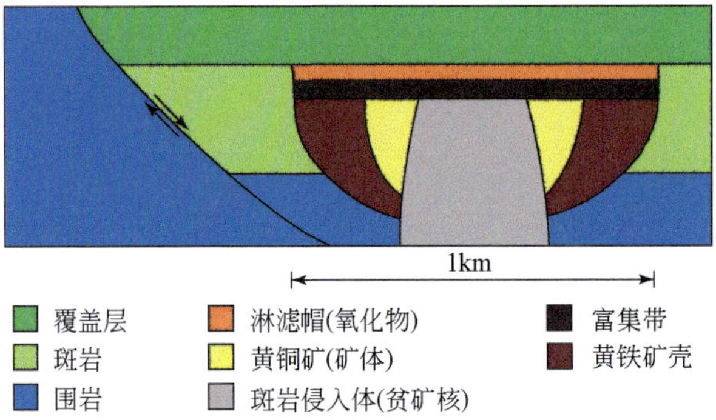

图 2.3 斑岩型矿床的简易模型（底图来自 Emond et al.，2006）

加拿大 Mt. Milligan 矿床的形成与二长斑岩岩株侵入火山岩相关，矿体主要集中分布于钾化带和青磐岩化带。钾化带环绕侵入岩株分布，伴有黄铜矿、斑铜矿和磁铁矿产生；青磐岩化带位于钾化带外侧，并有黄铁矿和少量磁铁矿产生（Oldenburg et al.，1997）。图 2.4 为 Yang 和 Oldenburg（2012）提出的 Mt. Milligan 矿床一般地电模型。该模型中，4 种主要介质电性差异明显：蚀变带、覆盖层、围岩和岩株电导率分别为 0.05S/m、0.01S/m、0.002S/m 和 0.001S/m，这也为电磁法有效勘探提供了坚实的物理基础。之后，他们利用有限体积法计算了该矿床一般模型的三维瞬变电磁响应，并采用一维算法和三维算法分别对三维正演响应进行了反演，结果表明三维算法更能真实地反映斑岩型矿床结构；并且，他们对 Mt. Milligan 矿床的航空瞬变电磁法野外实测资料进行了三维反演。如图 2.5 所示，反演电导率 4 个深度切片上，低电导率侵入岩株（中心淡蓝色区域）与环绕其分布的高电导率蚀变带（黄色环状区域）区分明显。

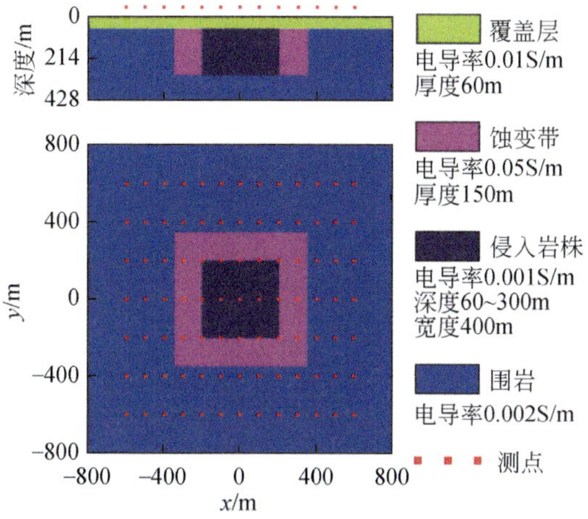

图 2.4　Mt. Milligan 矿床的一般地电模型（引自 Yang and Oldenburg，2012）

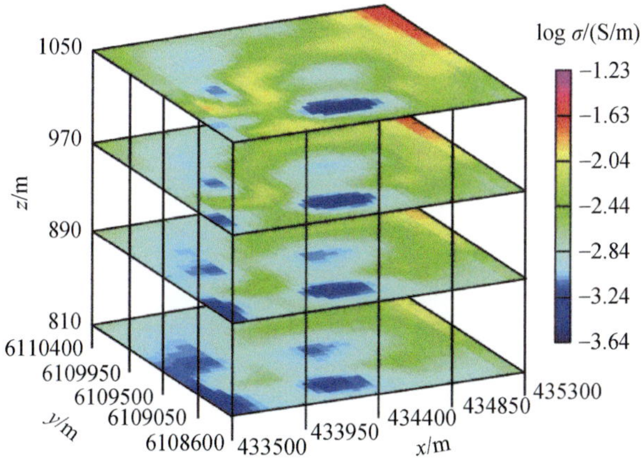

图 2.5　Mt. Milligan 矿床的反演电导率多深度切片图（引自 Yang and Oldenburg，2012）

接下来，我们再分析墨西哥 El Arco 矿床勘探的案例，该矿床的形成与花岗闪长斑岩岩株侵入火山变质岩密切相关（Flores and Peralta-Ortega，2009）。如图 2.6所示，Flores 和 Peralta-Ortega（2009）在本案例中利用瞬变电磁法中心回线装置观测到了激发极化效应影响瞬变电磁响应的经典曲线，即感应电动势“由正减小到负增加”变化，并采用蒙特卡罗法对 Cole-Cole 模型中零频电阻率、充电率、时间常数和频率相关系数 4 个参数进行了一维反演。反演结果表明，测点

5 最终反演模型为两层介质，而测点 6 最终反演模型为均匀半空间介质。

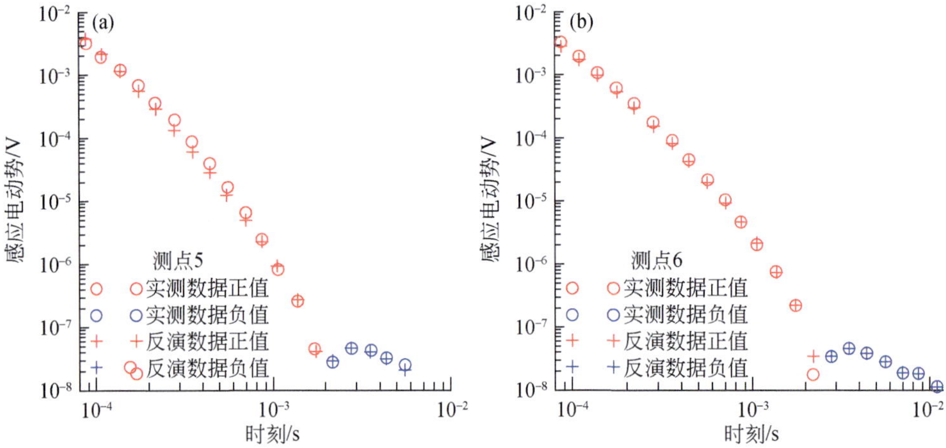

图 2.6　El Arco 矿床的实测瞬变电磁响应与根据反演结果计算的数值曲线
（数据来自 Flores and Peralta-Ortega，2009）

能够观测到这种现象，一方面得益于观测装置。中心回线装置与极化体耦合好，感应电流与极化电流引起的感应电动势强度大，利于观测到感应电动势“由正变负”现象。另一方面得益于斑岩型矿床中矿石的物理性质。斑岩型矿床中，金属硫化物以细脉浸染状产出，电阻率比块状硫化物的电阻率高，但其极化率与金属硫化物含量成正比（Dentith and Mudge，2014），可能具有更强的激发极化效应。对于斑岩型矿床，瞬变电磁响应早期强度大，但衰减速度快，晚期由激发极化效应引起的感应电动势占据主导地位，易出现感应电动势“由正变负”的现象。

2.2　水文地质模型

瞬变电磁法在地下水资源勘查（Taylor et al.，1992；Robineau et al.，1997；Young et al.，1998，2004；Meju et al.，1999，2000；Cardador et al.，2003；Danielsen et al.，2003；Sandersen and Jørgensen，2003；Jørgensen et al.，2003a，2003b；张保祥和刘春华，2004；嵇艳鞠等，2005；Lepper and Elmore，2005；MacNeil et al.，2007；Nielsen et al.，2007；d'Ozouville et al.，2008；Auken et al.，2009；Boucher et al.，2009；Dickinson et al.，2010；Porsani et al.，2012a，2012b；Meier et al.，2014）、地下水盐化和海水入侵调查（Kafri et al.，1997，2007，2008；Yang et al.，1999；Kafri and Goldman，2005；Mitsuhata et al.，2006；Bauer-Gottwein et al.，2010；Massoud et al.，2010；Chongo et al.，2011；Ezersky et al.，2011；Frumkin et al.，2011；Nenna et al.，2013）、矿井与隧道水

害防治（刘树才等，2005；姜志海，2007；于景邨等，2007；薛国强和李貅，2008；Sun et al.，2012）中发挥着举足轻重的作用。以下我们逐个分析这些成功案例背后的地球物理模型。

2.2.1　地下水资源勘查问题

地下水按赋存空间可分为孔隙水、裂隙水和岩溶水。孔隙水是指赋存于第四系松散沉积物颗粒间孔隙中的地下水；裂隙水是指赋存于岩浆岩、砂页岩裂隙中的地下水，具体可分为成岩裂隙水、风化裂隙水和构造裂隙水；岩溶水是指赋存于碳酸盐岩溶蚀裂隙和溶洞中的地下水。与完整基岩相比，含水层往往表现为低电阻率特征，尤其是那些连通程度高的裂隙构成的含水层。下面，我们结合实例分析几种主要类型的含水层。

1. 熔岩中的地下水

熔岩是指岩浆在火山边缘流动并在地表结晶形成的一类岩石，由一期或多期火山喷发形成。熔岩，尤其是玄武岩，在冷凝过程中收缩形成的开口原生裂隙，与风化裂隙和构造裂隙共同作用，一般可形成良含水层。如果熔岩分几期形成，那么可能包含多个含水层。下面，我们分析航空瞬变电磁法在加拉帕戈斯群岛中 Santa Cruz 岛探查地下水的应用（d'Ozouville et al.，2008；Auken et al.，2009）。

Santa Cruz 岛是一个典型的地势平缓起伏火山岛，降水在地表很难存留，致使淡水资源匮乏。当地人口和旅游人数的快速增长加剧了该岛水资源短缺的问题，建立长期有效的水资源监管机制迫在眉睫。作为世界自然遗产，加拉帕戈斯群岛植被茂密，地面物探方法作业困难。Santa Cruz 岛基岩为高阻玄武岩，而探测目标为地下低阻含水构造或含水层，因此 d'Ozouville 和 Auken 等学者选用丹麦 SkyTEM 航空瞬变电磁系统进行了地下水资源调查。航空瞬变电磁法测线分布情况和 SkyTEM 航空瞬变电磁系统如图 2.7 所示。

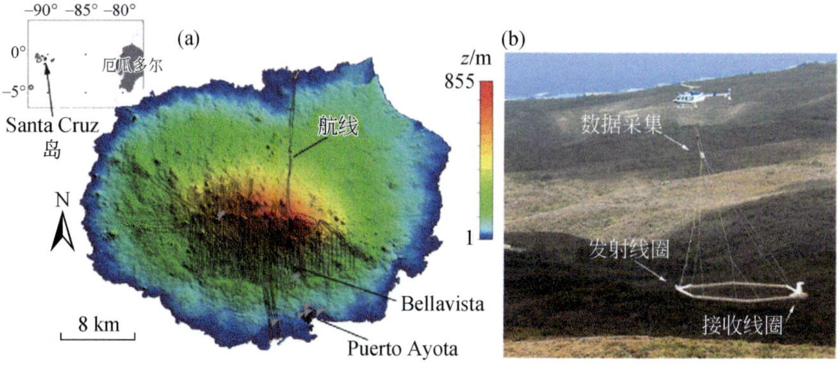

图 2.7　Santa Cruz 岛航空瞬变电磁法测线及 SkyTEM 装置（引自 d'Ozouville et al.，2008）

资料解释前，需简单介绍加拉帕戈斯群岛气候条件：南侧为迎风坡、降雨量大，北侧为背风坡、降雨量有限。图 2.8 为两条视电阻率断面图，包含了 4 种不同的地电单元。Ⅰ区既分布于地势较高的背风坡，也分布于地下深部，该区总体特征是玄武岩未风化或微风化、含水量少、电阻率高。Ⅱ区主要分布于 Santa Cruz 岛海岸四周及其底部，海水沿玄武岩表面的原生裂隙和构造裂隙向内渗透并达到饱和状态，因此该区电阻率很低。Ⅲ区为分布于背风坡地表的玄武质熔岩流崩积层，电阻率较低。Ⅳ区为低阻区，推断为玄武质熔岩流或其崩积物组成的饱和含水层；而其上覆相对高阻层为火山碎屑风化形成的黏土层。

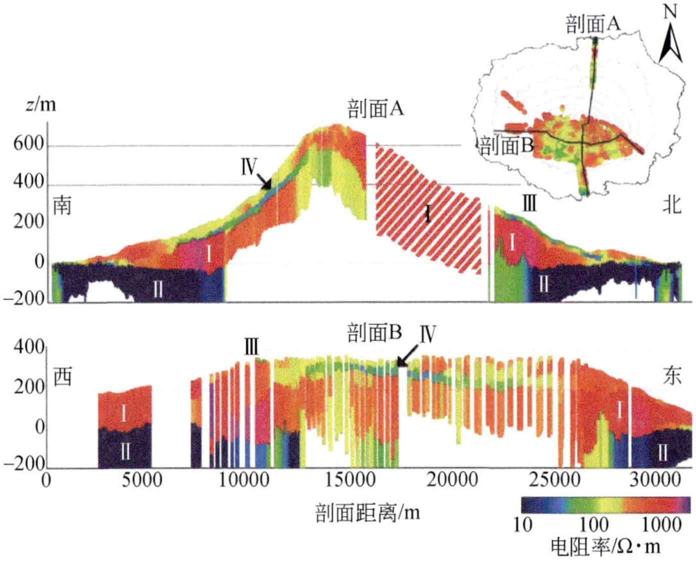

图 2.8　航空瞬变电磁法视电阻率断面图（引自 d'Ozouville et al.，2008）

另外，Porsani 等（2012a）利用回线源瞬变电磁法探查了圣保罗州北部 Bebedouro 地下玄武岩含水层（属承压水），并发现当地从该含水层过度抽取地下水（>190m^3/h）导致了诱发地震。

2. 侵入岩和变质岩中的地下水

侵入岩与变质岩中的裂隙主要为次生裂隙。一般而言，侵入岩和变质岩的渗透性很差，往往被视为隔水层，但在连通性良好的次生裂隙发育处可形成局部含水带。下面，我们分析一个利用瞬变电磁法在圣保罗大学校园找水的实例（Porsani et al.，2012b）。

圣保罗大学校园位于圣保罗沉积盆地边缘。该盆地覆盖层为古近纪–新近纪砂质黏土，基岩为前寒武纪花岗片麻岩；地下水主要赋存于砂质黏土层，少部分赋存于基岩裂隙。为了获取同一测点更多时刻的数据，Porsani 等（2012b）分别采用了 30Hz、7.5Hz 和 3Hz 三个频率的电流作为发射电流，使用仪器为 Geonics 公司的 Protem57-MK2 型瞬变电磁仪。图 2.9 和图 2.10 分别是 Clock Square 和 IPEN-USP 处测点的资料处理解释结果。两图的相同之处是反演结果均为三层介质，且第二层为电阻率很低的含水层；不同之处是表层介质不同，Clock Square 处测点与 IPEN-USP 处测点表层介质分别为砂质黏土和风化花岗片麻岩。

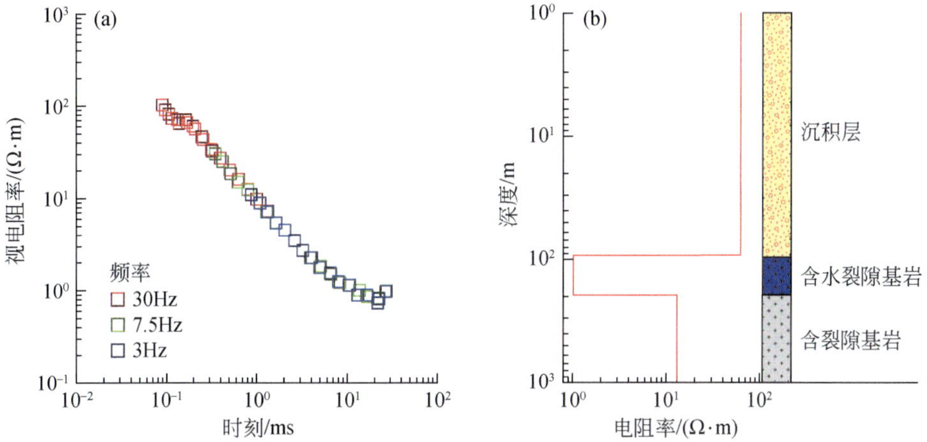

图 2.9　Clock Square 处测点资料处理解释结果（数据来自 Porsani et al.，2012b）

（a）视电阻率曲线；（b）一维反演地电模型和地质模型

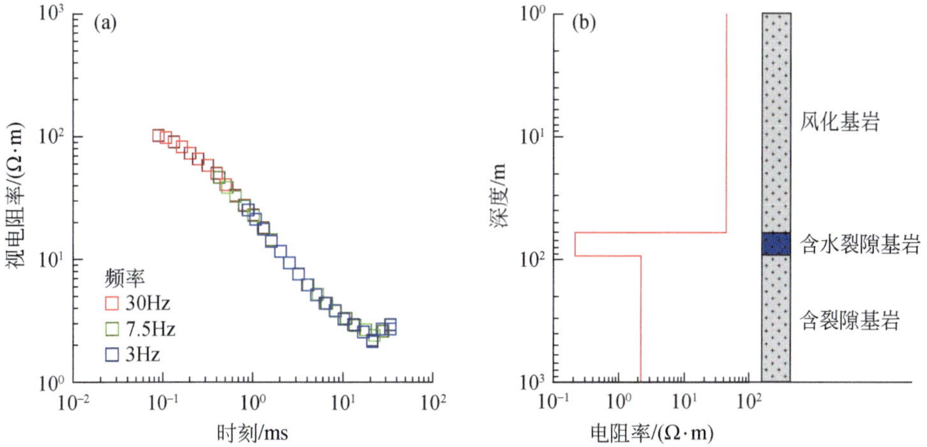

图 2.10　IPEN-USP 处测点资料处理解释结果（数据来自 Porsani et al.，2012b）

（a）视电阻率曲线；（b）一维反演地电模型和地质模型

3. 沉积岩中的地下水

1）粗粒砂岩

泥岩、页岩、粉砂岩等细粒沉积岩在成岩过程中形成的原生裂隙尺度小、渗透性差。在次生裂隙发育良好的条件下，这些细粒岩层可形成局部含水区。而粗粒砂岩情况则不同，其在成岩过程中形成的原生裂隙尺度大、渗透性高。在层面裂隙、构造裂隙的沟通下，粗粒砂岩往往可形成延伸规模大、水量丰富的含水层。Meju 等（2000）、Boucher 等（2009）的研究均报道了利用瞬变电磁法探测砂岩含水层及其分布范围和上覆地层方面的案例，在此不再详细介绍。

2）灰岩

灰岩出露地区，大气降水经地表溶蚀裂隙、溶沟溶槽、溶蚀洼地、落水洞向下渗透或流动，使得地表水贫乏、地下水相对丰富。如果灰岩内部存在透水性较差的透镜体，部分地下水会赋存于透镜体内、形成含水透镜体，其中透镜体既可以是夹层，也可以是黏土充填的溶蚀裂隙或溶洞。如若不考虑透镜体的影响，含水层的形成主要取决于当地排泄基准面和稳定隔水层。当研究区高程远高于排泄基准面且无稳定隔水层时，地下水以垂直运动为主，不易形成含水层；当研究区高程远高于排泄基准面且稳定隔水层位于排泄基准面之上时，地下水在隔水层上部汇集后，易形成含水层；当研究区高程略高于排泄基准面时，地下水以水平运动为主，易形成含水层。

下面，我们分析 Young 等（2004）利用瞬变电磁法中心回线装置在阿曼中部灰岩区寻找地下水的实例。阿曼气候极度干旱，年均降水量仅为 20 ~ 50mm；且海水入侵严重、大部分地下水不能直接饮用。阿曼中部高原出露三叠纪灰岩，大气降水经溶蚀裂隙、溶蚀洼地等渗流至地下后，一部分直接汇入地下咸水，而另一部分渗透至灰岩中的透镜体内。因此，瞬变电磁法的勘探目标就是这些灰岩中的淡水透镜体。

Young 等（2004）一共布置了两条测线，测线中段布设在溶蚀洼地内，其中测线 1 位于溶蚀洼地内的测点号为 077 ~ 095。图 2. 11 为测线 1 和测线 2 的反演电阻率断面图，两者存在明显差异。测线 1 断面图中，电阻率为 1 ~ 5Ω · m 的最深部介质推断为充满海水的灰岩；位于溶蚀洼地下方四周、电阻率为 5 ~ 10Ω · m 的介质推断为未充满海水的灰岩；而位于溶蚀洼地下方、海拔在 40 ~ 110m、等值线形态为“浅碟”状、电阻率为 15 ~ 40Ω · m 的高阻介质推断为淡水透镜体及其上覆渗流区，这也说明瞬变电磁法未能分辨出淡水透镜体的上边界。测线 2 断面图中，等值线近水平分布，横向与纵向电阻率变化很小、分层性差；地下介质由深至浅分别为充满和未充满海水的灰岩，并无局部电性异常体存在。

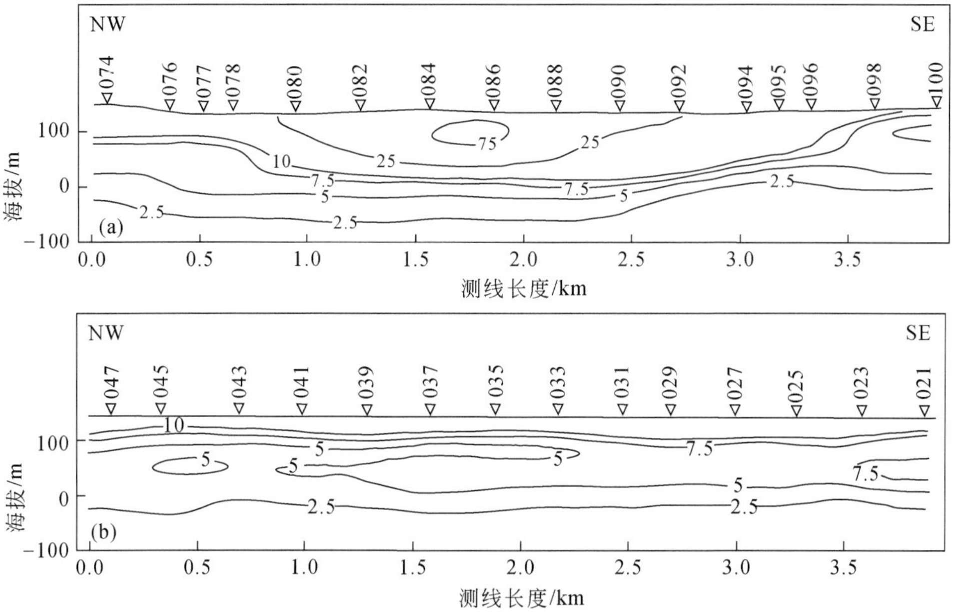

图2.11　阿曼中部极干旱沙漠的瞬变电磁法反演电阻率断面图（底图引自 Young et al.，2004）

（a）测线1；（b）测线2

4. 松散沉积物中的地下水

松散沉积物的孔隙度大、渗透性好，是良好的储水介质。当下方有隔水层或弱透水层时，松散沉积层可构成良含水层，如常见的冲积平原地下水、山间河谷地下水等。在此，我们具体分析以下三个实例。

1）隐埋山谷中的地下水

Danielsen 等（2003）、Sandersen 和 Jørgensen（2003）、Jørgensen 等（2003a，2003b）揭示了一种在丹麦非常普遍的含水层形成过程。在冰川融水侵蚀和冰川刨蚀共同作用下，古近纪-新近纪和第四纪厚层沉积层被侵蚀出许多深谷，其规模为长 30～100km、宽 0.5～4km、深 25～350m。这些深谷的充填与覆盖形式多样，充填物一般为含水砂砾、冰碛黏土、湖泊黏土，或其混合充填；而覆盖层一般为冰碛黏土层、含水砂层。如果充填物含有砂砾，那么这些深谷就为地下水提供了存储空间。在丹麦普遍发育的古近纪-新近纪黏土层透水性极差，构成了研究区域的隔水层，也使得上述深谷中的砂砾沉积层成为良含水层。从导电性角度分析，古近纪-新近纪黏土层电阻率仅为 2～10Ω·m，远低于上覆含水层，为丹麦找水的标志地层。

这种含水层与同为地下水汇集带的埋藏古河道类似：河流沉积物分选性好、磨圆度高、孔隙度大，为良好的储水介质；加之河流底部一般为不透水基岩，因此河流沉积物为含水层。河流改道后，又经地壳沉降，原有河道被外来物质充填，即形成了埋藏古河道。

2）内陆河流三角洲中的地下水

河流三角洲由河流携带的冲积物和海相或湖相沉积物交互沉积形成，可形成多个地下含水层。以博兹瓦纳 Okavango 三角洲为例，其位于 Okavango 内陆河终点，面积达 4 万 km^2。三角洲内水量随季节变化，每年 4 月底至 5 月初洪峰经过 Okavango 河出口，随后 3 ~4 个月的时间洪水缓慢流经三角洲其他部分。受非洲内陆半干旱气候的影响，该地区约 95% 的水分经植物蒸腾作用进入大气，导致三角洲浅表旱季为干砂，并有大量盐分残留；雨季时这些盐分扩散至深部含水层（Meier et al.，2014）。由于缺乏系统性的勘探工作，人们对 Okavango 三角洲地下含水层至今没有一个全面认识。为此，博兹瓦纳地质调查部门联合瑞士苏黎世联邦理工学院和丹麦奥胡斯大学对 Okavango 三角洲开展了以航空瞬变电磁法为主、地面瞬变电磁法和高密度为辅的系统勘探工作。

地质调查资料和已有的高分辨率地震勘探及钻探资料显示：Okavango 三角洲当前主要由富含淡水的河流冲积物沉积而成，在此之前还经历了两期大规模沉积过程，即古 Okavango 冲积扇期和古 Makgadikgadi 湖期。古 Okavango 冲积扇期形成的富含淡水的砂砾层位于三角洲最底部，其顶部隔水层为古 Makgadikgadi 湖期沉积的黏土层；古 Makgadikgadi 湖期还形成了含水砂层，雨季时易受浅层盐分扩散影响，进而逐渐盐化。

图 2.12 为航空瞬变电磁法资料一维横向约束反演的不同深度电阻率切片。图 2.12（a）中黑框表示航空瞬变电磁法探测区域，并选取了分别位于古 Okavango 冲积扇内部和外部的 Jao 和 HR2 两个测点。这些电阻率切片给出了 Okavango 三角洲地下含水层水平方向和垂向上宏观的变化情况，大致规律如下：浅层为电阻率相对较高的淡水充填砂砾层，中间层为低电阻率的盐水充填砂层，最底层为高电阻率的基岩。

图 2.13 为根据瞬变电磁法（TEM）、高密度电阻率法（ERT）和高分辨率地震勘探（Seismic）推断的测点 HR2 和 Jao 的地质模型。根据瞬变电磁法和高密度电阻率法可将测点 HR2 处的地质模型划分为 4 层，分别为高阻的表层干砂层和淡水充填砂层、电阻率骤降的过渡层、低阻的盐水充填砂层和黏土层；测点 Jao 处的地质模型也可划分为 4 层，分别为高阻的表层干砂层、低阻的盐水充填砂层和黏土层、电阻率缓升的过渡层、高阻的淡水充填的砂层或砂砾层、基岩。两个测点的区别有两点：一是测点 HR2 位于古 Okavango 冲积扇外部，因此其不存在深部淡水层；二是测点 Jao 几乎不存在浅部淡水层，但存在深部淡水层。一般而言，电法方法不能准确划分含水层与基岩之间的界限，而地震勘探可以弥补这一缺点；但地震勘探的不足之处为难以区分淡水与盐水含水层。

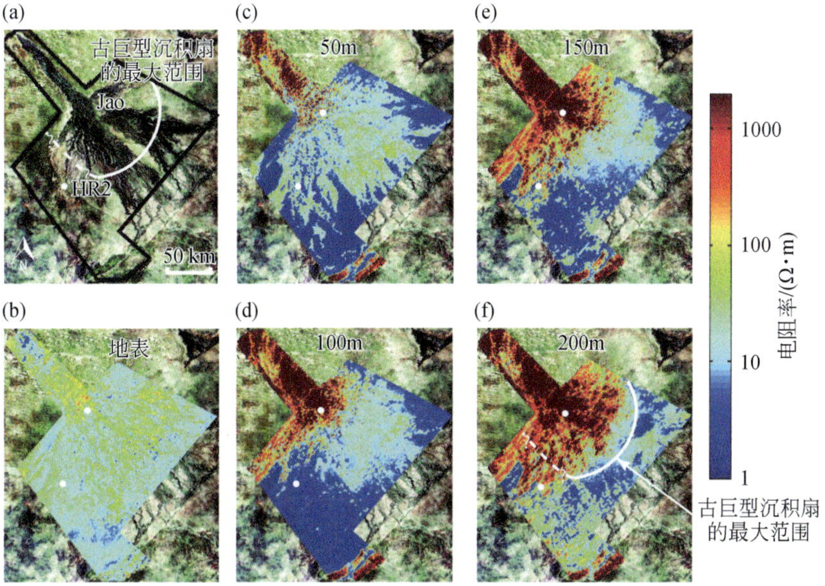

图 2.12　航空瞬变电磁法资料一维横向约束反演的不同深度电阻率切片
（引自 Meier et al.，2014）

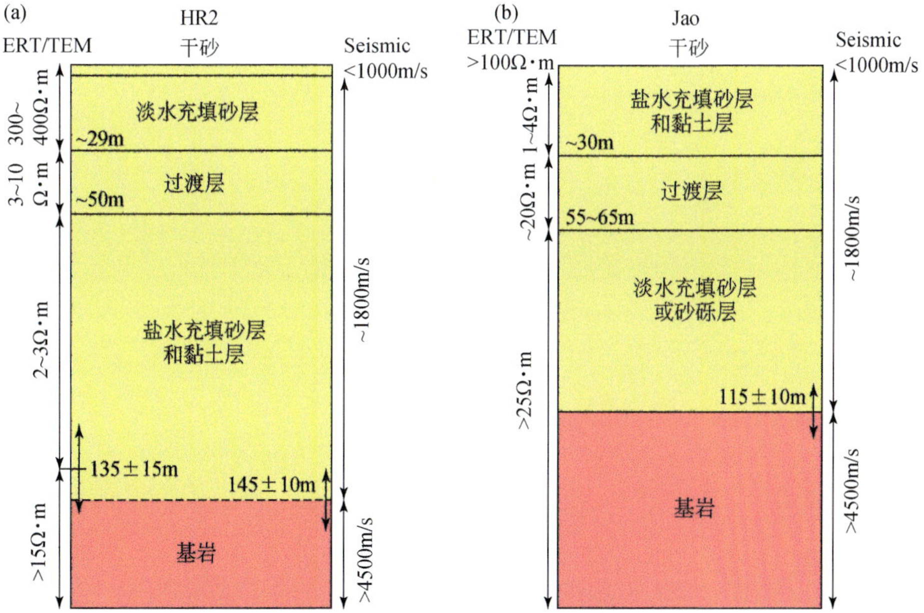

图 2.13　由地球物理资料推断的测点 HR2 和 Jao 的地质模型（引自 Meier et al.，2014）
（a）测点 HR2；（b）测点 Jao

3）滨海环境中的地下水

与陆地隔绝的滨海环境（珊瑚岛礁、滨岸坝）中，浅层地下淡水透镜体是人们赖以生存的淡水来源。珊瑚岛礁与滨岸坝的滨海环境的不同之处在于储水介质不同：珊瑚岛礁为溶蚀灰岩或珊瑚礁，而滨岸坝为砂砾层；二者相同之处在于地下淡水透镜体与深部海水没有一个明显界限，而是存在一个淡水-海水过渡带，如若过度开采将导致淡水透镜体萎缩、海水入侵加剧。因此，淡水透镜体模型的电阻率从浅层至深层逐渐下降。

加纳 Keta 滨岸坝位于 Keta 潟湖与 Guinea 海湾之间，长约25km、宽为1～3km；其主要由内含黏土和淤泥夹层的砂砾层组成。近些年来，当地居民在滨岸坝上大规模种植蔬菜，并抽取大量地下水用于灌溉，使得当地淡水透镜体遭到破坏，直接影响了当地经济的可持续发展（Nielsen et al.，2007）。丹麦哥本哈根大学的 Nielsen 等学者采用瞬变电磁法中心回线装置成功绘制了该地区淡水透镜体的分布范围。

图2.14为根据瞬变电磁法探测结果绘制的 Keta 滨岸坝地质断面图，由上至下分别为：滨岸坝地表部分、淡水透镜体、淡水-盐水过渡带和盐水带。如图2.14所示，淡水透镜体边缘厚度为0～5m，中间部分厚度仅为20m；淡水-盐水过渡带边缘厚度为0～5m，而中间厚度仅为10～20m，且其底部形态呈“浅碟”状。

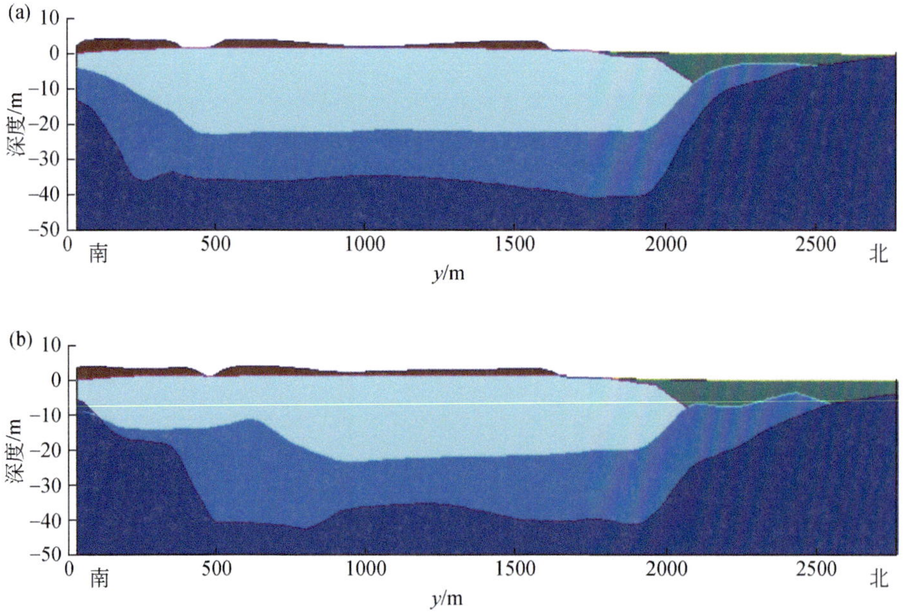

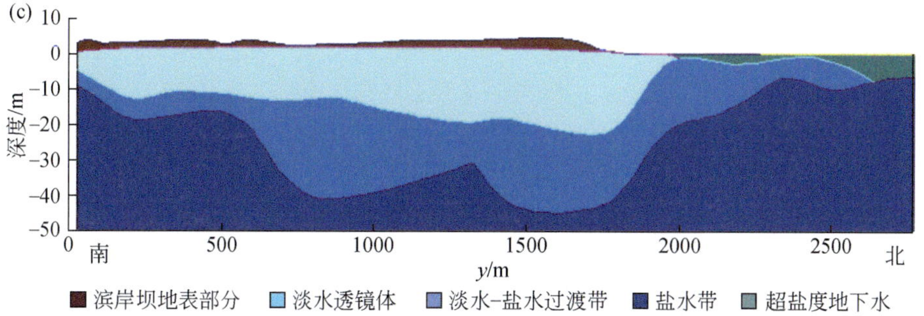

图 2.14　根据瞬变电磁法结果绘制的三条地质断面图（引自 Nielsen et al.，2007）

（a）最西端位置；（b）中间位置；（c）最东端位置

2.2.2　地下水盐化和海水入侵调查问题

地下水盐化问题主要发生在滨海地区和干旱或半干旱大陆内地，但两者的形成原因却不同：滨海地区是海水入侵导致地下水盐化，而干旱或半干旱内陆地区是地下水径流-排泄区的蒸发-沉积作用或者植物蒸腾作用导致了地下水盐化。不管哪种原因导致了地下水盐化，电法勘探的地球物理模型却是一致的，即淡水含水层电阻率远大于盐水含水层电阻率，且至少有 1 个数量级的差距。下面，我们通过实例深化认识电法勘探在地下水盐化调查问题中的可行性和作用。

1）内陆沉积环境

赞比亚 Kalahari 盆地地下水丰富。盆地内地层层序从上到下依次为砂层、砂岩和基底，砂层和砂岩为含水层，而基底为隔水层，该区域地下水类型为潜水。近年来，当地居民发现盆地内地下水盐分逐渐增高，然而从未有关于该区域地下水盐化的研究。Barotse 盆地是 Kalahari 盆地的子区域，本节实例的研究区域就在这里。为了认识 Barotse 盆地内盐化地下水的分布规律，赞比亚大学联合丹麦技术大学采用瞬变电磁法与高密度电阻率法对此区域进行了研究。

图 2.15 和图 2.16 分别为利用瞬变电磁法资料反演获取的地下 10m 和 30m 的电阻率等值线图。图 2.15 中，电阻率低于 20Ω · m 的区域主要集中于研究区的东南部，该区域推断为地下水盐化区；电阻率高于 100Ω · m 的区域主要分布于研究区北部和西部，该区域推断为干砂层；电阻率介于两者的区域为未盐化含水层。图 2.16 中，电阻率低于 50Ω · m 的区域几乎占据了整个研究区，说明深度 30m 时，地下已基本是含水层；而电阻率小于 20Ω · m 的区域也在扩大，主要集中于研究区东南部和西北部，说明地下水盐化区扩大。

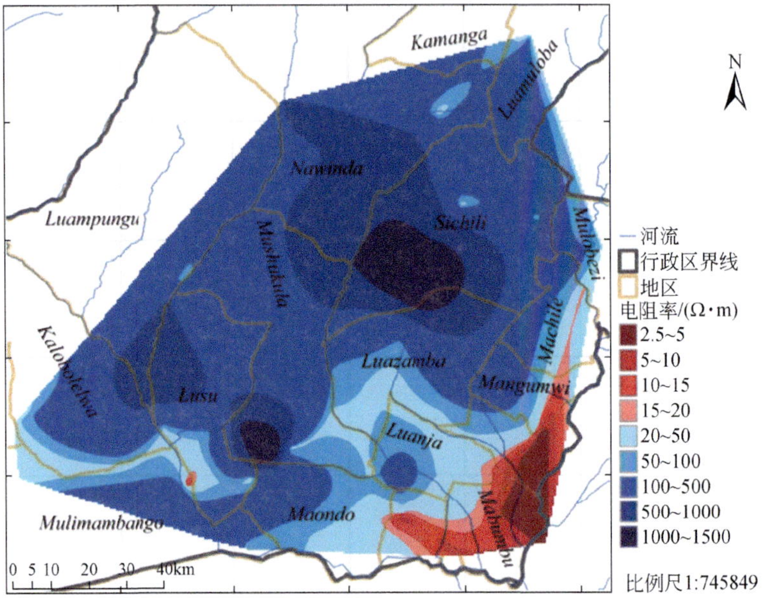

图 2.15　研究区地下 10m 处的电阻率等值线图（引自 Chongo et al.，2011）

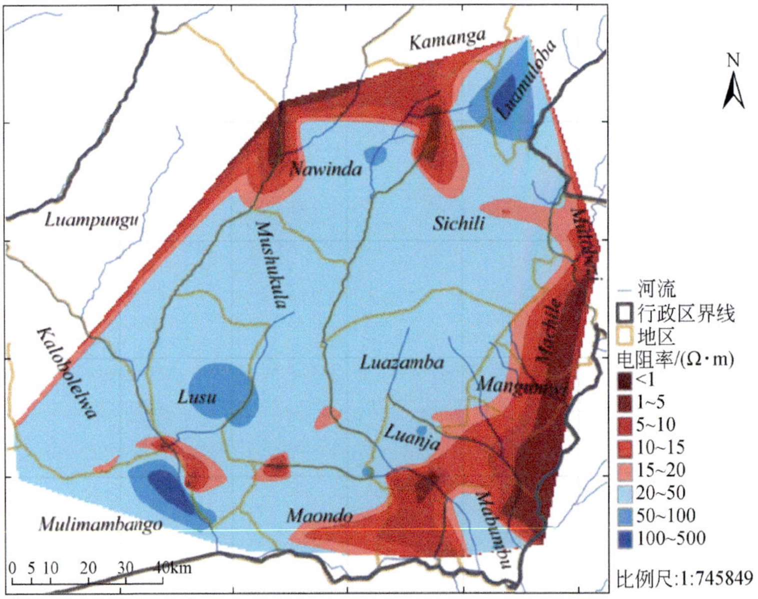

图 2.16　研究区地下 30m 处的电阻率等值线图（引自 Chongo et al.，2011）

为了更加直观地反映地下水盐化程度，Chongo 等（2011）将视电阻率等值线图转化为地下水盐度分布图，如图 2.17 和图 2.18 所示。转化依据为：淡水对应视电阻率为高于 70Ω · m，氯离子浓度为低于 250mg/L；淡盐水对应视电阻率为

35～70Ω·m，氯离子浓度为 250～500mg/L；淡水对应视电阻率为低于 35Ω·m，氯离子浓度为高于 500mg/L。深度 10m 时，地下盐水仅分布于研究区东南部和西南部局部，其他大部分区域并未盐化；而当深度 30m 时，淡水仅零星分布于研究区东北部和西南部，其他大部分区域地下水已成盐水。

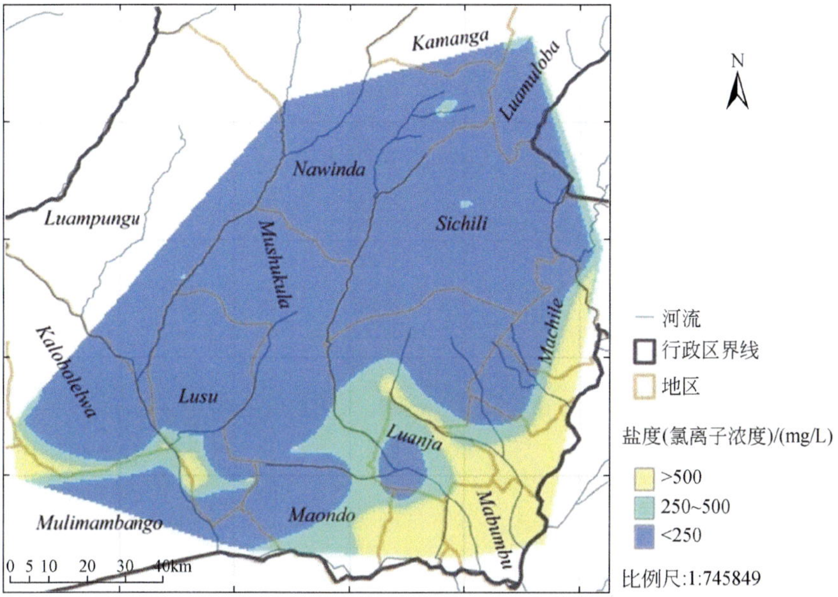

图 2.17　研究区地下 10m 处的地下水盐度分布图（引自 Chongo et al.，2011）

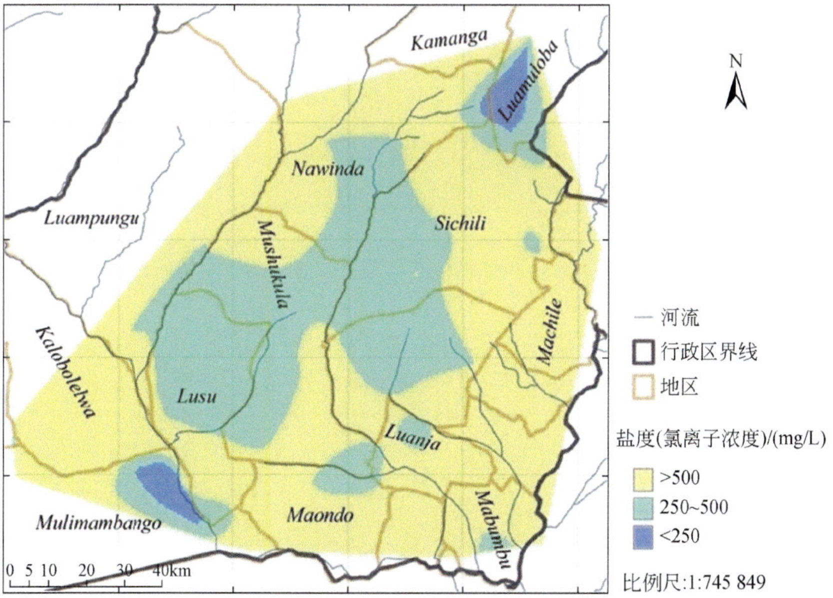

图 2.18　研究区地下 30m 处的地下水盐度分布图（引自 Chongo et al.，2011）

另外，Bauer-Gottwein 等（2010）认为海水入侵或地下水盐化现象具有明显的三维分布特征，一维层状模型不能很好地用于资料处理与解释，并提出了解决该问题的新思路。他们首先研究了海水入侵或地下水盐化的水文地质-地球物理模型，然后采用商业有限单元软件 Comsol 模拟了这些模型的瞬变电磁场三维响应，最后将该方法应用于博兹瓦纳 Okavango 三角洲地下盐化含水层的瞬变电磁法资料解释，并取得了理想效果。

2）滨海环境

埃及西奈半岛位于苏伊士与阿克巴海湾之间，而本节的研究实例 El Qaa 平原位于西奈半岛西侧（靠近苏伊士湾）。El Qaa 平原的第四纪含水层位于苏伊士湾主断裂的次级断陷盆地内，主要由砾石、砂石、黏土和淤泥组成。该含水层是研究区域最重要的含水层，然而近年来深受海水入侵的影响。Massoud 等（2010）采用瞬变电磁法中心回线装置成功划分了海水入侵范围。如图 2.19 所示，该工区共布置了两条测线，其与当地海岸线近乎垂直。

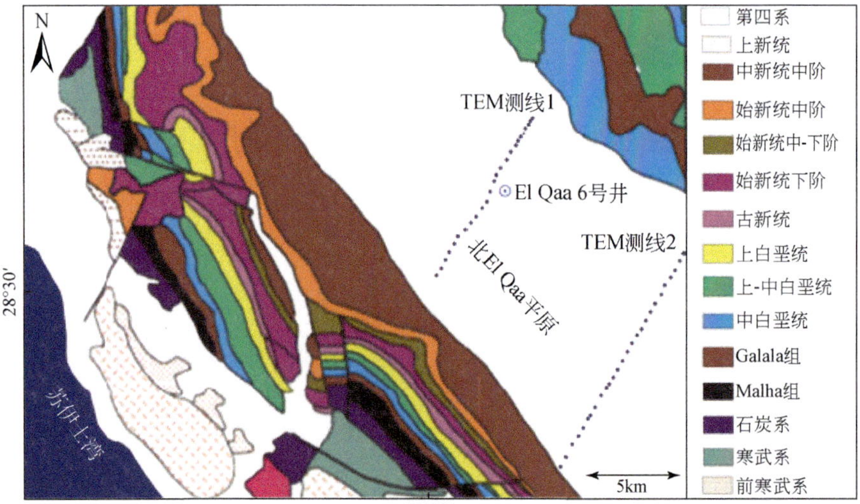

图 2.19　El Qaa 平原工区瞬变电磁法测线布置图（引自 Massoud et al.，2010）

图 2.20 和图 2.21 为上述两条测线的视电阻率伪断面图。由于未开展时间-深度转换，纵轴坐标为观测时刻。图 2.20 和图 2.21 具有相同的等值线分布规律。断面图左端，即靠近海岸一端，视电阻率等值线呈垂直分布且电阻率数值很低，推断为海水入侵区；断面图右端，即远离海岸一端，视电阻率等值线呈现出一定分层性且电阻率数值较大，推断为该区域尚未被海水入侵淡水含水层。另外，海水入侵区并未呈现出典型的扇形（如图中白色虚线所示），Massoud 等（2010）推断为当地断层影响了入侵区的横向扩散。

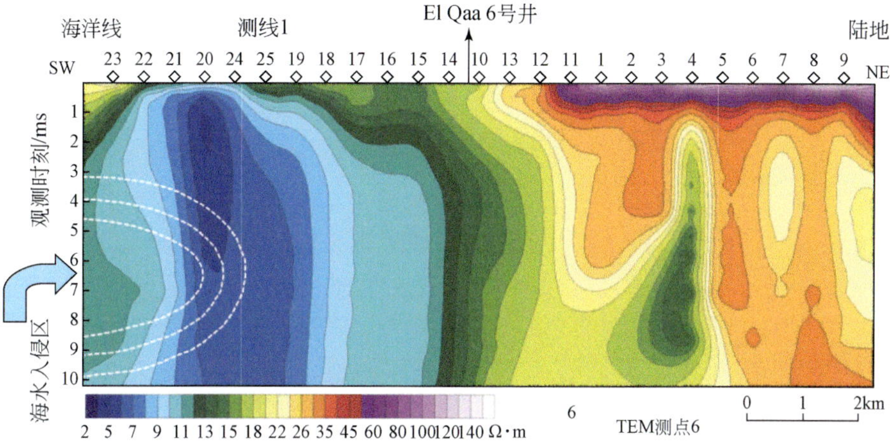

图 2.20　测线 1 的视电阻率伪断面图（引自 Massoud et al.，2010）

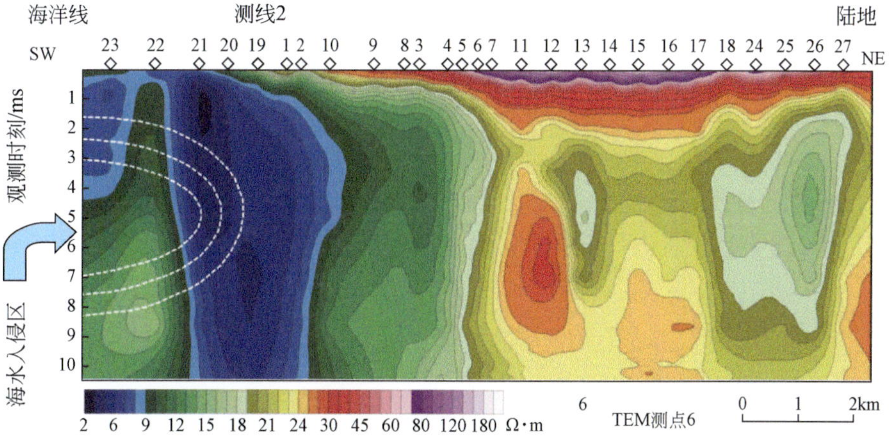

图 2.21　测线 2 的视电阻率伪断面图（引自 Massoud et al.，2010）

另外，Mitsuhata 等（2006）利用 3 种电磁法对 Kujukuri 滨海平原的海水入侵问题进行了多尺度研究，分别采用音频大地电磁法、瞬变电磁法中心回线装置和频率域小回线偶极装置依次对 500m 以内、100m 以内和浅层电阻率分布情况进行成像，并发现了位于不同深度的低阻异常体，多尺度描绘了研究区海水入侵现状。Kafri 等（2007）利用瞬变电磁法中心回线装置（浅部探测）和长偏移距装置（深部探测）研究了地中海与死海基准面之间的 Judea 群灰岩含水层内的海水与淡水分界面，所得结论支持地中海海水已经入侵至深部区域含水层的推断。Nenna 等（2013）研究加利福尼亚 Seaside Groundwater Basin 滨海含水层海水入侵问题时，采用了瞬变电磁法（中心回线和分离回线装置）与音频大地电磁法两种地球物理方法，并采用多种反演算法进行了资料反演与解释。最后所得结论是：这两种方法均能单独识别潜水含水层中的海水入侵区域及其下伏黏土层和淡水含水层，而两种方法联合解释可降低单种方法解释的不确定性。

2.2.3　煤矿与隧道水害防治问题

煤炭开采前，一般使用三维地震勘探查明采区内断层、陷落柱等地质构造，并使用大回线源瞬变电磁法查明这些构造的含导水性；煤矿开采时，还要使用瞬变电磁法矿用小回线装置复查这些地质构造的含水性。不仅如此，煤矿巷道掘进时，往往使用瞬变电磁法进行超前探测防止突水突泥事故。隧道设计与挖掘也遵循着类似流程。隧道线路选定后，一般采用二维地震勘探、高密度电法、大地电磁法或瞬变电磁法等物探手段沿设计线路开展工作，确定断层、岩溶等不良地质体的范围及其含水性；隧道开挖时，还要采用隧道地震超前预报（tunnel seismic prediction，TSP）技术、瞬变电磁法、探地雷达等方法进行超前地质预报。因此，瞬变电磁法进行煤矿与隧道水害防治的探测目标体均为与围岩电性差异明显、具有一定规模的含水、含泥地质构造。

下面，我们分析一个利用瞬变电磁法探测巷道掘进前方老窑水的实例（姜志海等，2007）。山西某矿 2 号总回风巷在掘进过程中，掘进头 1 与掘进头 2 之间还有 150m 才会贯通。根据已有资料，该 150m 待掘巷道左侧可能存在小煤窑滥采乱挖遗留的废弃巷道（图 2.22），其具体位置与积水性不明。为此，姜志海等（2007）利用矿井多匝重叠小回线装置在两个掘进头进行了超前探测。

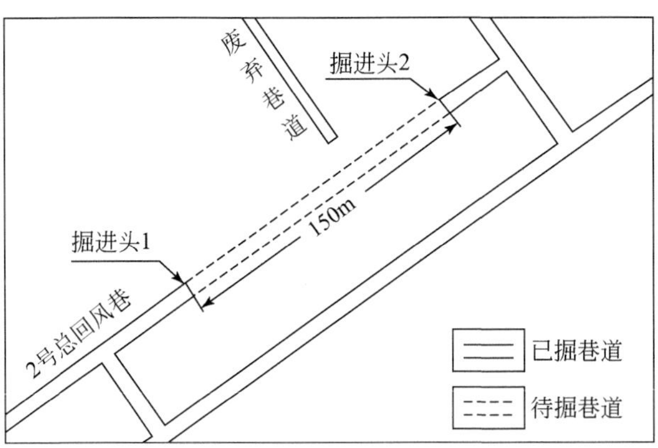

图 2.22　采工图（引自姜志海等，2007）

图 2.23 为两掘进头超前探测视电阻率等值线图，横坐标为测点号，纵坐标为探测距离、起始刻度位置为掘进头。多匝重叠小回线装置发射电流关断时间长、自感和互感作用强烈，导致早期数据严重畸变，约 20m 的近距离信息无法分

辨。由于巷道为工字钢与金属锚网支护，图2.23（a）中1～4号测点与10～11号测点视电阻率值较低，为4～8Ω·m；而掘进头正前方（7号测点处）受工字钢与锚网影响小，因而视电阻率值较高，为20～50Ω·m。距离掘进头1当前位置80～110m，6～8号测点的视电阻率降低、出现不均匀变化，表明该范围内介质电性发生变化。图2.23（b）中，距离掘进头2当前位置45～80m，4～7号测点也出现低阻异常区。在采工图上，两处低视电阻率异常区位置重合；根据已有资料，推测该异常为老窑积水区。矿方在掘进头1继续向前掘进70m后开始打钻，钻探至40m时，钻孔涌水，验证了该异常确为老窑积水区。

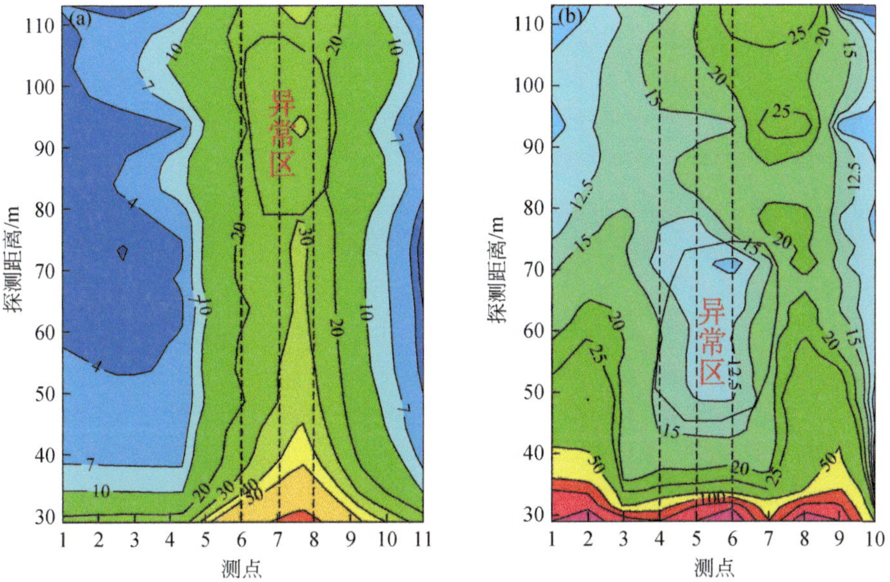

图2.23　视电阻率等值线图（引自姜志海等，2007）
（a）掘进头1；（b）掘进头2

2.3　地质构造模型

瞬变电磁法工作装置多样，各种装置特点也不尽相同。长偏移距瞬变电磁法以接地长导线作为激发源，主要优点是发射功率大、勘探深度大，往往应用于深部地质构造问题研究；而回线源瞬变电磁法以不接地回线作为激发源，主要优点是采用不接地回线作为发射和接收装置，适用于接地困难地区，缺点是发射功率小、勘探深度相对较小，适用于浅层地质构造问题研究。

2.3.1 深部构造模型

虽然长偏移距瞬变电磁法在地壳结构研究中有着成功案例（Strack et al.，1990；Hördt et al.，2000），但大地电磁法和天然地震始终占据着该领域研究的主导地位，故本节重心不在地壳结构研究。目前，长偏移距瞬变电磁法也已应用于不少火山的结构研究与动态监测中，如印度尼西亚 Mount Merapi 火山（Commer et al.，2006；Kalscheuer et al.，2007）、日本 Izu-Oshima 火山（Utada et al.，2007）和 Unzen 火山（Srigutomo et al.，2008），但我国境内活火山寥寥无几，故本节重心也不在火山结构研究与动态监测。

地热作为一种可再生、储量巨大的清洁能源，早已引起世界各国的高度重视，并有不少国家已开发了部分地热资源，因此本节重点定位于地热资源调查模型。地热资源调查时，电磁法基于相同的地电模型进行资料处理与解释（Pellerin et al.，1996）。目前，多种地球物理勘探方法应用于地热资源调查（曾昭发等，2012），尤其是大地电磁法（Lugão et al.，2002；Oskooi et al.，2005；Asaue et al.，2006；Newman et al.，2008；Yu et al.，2008；Arango et al.，2009；Spichak and Manzella，2009；Ghaedrahmati et al.，2013）。长偏移距瞬变电磁法在该领域也有成功应用（Risk et al.，2003；Bibby et al.，2009），虽然应用程度不如大地电磁法普及，但其采用人工源，数据信噪比高，有利于弥补大地电磁法易受人文干扰的缺点。按照地热资源的存在形式，其可分为热水型和热干岩型两类。

1）热水型地热

热水型地热系统具有独特的内部结构及显著的电阻率差异，因此电磁法在热水型地热资源调查中有着广泛应用。图 2.24 为热水型地热系统的两类一般模型，该类型地热资源主要由热源、储热库和黏土矿物盖层三部分组成。通常，热源来自深部热循环或岩浆库，而黏土矿物盖层为蒙脱石、沸石、蒙脱石-伊利石等热液蚀变的产物（Spichak and Manzella，2009）。储热库及上升通道略显复杂，图 2.24 给出了两种典型的储热库及上升通道。图 2.24（a）中，储热库下部为裂隙发育程度高的青磐岩化带（绿泥石、绿帘石等）、上部为深大断层，高温热流体经裂隙-断层上升至浅地表；图 2.24（b）中，储热库为裂隙发育程度高的青磐岩化带，高温热流体经裂隙上升至浅地表。一般来说，蒙脱石、沸石等黏土矿物本身及层间孔隙含水量大，电阻率较低（小于 10Ω · m）；而绿泥石、绿帘石及经蒙脱石脱水转变的伊利石等矿物自身含水少、原生孔隙度小，电阻率远高于蒙脱石、沸石等矿物。因此，低电阻率的黏土矿物盖层也成为采用电磁法进行地热资源调查的目标层。另外，与上覆地层和围岩电阻率相比，热水型地热系统的整体电性特征为低阻，这也是电磁法划分地热分布范围的依据。

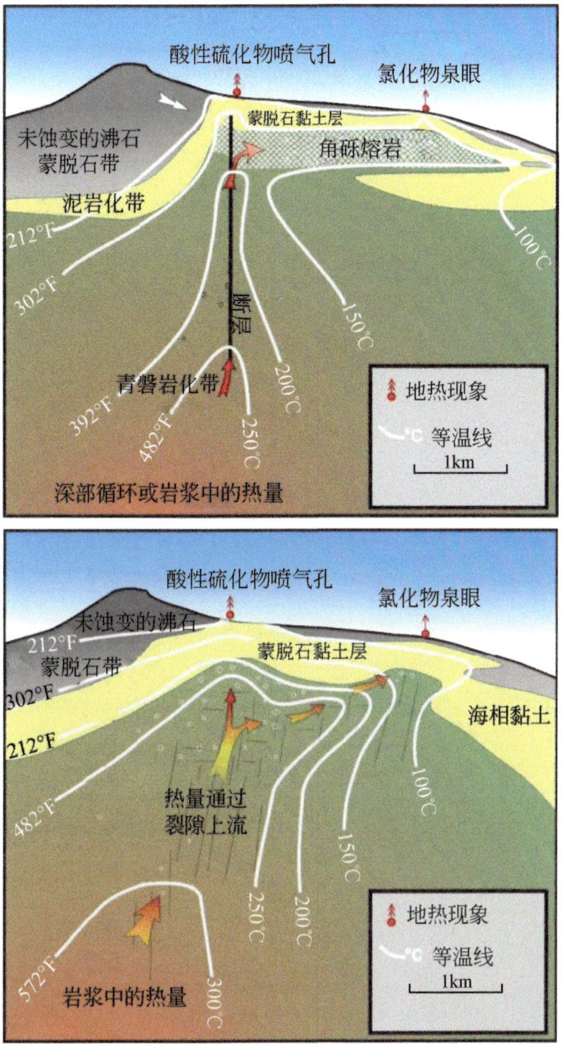

图 2.24　热水型地热系统的两类一般模型（引自 Cumming，2009）

下面，我们分析大西洋中段洋脊深部地热系统的实例（Oskooi et al.，2005）。如图 2.25 所示，本例中大地电磁法剖面布置于冰岛西南部的非火山区，测线长度为 21km、共 21 个测点。图 2.26 为 TE 和 TM 模式数据联合反演的视电阻率断面图，按电阻率变化关系，该断面图可划分为四层介质。根据已有地质资料，第一层（顶层）高阻介质为淡水充填的多孔玄武岩（与 2.2.1 节内容相吻合），第二层低阻介质为蒙脱石、沸石等黏土矿物组成的盖层，第三层高阻介质为绿泥石、绿帘石等青磐岩化产物构成的储热体，第四层（底层）低阻介质推断为基岩部分熔融或充满高温离子流体的岩浆顶部物质。Yu 等（2008）研究冰岛 Theistareykir 地区地热时，观测到了与上述结果一致的四层地电结构。另外，剖面 11～21km 段并不存在上述第三层和第四层介质，取而代之的是电阻率显著增大的介质，推断为围岩。

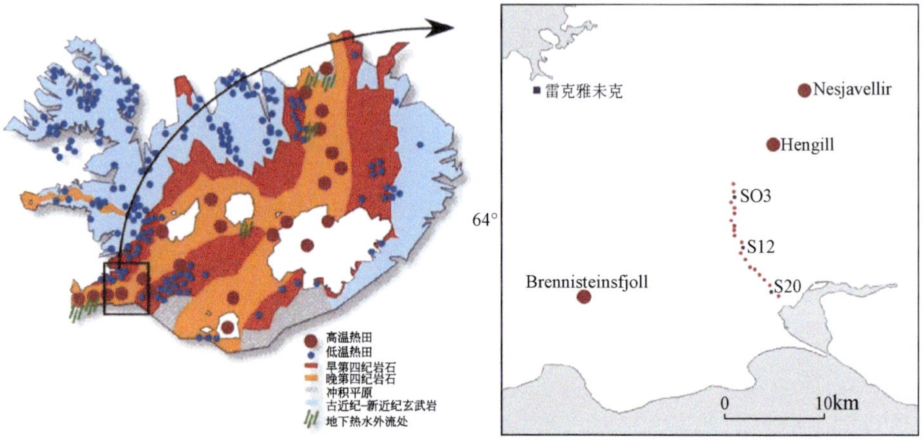

图 2.25　冰岛地质构造与地热系统及其大地电磁法测线布置图（引自 Oskooi et al.，2005）

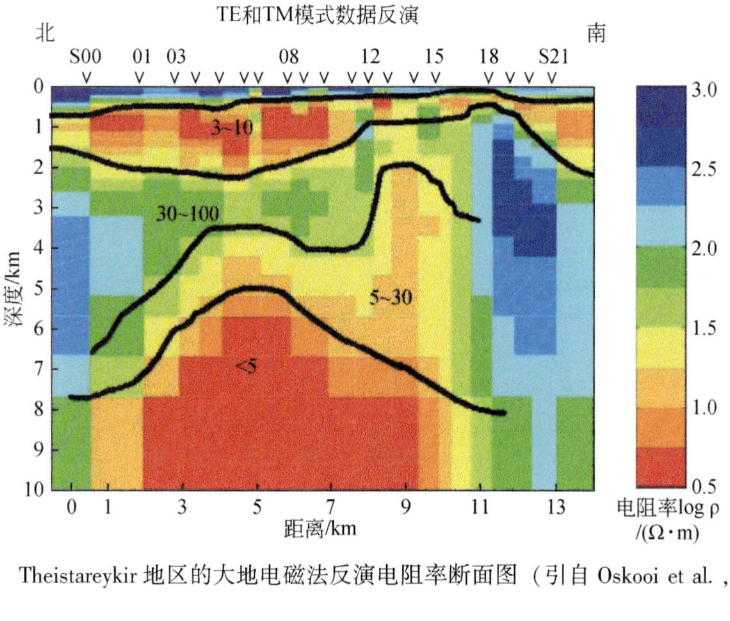

图 2.26　Theistareykir 地区的大地电磁法反演电阻率断面图（引自 Oskooi et al.，2005）

2）热干岩型地热

热干岩型地热是指地下 2～5km、温度高于 150℃ 热干岩体中蕴藏的地热资源。与热水型地热资源不同，热干岩型地热资源目前开发程度仍较低，而电磁法在该类资源勘探中的应用实例也很少。热干岩体一般为各类变质岩或侵入岩，其渗透率非常有限，内部也不存在流体，因此热干岩与其周围介质的电阻率差异往往并不显著。目前，热干岩型地热资源开发的基本技术是采用水压裂或二氧化碳压裂技术活化原有断层和裂隙或产生新裂隙、增大热干岩体的渗透率，并主要采用微震技术监测压裂过程（Borgia et al.，2012；Jeanne et al.，2014；Khair et al.，2015）。随着大量液体或气体注入压裂过程产生的裂隙中，热干岩内随之产生流体，电阻率逐渐变化，因此电磁法也是动态监测压裂过程的一种方法（Peacock et al.，2013；Hoversten et al.，2015）。

2.3.2　浅部构造模型

相比于深部地质构造问题，浅层地质构造问题更加多样。本节列举的 5 个实例各具特色，其共同之处为每个实例都包括电性差异明显的不同介质，为回线源瞬变电磁法有效勘探提供了前提。Chen（1998）利用瞬变电磁法发现了我国台湾东部经线谷内的电性不连续现象，从而确认该山谷为亚欧板块与菲律宾海板块的缝合带。Kozhevnikov 和 Tezkan（1998）通过瞬变电磁法在贝加尔湖西侧中段 Priolkhonje 区域发现了一个规模巨大的地下石墨带，该石墨带近乎水平分布、走向与当地控制断层平行，他们认为该低阻带是研究当地构造环境的关键，进而推断当地基底构造为缓倾向斜。Schmutz 等（2009）利用高密度电阻率法和瞬变电磁法研究了法国南部阿尔卑斯山区泥流结构，并依据电性差异划分了不稳定层、过渡层和稳定层。Rödder 和 Tezkan（2013）研究了阿拉伯断层约旦境内的电性结构，并得出与大地电磁法一致的地电模型。Mollidor 等（2013）在湖面上利用瞬变电磁法测定了火山口湖 Holzmaar 湖底沉积物厚度，为古气候研究确定了钻孔取心的最佳位置。图 2.27 和图 2.28 为湖面瞬变电磁法勘探的野外工作照和测点布置图。

图 2.27　湖面瞬变电磁法野外工作示意图（引自 Mollidor et al.，2013）

图 2.28　湖面瞬变电磁法测点布置图（引自 Mollidor et al.，2013）

2.4　人文模型

人文模型主要指人为开挖或填埋引起的地下电性异常，如固体矿产采空区、垃圾填埋场、地下未引爆物等。

2.4.1　固体矿产采空区模型

我国煤炭、金属等固体矿产经过多年高强度开采后，不仅资源逐渐枯竭，还为矿区留下了许多不明分布的采空区。近年来，这些不明分布的采空区已成为国民经济建设必须正视的问题。有效探测采空区已成为应用地球物理必须面对的课题之一；许多学者尝试使用瞬变电磁法探测采空区，并取得了良好效果（周楠楠等，2011；包乃利等，2013；戴前伟等，2013；陈卫营和薛国强，2013）。

我们以煤炭采空区为例来阐述采空区地电模型。采空区是否充水主要与煤层上覆岩层有关，当煤炭采出后，上覆岩层会发生复杂的移动和变形。从煤层直接顶板岩层开始，从下至上依次进行冒落、断裂、裂隙、弯曲、最终移动中止；这一过程具有明显的分带性，自下而上依次分为冒落带、裂隙带和弯曲下沉带。冒落带和裂隙带是采空区充水的人为通道：当裂隙带发育高度达到顶板含水岩层时，采空区充水量将逐渐增加；当其未能达到顶板含水岩层时，采空区充水量无显著变化。从电性角度来看，采空区充水时为低电阻率，并且其影响范围远不止开采范围。感应类电磁法探测低阻体的灵敏度更高，因此瞬变电磁法对充水采空区探测精度相对更高。

2.4.2　垃圾填埋场模型

填埋是城市生活垃圾的一种常规处理方法，其主要缺点是垃圾填埋场的渗漏问题。一旦发生渗漏事故，地下水将受到严重污染，对人体健康构成极大隐患。因此，有效探测和动态监控垃圾填埋场的渗漏情况是防范地下水污染对人体造成危害的保证措施，也是应用地球物理学的研究内容之一。

渗滤液是生活垃圾在堆放和填埋过程中由于压实等物理作用和发酵等生物化学降解作用，同时在降水和地下水渗流作用下产生的一种有机和无机成分浓度很高的液体。Tezkan 等（1996）、刘兆平等（2010）的研究结果表明：生活垃圾填埋场一般反映为低电阻率异常，而被渗滤液污染的地下水电阻率更低。这也为电法能够探测和监控垃圾场渗漏提供了理论基础。

2.4.3　地下未引爆物模型

应用瞬变电磁法探测地下未引爆物的研究主要集中于加拿大英属哥伦比亚大学 Oldenburg 教授课题组（Pasion，1999，2007；Beran，2005；Billings et al.，2010；Beran et al.，2013）。与其他类型的地球物理模型不同，地下未引爆物规模小、埋深浅，并与周围介质电性差异大，因此探测地下未引爆物时需要专门的瞬变电磁仪。我国此类研究开展很少，本书不再重点描述。

2.5　小　　结

本章系统分析总结了应用于瞬变电磁法的地电模型及部分相应成功案例，详见图 2.29。这些模型主要可分为四大类：矿床地质模型、水文地质模型、地质构造模型和人文模型。矿床地质模型具体包括块状硫化物矿床和斑岩型矿床等；水文地质模型具体包括熔岩中的地下水，侵入岩和变质岩中的地下水，沉积岩中的地下水（粗粒砂岩和灰岩），松散沉积物中的地下水（隐埋山谷中的地下水、古河道中的地下水、内陆河流三角洲中的地下水、滨海环境中的地下水），地下水盐化和海水入侵（内陆沉积环境、滨海环境），以及煤矿与隧道水害；地质构造模型具体包括地壳结构、火山结构和热水型地热等模型；人文模型具体包括固体矿产采空区、垃圾填埋场和地下未引爆物等模型。

除了上述分类应用外，还有一些应用电磁法解决实际问题的“孤例”，然而这些“孤例”对我们今后的工作研究很有启发性。例如，Todd 和 Dallimore（1998）采用瞬变电磁法中心回线装置圈定了加拿大 Mackenzie 河流三角洲永冻区的分布范围；又如，Collins 等（2006）采用瞬变电磁法分离回线装置研究了得克萨斯州 Llano 隆起区风化变质片岩的电阻率各向异性问题；而 Vrbancich (2009) 应用航空瞬变电磁法估计了澳大利亚 Broken 海湾的海水深度和海底沉积层厚度。另外，薛国强等（2013，2014）近年来提出并发展了电性源短偏移距瞬变电磁法，并成功应用于河南省某盐矿地下溶腔的探测中。

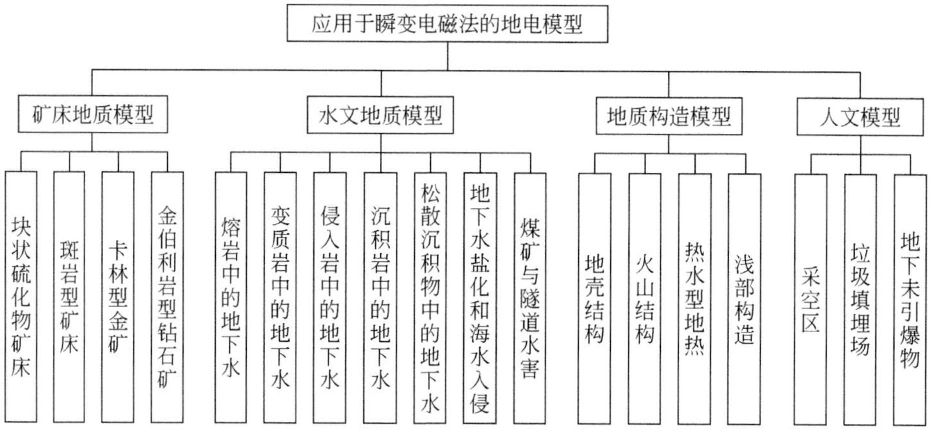

图 2.29　瞬变电磁法已应用领域分布图

第 3 章　时间域电磁法勘探的一维正演

与频率域电磁法相比，时间域电磁法的正演问题更加复杂。只有极少数简单模型或场源与接收特定装置具有解析解，如 Goldman 和 Fitterman（1987）展示了一种计算铺设于二层介质表面矩形回线激发瞬变电磁场的解析方法。然而对于一般模型来说，只有通过时步法或频谱法求解偏微分方程才能获得时间域电磁响应。

3.1　快速傅里叶逆变换算法

电磁法勘探数值计算中，最常使用的快速傅里叶逆变换算法是采用数字滤波方法的正弦和余弦变换（Anderson，1983；Newman et al.，1986）。另外，Jang 等（2013）使用了快速傅里叶变换（FFT）求取时间域响应。快速傅里叶变换中，对频率域少量采样点进行插值计算往往得不到高精度的时间域响应，因此其往往需要计算更多的频率域响应（Hohmann，1983；Newman et al.，1986）。数字滤波方法中，首先计算对数频率域均匀分布的几十个频点电磁响应，然后利用三次样条插值法将频率域响应从几十个扩展至几百个（即系数数目），再计算时间域响应。Anderson（1983）提出的滞后卷积（lagged convolution）算法使得同一组频率域响应可用于计算多个时刻的时间域响应。在此基础上，基于数字滤波方法的正弦和余弦变换已经在多个时间域电磁勘探中被证明可以高效地计算高精度的时间域响应（Newman et al.，1986；Gupta et al.，1989；Key，2012），同时该方法已经广泛用于正反演计算（Farquharson and Oldenburg，1993；Effersø et al.，1999，Börner et al.，2008；Li and Constable，2010；Connell and Key，2013；Sasaki et al.，2015）。

相比于拉普拉斯逆变换快速算法，正弦和余弦变换能够提供精确的时间域晚期响应。通常，这两种算法也被作为基准，用于检测新的拉普拉斯逆变换快速算法。在正谐时 $e^{i\omega t}$ 条件下，正弦和余弦变换用于计算下阶跃电流激发的电磁场表达式为（Newman et al.，1986）

$$\frac{\partial f(t)}{\partial t}=\frac{2}{\pi}\int_{0}^{\infty}\mathrm{Im}[F(\omega)]\sin(\omega t)\mathrm{d}\omega \tag{3.1}$$

$$\frac{\partial f(t)}{\partial t}=-\frac{2}{\pi}\int_{0}^{\infty}\mathrm{Re}[F(\omega)]\cos(\omega t)\mathrm{d}\omega \tag{3.2}$$

式中，$\mathrm{Im}[F(\omega)]$ 和 $\mathrm{Re}[F(\omega)]$ 分别为电场或磁场的虚部和实部；$f(t)$ 为时间域

电场或磁场。

如果采用负谐时 $e^{-i\omega t}$，以上两式需各乘负号（Key，2012）。当以上两式用于计算上阶跃电流激发的电磁场时，计算结果数值相同，但符号相反。

3.2　拉普拉斯逆变换的快速算法

3.2.1　概述

Gaver-Stehfest 算法是拉普拉斯逆变换的一种快速算法，可替代数字滤波方法求取时间域电场响应（Stehfest，1970；Knight and Raiche，1982），其具有实现简单、纯实数运算等特点（Swidinsky et al.，2013）。然而，Gaver-Stehfest 算法中，拉普拉斯域变量与观测时刻相关，对于每一时刻，均需重新计算相应的拉普拉斯域响应。因此，该算法的计算量随着观测时刻的增多而激增。除此之外，Gaver-Stehfest 算法在双精度计算环境中获得的晚期响应计算结果精度较差（Raiche，1987；Effersø et al.，1999；Everett，2009）。尽管如此，Gaver-Stehfest 算法还是被广泛地应用于时间域电磁响应的数值计算中（Knight and Raiche，1982；Raiche et al.，1985；Flis et al.，1989；Everett and Edwards，1993；Swidinsky and Edwards，2009；Li et al.，2011；Swidinsky et al.，2013）。

除了 Gaver-Stehfest 算法，拉普拉斯逆变换还有 100 余种快速算法，最流行的四类算法分别是 Gaver 函数法、傅里叶级数法、Talbot 算法和 Weeks 算法（Abate and Valkó，2004；Kuhlman，2013）。其中，前三类算法存在统一表达形式（Abate and Whitt，2006）。下面，我们简单介绍各类算法。Gaver 函数法是将 Gaver 函数序列进行近似拉普拉斯逆变换，并采用某种算法加快收敛速度。这些加速算法包括 Stehfest 提出的 Saltzer 求和法（即 Gaver-Stehfest 算法），Wynn's Rho 算法（即 Gaver-Wynn's-Rho 算法）（Valkó and Abate，2004）。傅里叶级数法是先将拉普拉斯逆变换转换为傅里叶逆变换，再采用某种算法使无穷傅里叶级数快速收敛，如采用 Padé 近似或 Euler 求和法（Abate and Whitt，1992；Abate et al.，1999；Kuhlman，2013），后一种算法即 Euler 算法。Talbot 算法是将变形 Bromwich contour 应用于拉普拉斯逆变换复平面（Talbot，1979），其变种有 fixed-Talbot 算法（Abate and Valkó，2004）。Weeks 算法采用加权 Laguerre 多项式直接求解时间域表达式，权重由基于复平面内的 Bromwich 积分获取（Weeks，1966；Abate et al.，1996）。与其他方法不同，Weeks 算法中的拉普拉斯变量与观测时间无关，这一特点适用于计算多时刻的时间域响应（Kano et al.，2005；Kuhlman，2013）。然而，Weeks 算法有两个与求解正演问题相关的参数，不易选取，制约了该算法的应用。

3.2.2 Gaver-Stehfest 算法

假设存在一拉普拉斯域复变函数$\hat{f}(s)$，其非负实数时间域响应$f(t)$为

$$f(t)=\frac{1}{2\pi \mathrm{i}}\int_{c}\mathrm{e}^{st}\hat{f}(s)\,\mathrm{d}s \tag{3.3}$$

式中，c为积分路径，即从$c-\mathrm{i}\infty$至$c+\mathrm{i}\infty$，且$c>0$，$\mathrm{i}=\sqrt{-1}$。

Gaver-Stehfest 算法基本原理为将拉普拉斯逆变换表达式以 Gaver 函数序列近似，并采用 Saltzer 求和法加速收敛该序列（Abate and Whitt，2006）。利用 Gaver-Stehfest 算法求解式（3.3）时，有

$$f_G(t)=\frac{\ln 2}{t}\sum_{m=1}^{M}c_m^G\hat{f}\left(\frac{m\ln 2}{t}\right) \tag{3.4}$$

式中，M为 Gaver-Stehfest 算法系数且为偶数，拉普拉斯域变量s为$\frac{m\ln 2}{t}$。系数c_m^G由式（3.5）确定：

$$c_m^G=(-1)^{\frac{M}{2}+m}\sum_{k=\left[\frac{m+1}{2}\right]}^{\min\left[m,\frac{M}{2}\right]}\frac{k^{M/2}(2k)!}{\left(\frac{M}{2}-k\right)!\,k!\,(k-1)!\,(m-k)!\,(2k-m)!} \tag{3.5}$$

式中，$\left[\frac{m+1}{2}\right]$表示小于或等于$\frac{m+1}{2}$的最大正整数。

c_m^G含有多个阶乘项，且随着m增大迅速增大。对于数值较大的M，由于计算机的舍入误差（round-off error），在固定精度编程环境往往得不到精确、稳定的c_m^G计算结果（Montella et al.，2007）。不仅如此，c_m^G还存在符号改变现象，即会引起消去误差（cancellation error）。如表 3.1 所示，Gaver-Stehfest 算法的所需有效小数位数为$1.1M$。例如，在 15 位有效小数的计算环境中，当$M=14$时，所需有效小数位数为 15.4，其值大于 15，那么采用 Gaver-Stehfest 算法计算的数值结果将受舍入误差影响。

表 3.1　三种拉普拉斯逆变换效率分析（Abate and Whitt，2006）

算法	计算量	所需有效小数位数（SP）	算法产生的精确位数（CD）	效率值（CD/SP）
Gaver-Stehfest	M	$1.1M$	$0.45M$	0.4
Euler	$2M+1$	$1.0M$	$0.60M$	0.6
Talbot	M	$1.0M$	$0.60M$	0.6

注：Gaver-Stehfest 算法采用了 Everett（2009）的表述方式，并相应修改了其他各列数值

3.2.3 Euler 算法

Euler 算法基本原理为将拉普拉斯逆变换转化为傅里叶级数，并以 Euler 求和法加速收敛（Abate and Whitt，2006）。采用 Euler 算法求解式（3.3）时，有

$$f_E(t)=\frac{10^{M/3}}{t}\sum_{m=0}^{2M}c_m^E\mathrm{Re}\left[\hat{f}\left(\frac{\beta_m}{t}\right)\right] \tag{3.6}$$

与 Gaver-Stehfest 算法不同，拉普拉斯域变量 s 为复数，并按 β_m/t 形式进行离散，β_m 为 $M\ln(10)/3+\mathrm{i}\pi m$，$\mathrm{i}=\sqrt{-1}$，参数 M 为正整数。系数 c_m^E 由式（3.7）确定：

$$c_m^E=(-1)^m\xi_m \tag{3.7}$$

式中，ξ_m 表达式为 $\xi_0=0.5$、$\xi_m=1(1\leqslant m\leqslant M)$、$\xi_{2M}=2^{-M}$ 和 $\xi_{2M-n}=\xi_{2M-n+1}+2^{-M}\dfrac{M!}{n!\ (M-n)!}(0<n<M)$。

如表 3.1 所示，在 15 位有效小数的计算环境中，Euler 算法本身不受舍入误差影响的参数 M 最大值为 7，与其对应的系数数目为 15（Abate and Whitt，2006），那么需计算 15 个拉普拉斯域响应。这是因为虽然式（3.7）中部分表达式也包含阶乘项，但其形式远不如式（3.5）复杂，因此 Euler 算法受舍入误差影响程度比 Gaver-Stehfest 算法低。

3.2.4 Talbot 算法

采用 Talbot 算法求解式（3.3）时（Abate and Whitt，2006），有

$$f_T(t)=\frac{2}{5t}\sum_{m=0}^{M-1}\mathrm{Re}\left[c_m^T\hat{f}\left(\frac{\delta_m}{t}\right)\right] \tag{3.8}$$

该算法的拉普拉斯域变量比前两种算法更加复杂：变量 s 为 δ_m/t，对于 $m=0$，$\delta_0=0.4M$，对于 $0<m<M$，$\delta_m=0.4m\pi[\cot(m\pi/M)+\mathrm{i}]$。当 $m=0$ 时，系数 c_m^T 为

$$c_0^T=0.5\mathrm{e}^{\delta_0} \tag{3.9}$$

当 $0<m<M$ 时，

$$c_m^T=[1+\mathrm{i}(m\pi/M)(1+[\cot(m\pi/M)]^2)-\mathrm{i}\cot(m\pi/M)]\mathrm{e}^{\delta_m} \tag{3.10}$$

如表 3.1 所示，在 15 位有效小数的计算环境中，Talbot 算法本身不受舍入误差影响的参数 M 最大值为 15，与其对应的系数数目为 15。与前两种算法不同，Talbot 算法的系数并不包含阶乘，意味着该算法受舍入误差影响较小。

综上所述，为了获得理想精度的数值解，Gaver-Stehfest 算法的所需有效小数位数最多，产生的精确位数却最少。因此，Gaver-Stehfest 算法的效率值低于 Euler 和 Talbot 算法。换言之，在一固定精度的计算环境中，Euler 和 Talbot 算法

能够提供精度更高的数值解。

3.3　垂直磁偶源激发的时间域电磁场

3.3.1　基本公式

本节公式推导基于正谐时 $e^{i\omega t}$ 。在准静态条件下（即忽略位移电流），一垂直磁偶源（VMD）在 N 层介质表面激发的频率域磁场垂直分量和电场切向分量分别为（Ward and Hohmann，1988）

$$H_z(r) = \frac{m}{4\pi}\int_0^{\infty}(1 + r_{TE})\frac{\lambda^3}{u_0}J_0(\lambda r)\,\mathrm{d}\lambda \tag{3.11}$$

$$E_{\varphi}(r) = -\frac{z_0 m}{4\pi}\int_0^{\infty}(1 + r_{TE})\frac{\lambda^2}{u_0}J_1(\lambda r)\,\mathrm{d}\lambda \tag{3.12}$$

在变量 z_0 和 u_0 中，下标 0 表示空气层。m 为磁偶极矩，r 为水平收发距，空间波数 λ 等于 $\sqrt{k_x^2 + k_y^2}$ ，其中 k_x 和 k_y 为傅里叶变换中的空间波数 x 和 y 分量。J_0 和 J_1 为第一类 Bessel 函数的 0 阶和 1 阶表达式。r_{TE} 为反射系数，由式（3.13）决定：

$$r_{TE} = \frac{Y_0 - \hat{Y}_1}{Y_0 + \hat{Y}_1} \tag{3.13}$$

式中，$\hat{Y}_1$ 为第一层介质表层导纳，其由以下递推公式确定：

$$\hat{Y}_1 = Y_1\frac{\hat{Y}_2 + Y_1\tanh(u_1 h_1)}{Y_1 + \hat{Y}_2\tanh(u_1 h_1)} \tag{3.14}$$

$$\hat{Y}_n = Y_n\frac{\hat{Y}_{n+1} + Y_n\tanh(u_n h_n)}{Y_n + \hat{Y}_{n+1}\tanh(u_n h_n)} \tag{3.15}$$

$$\hat{Y}_N = Y_N \tag{3.16}$$

式中，Y_n 为第 n 层介质的本征导纳，$Y_n = u_n/z_n$ ，其中 $u_n^2 = \lambda^2 - k_n^2$ 、$k_n^2 = -i\omega\mu_n\sigma_n$ 、$z_n = i\omega\mu_n$ ；ω 为角频率；μ_n 、σ_n 和 h_n 分别为第 n 层介质的磁导率、电导率和层厚。本研究中，磁导率设置为真空中磁导率 μ_0。

由于空气层电导率非常低，u_0 可近似等于 λ 。如果 N 等于 1，那么反射系数为 $r_{TE} \approx (\lambda - u_1)/(\lambda + u_1)$ 。那么，式（3.11）可改写为

$$H_z(r) = \frac{m}{2\pi}\int_0^{\infty}\frac{\lambda^3}{\lambda + u_1}J_0(\lambda r)\,\mathrm{d}\lambda \tag{3.17}$$

借助于 Lipschitz 和 Sommerfield 积分，0 阶 Bessel 函数可改写为指数形式，并代入式（3.17），可得

$$H_z(r)=\frac{m}{2\pi k^2r^5}[9-(9+9\mathrm{i}kr-4k^2r^2-\mathrm{i}k^3r^3)\mathrm{e}^{-\mathrm{i}kr}] \tag{3.18}$$

式中，$k^2=-\mathrm{i}\omega\mu_0\sigma_1$。将式（3.18）转换至拉普拉斯域，有

$$H_z(r)=-\frac{m}{2\pi\mu_0\sigma_1r^5}\left[\frac{9}{s^2}-\left(\frac{9}{s^2}+\frac{9\alpha}{s^{3/2}}+\frac{4\alpha^2}{s}+\frac{\alpha^3}{s^{1/2}}\right)\mathrm{e}^{-\alpha s^{1/2}}\right] \tag{3.19}$$

式中，$\alpha=(\mu_0\sigma_1)^{1/2}r$，$s$ 为拉普拉斯域变量，其等于 $\mathrm{i}\omega$。式（3.19）乘以 s，再做拉普拉斯逆变换，获得磁场脉冲响应：

$$\frac{\partial h_z}{\partial t}(r)=\frac{m}{2\pi\mu_0\sigma_1r^5}\left[9\mathrm{erf}(\theta r)-\frac{2\theta r}{\pi^{1/2}}(9+6\theta^2r^2+4\theta^4r^4)\mathrm{e}^{-\theta^2r^2}\right] \tag{3.20}$$

式中，$\mathrm{erf}(\theta r)$ 为误差函数，变量 θ 等于 $\sqrt{\dfrac{\mu_0\sigma_1}{4t}}$，$t$ 为观测时刻。本研究中，式（3.17）采用 120 点的快速 Hankel 变换求解（Guptasarma and Singh，1997）。

3.3.2　Gaver-Stehfest 算法计算结果

舍入误差是计算环境中使用有限的计算精度表示无限多位实数引起的，并且在后续计算中不断被放大。一般来说，64 位计算环境中的双精度运算最多只能提供 15 位有效小数，包括 FORTRAN、MATLAB 等主流编程语言。支持可变精度运算的软件允许分配更多的内存来表示指定实数，这些软件包括 Mathematics、MATLAB 符号运算工具箱等。Abate 和 Valkó（2004）使用支持可变精度编程的数学软件 Mathematica 实现了拉普拉斯逆变换数值算法，极大地提高了计算精度。本研究的计算环境为 Windows 7-64bit 操作系统，Intel Core I3 2.4GHz CPU 和 4GB 内存。

我们首先采用双精度和可变精度计算环境中的 Gaver-Stehfest 算法计算单位垂直磁偶源（VMD）在 100Ω · m 均匀半空间表面激发的磁场垂直分量脉冲响应 $\partial h_z/\partial t$。本例中，收发距为 100m。磁场脉冲响应解析解由式（3.20）计算，准解析解由 Gaver-Stehfest 算法基于式（3.17）和式（3.19）计算。在双精度计算环境中，式（3.19）包含的指数项 $\mathrm{e}^{-\alpha s^{1/2}}$ 极易产生舍入误差，并往往大于 Gaver-Stehfest 算法本身产生的舍入误差，在式（3.17）中以第一类 Bessel 函数 0 阶表达式代替了该指数项。基于 Abate 和 Whitt（2006）的可变精度运算理论，当 $10\leqslant M\leqslant 28$ 时，有效小数位数设置为 32，当 $30\leqslant M\leqslant 48$ 时，有效小数位数设置为 $1.1M$。

图 3.1 和图 3.2 分别为双精度和可变精度计算环境中，利用 Gaver-Stehfest 算法计算的单位磁场垂直分量脉冲响应，地电模型为 100Ω · m 均匀半空间，收发距为 100m。图 3.1 中，计算精度在 0.01s 之后逐渐变差，利用 Gaver-Stehfest 算法（所有 M）计算的脉冲响应均明显偏离于解析解，尤其是基于式（3.19）

的计算结果精度更差。如图 3.2 所示，可变精度计算环境中的数值结果计算精度大幅提高，但 M 值为 10 ~ 14 的计算结果精度改善有限，图中相对误差基于式(3.20) 计算。图 3.2 (a) 和 (b) 中，M 值从 10 增大至 28，计算精度一直在提高；之后，计算精度不断下降。图 3.2 (c) 和 (d) 展示了当 M 等于 48 时，有效小数位数为 32、40、1.1M 和 2.2M 对应的相对误差。40、1.1M 和 2.2M 位有效小数位数对应的晚期相对误差彼此相等，并明显小于 32 位有效小数位数对应的相对误差。这就说明图 3.2 (a) 和 (b) 中，M 大于 32 时的低计算精度源于 Gaver-Stehfest 算法本身，而非舍入误差。更进一步讲，对于特定模型，Gaver-Stehfest 算法并不总能够获取高精度的时间域响应。

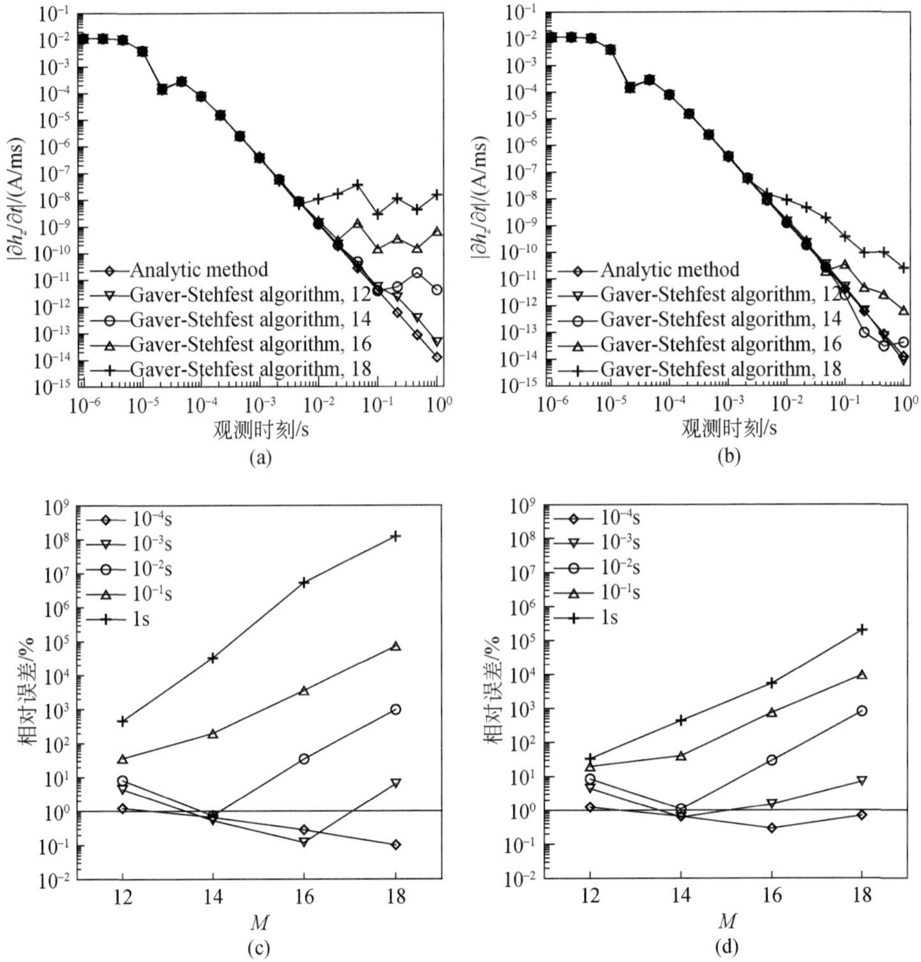

图 3.1　双精度计算环境中，Gaver-Stehfest 算法计算的磁场脉冲响应 ($\partial h_z/\partial t$)

(a) 和 (c) 为基于式 (3.19) 的计算结果，(b) 和 (d) 为基于式 (3.17) 的计算结果

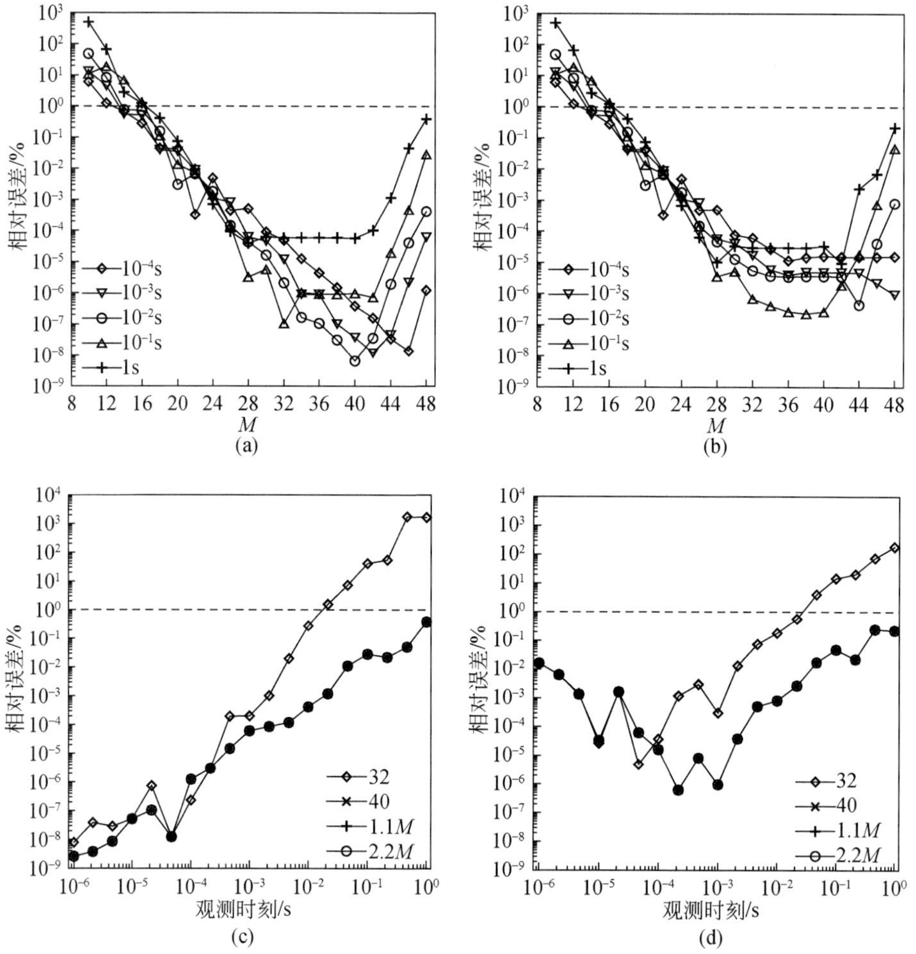

图 3.2　可变精度计算环境中，磁场脉冲响应的相对误差

（a）和（c）为基于式（3.19）的计算结果，（b）和（d）为基于式（3.17）的计算结果

正如预期，在双精度计算环境中利用式（3.19）计算的磁场脉冲响应比式（3.17）的计算结果精度更差；但在可变精度计算环境中，二者的计算结果相当。至于可变精度环境中的计算效率，当 M 等于 16 和 32 时，基于式（3.17）的计算时间分别为 230s 和 470s，而基于式（3.19）的计算时间分别为 8s 和 13s。这种计算时间的巨大差异是由式（3.17）中的 Hankel 变换引起的，采用 120 系数的 Hankel 变换意味着 120 个表达式需要在可变精度环境中求解。当基于式（3.19）计算时间域响应时，只需计算一个表达式。

3.3.3 正弦和余弦变换计算结果

一般来说，对于层状介质、回线源和接地线源的电磁场响应并无解析解作为参考基准，因此我们采用正弦和余弦变换的计算结果作为参考值。本研究使用了两个版本的正弦和余弦变换：一是 Anderson（1983）提出的787系数版本，二是 Key（2012）使用的201系数版本。当采用 Anderson 的版本时，我们直接计算了787个频率域电磁响应，最大观测时刻设置为2s，滞后卷积数为150。使用 Key 的版本时，我们直接计算了85个频率域电磁响应，然后采用三次样条插值将这些频率域响应扩展至201频点的电磁响应。85个频点对数均匀地分布于 10^{-3} ~ 10^{9} Hz，每个数量级有7个频点。

基于式（3.17），我们采用100Ω·m和1000Ω·m的均匀半空间模型来检验不同版本的正弦和余弦变换，解析解由式（3.20）计算。如图3.3所示，787系数的正弦和余弦变换具有更高的计算精度。随后研究中，我们将以787系数的余弦变换作为拉普拉斯逆变换快速算法计算精度的检验标准。

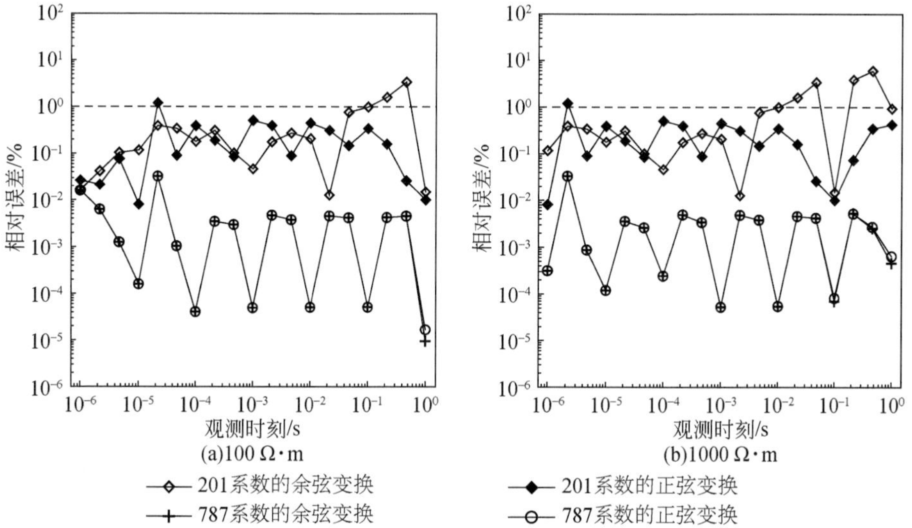

图3.3 不同版本的正弦和余弦变换的相对误差

3.4 矩形回线源激发的时间域电磁场

3.4.1 基本公式

假设一个垂直磁偶源位于笛卡儿坐标系原点。利用柱状坐标系与笛卡儿坐标系的转换关系，在观测点 $(x, y, 0)$ 处的电场水平分量 E_x 和 E_y 可从式（3.12）获得，即

$$E_x(r)=\frac{z_0 m}{4\pi}\cdot\frac{y}{r}\int_0^\infty(1+r_{TE})\frac{\lambda^2}{u_0}J_1(\lambda r)\mathrm{d}\lambda \tag{3.21}$$

$$E_y(r)=-\frac{z_0 m}{4\pi}\cdot\frac{x}{r}\int_0^\infty(1+r_{TE})\frac{\lambda^2}{u_0}J_1(\lambda r)\mathrm{d}\lambda \tag{3.22}$$

式中，$r^2=(x^2+y^2)$。

一般来说，一个矩形回线可视为由无数多个垂直磁偶源组成。假设 z 轴垂直向下，且坐标原点位于矩形回线几何中心。$(x', y', 0)$ 表示小垂直磁偶源坐标，那么 r^2 改写为 $(x'-x)^2+(y'-y)^2$。在式（3.21）和式（3.22）中，以 $\mathrm{d}m=I\mathrm{d}x'\mathrm{d}y'$ 代替磁矩 m，并对这两式按回线面积积分，那么矩形回线在 $(x, y, 0)$ 激发的电场水平分量为

$$E_x(r)=\frac{z_0 I}{4\pi}\int_{-W}^{W}\int_{-L}^{L}\frac{y'-y}{r}\int_0^\infty(1+r_{TE})\lambda J_1(\lambda r)\mathrm{d}\lambda\mathrm{d}y'\mathrm{d}x' \tag{3.23}$$

$$E_y(r)=-\frac{z_0 I}{4\pi}\int_{-W}^{W}\int_{-L}^{L}\frac{x'-x}{r}\int_0^\infty(1+r_{TE})\lambda J_1(\lambda r)\mathrm{d}\lambda\mathrm{d}y'\mathrm{d}x' \tag{3.24}$$

式中，W 和 L 分别为矩形回线的半长和半宽。以上两式中，λ^2/u_0 已被替换为 λ。基于以下变换式（Ward and Hohmann，1988）：

$$\frac{\partial J_0(\lambda r)}{\partial y'}=-\lambda\frac{y'-y}{r}J_1(\lambda r) \tag{3.25}$$

式（3.23）可写作

$$E_x(r)=-\frac{z_0 I}{4\pi}\int_{-W}^{W}\int_0^\infty(1+r_{TE})[J_0(\lambda r_L)-J_0(\lambda r_{-L})]\mathrm{d}\lambda\mathrm{d}x' \tag{3.26}$$

而式（3.24）也可写作

$$E_y(r)=\frac{z_0 I}{4\pi}\int_{-L}^{L}\int_0^\infty(1+r_{TE})[J_0(\lambda r_W)-J_0(\lambda r_{-W})]\mathrm{d}\lambda\mathrm{d}y' \tag{3.27}$$

式中，I 为发射电流，$r_L^2=(x'-x)^2+(L-y)^2$、$r_{-L}^2=(x'-x)^2+(-L-y)^2$、$r_W^2=(W-x)^2+(y'-y)^2$ 和 $r_{-W}^2=(-W-x)^2+(y'-y)^2$。

基于法拉第定理，磁场脉冲响应可由电场获取，如

$$\frac{\partial b_z(r)}{\partial t}=F^{-1}\left(\frac{1}{i\omega}\frac{\partial E_y(r)}{\partial x}\right)-F^{-1}\left(\frac{1}{i\omega}\frac{\partial E_x(r)}{\partial y}\right) \tag{3.28}$$

式中，F^{-1} 表示傅里叶逆变换。而 $\partial E_y(r)/\partial x$ 和 $\partial E_x(r)/\partial y$ 可写作

$$\frac{\partial E_y(r)}{\partial x}=\frac{z_0 I}{4\pi}\int_{-L}^{L}\int_0^\infty\lambda(1+r_{TE})\left[\frac{W-x}{r_W}J_1(\lambda r_W)-\frac{-W-x}{r_{-W}}J_1(\lambda r_{-W})\right]\mathrm{d}\lambda\mathrm{d}y' \tag{3.29}$$

$$\frac{\partial E_x(r)}{\partial y} = -\frac{z_0 I}{4\pi}\int_{-W}^{W}\int_0^{\infty}\lambda(1 + r_{TE})\left[\frac{L - y}{r_L}J_1(\lambda r_L) - \frac{-L - y}{r_{-L}}J_1(\lambda r_{-L})\right]\mathrm{d}\lambda\,\mathrm{d}x' \tag{3.30}$$

本研究中，式（3.29）和式（3.30）采用140点的快速Hankel变换求解（Guptasarma and Singh，1997）。为了精确求解关于回线边长的积分，如式(3.30)，我们首先将积分区间［-W，W］分为两个子区间［-W，0］和［0，W］，然后再对每个子区间采用12点的Gauss-Legendre积分求解。

3.4.2　Gaver-Stehfest算法计算结果

本节同时采用双精度和可变精度计算环境的Gaver-Stehfest算法，M取12、14、16和18。可变精度计算环境中，有效小数位数设置为32位。发射回线尺度依次为5m×5m、100m×100m和1000m×1000m，接收点总是位于回线中心。采用Geonics公司Protem系统30/25Hz的时间序列。该时间序列共有20道，观测时刻为88.13μs～6.978ms（Woods，2006）。

图3.4展示了1000Ω·m均匀半空间在下阶跃电流激发下的$\partial b_z/\partial t$及其与787系数余弦变换的相对误差。对于5m×5m回线，采用双精度和可变精度计算环境的Gaver-Stehfest算法均无法获得精确电磁响应。对于100m×100m回线，相对误差逐渐减小，尤其是采用可变精度运算获得的早期时间域响应。对于1000m×1000m回线，大多数相对误差均小于1%，但M等于12和18系数Gaver-Stehfest算法计算的晚期时间域响应精度较差。这些实例说明采用Gaver-Stehfest算法获取的计算结果精度与正演问题密切相关。

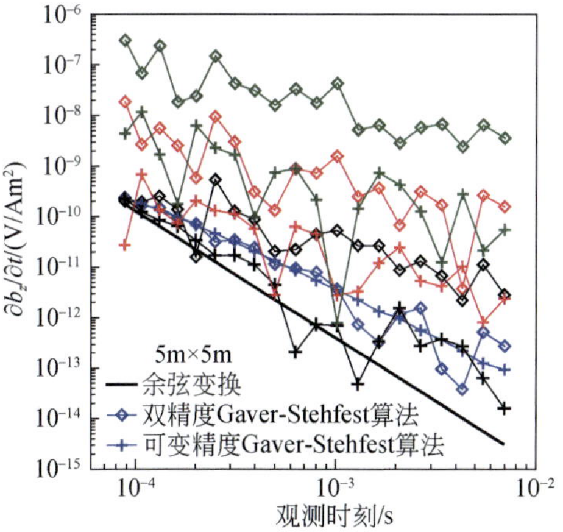

(a)

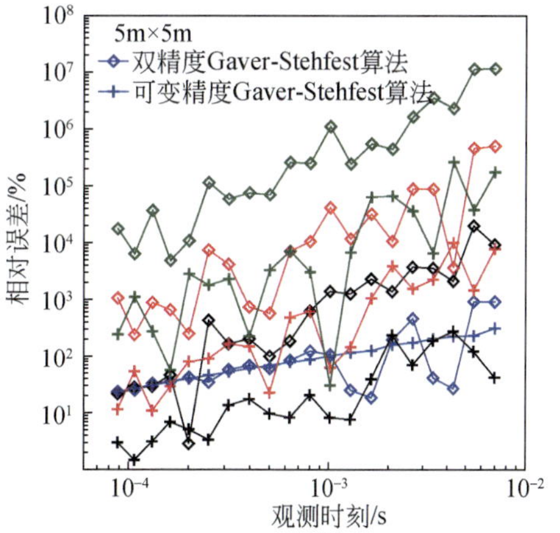

(b)

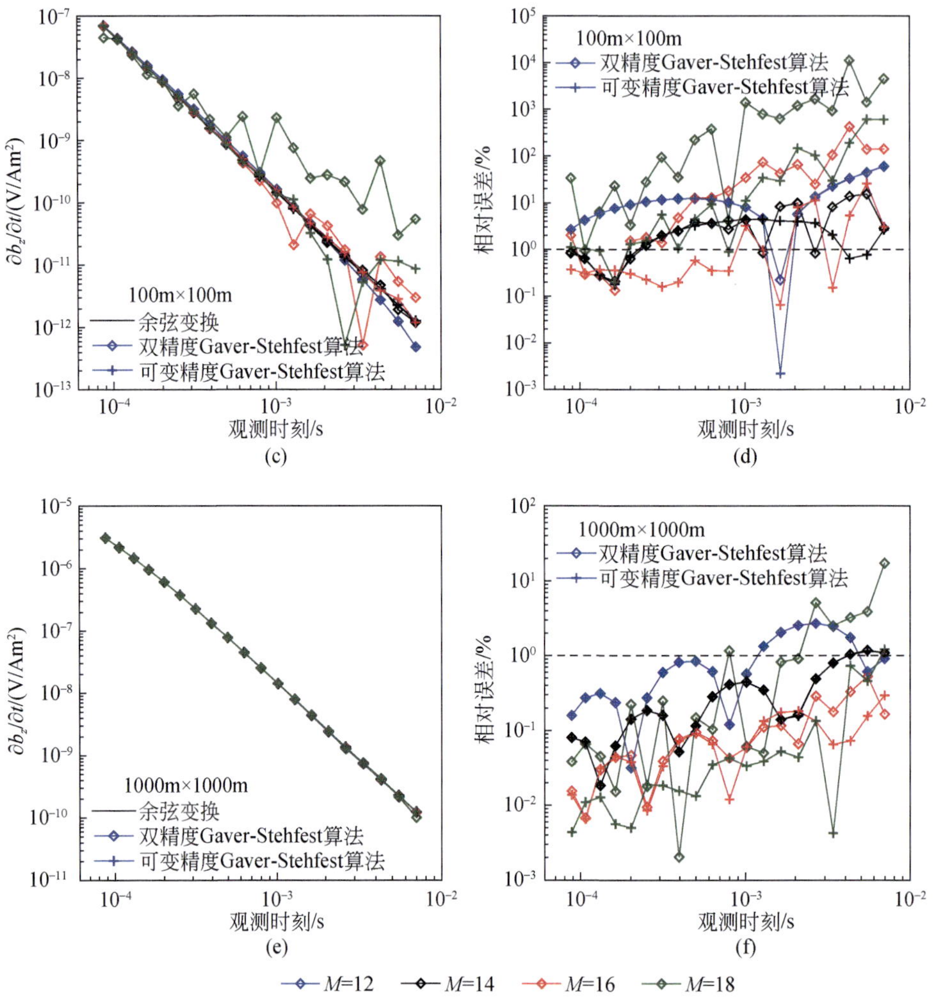

图 3.4　中心回线装置在 1000Ω · m 均匀半空间表面激发的磁感应强度脉冲响应 $\partial b_z/\partial t$

（a）和（b）为 5m×5m 回线的计算结果；（c）和（d）为 100m×100m 回线的计算结果；（e）和（f）为 1000m×1000m 回线的计算结果

图 3.4 还展示了相比于双精度运算，可变精度运算能够获取精度更高的计算结果。这些实例中，舍入误差不仅源于 Gaver-Stehfest 算法，还源于拉普拉斯域表达式。例如，双精度计算环境下，采用 12 系数 Gaver-Stehfest 算法计算 5m×5m 回线激发的电磁响应时，晚期结果仍受舍入误差影响。根据表 3.1，我们可知 12 系数 Gaver-Stehfest 算法在双精度计算环境中不受舍入误差影响。因此，我们推断这部分舍入误差源于拉普拉斯域表达式。这也说明如果待计算的电磁场本身很微弱，如小尺度回线激发的电磁场，那么与拉普拉斯域运算相关的舍入误差对计

算精度将有显著影响。

从上面实例可知，尽管可变精度计算环境下的 Gaver-Stehfest 算法可以获取高精度的计算结果，但其计算效率是大多数电磁法正演和反演不能接受的。图 3.4中，12、14、16 和 18 的 Gaver-Stehfest 算法的运行时间（与回线尺度无关）分别为 2665s、3116s、3552s 和 4208s。

3.4.3　Euler 和 Talbot 算法计算结果

我们将双精度计算环境下的 Euler 和 Talbot 算法应用于 200Ω · m、500Ω · m、1000Ω · m 和 2000Ω · m 的均匀半空间模型。对于 Euler 算法，M 值的考察范围为 2 ~24；对于 Talbot 算法，M 值的考察范围为 8 ~48。发射回线尺度为 5m×5m、10m×10m、20m×20m、50m×50m 和 100m×100m。

图 3.5 展示了 Euler 和 Talbot 算法计算的磁感应强度脉冲响应 $\partial b_z/\partial t$，发射回线尺度为 5m×5m 和 100m×100m，地电模型为 1000Ω · m 的均匀半空间。本例仍采用 Geonics 公司 Protem 系统 30/25Hz 的时间序列。图 3.5（a）和（b）中，Euler 和 Talbot 算法（部分 M 值）的计算结果吻合于 787 系数余弦变换的计算结果。与双精度和可变精度计算环境的 Gaver-Stehfest 算法相比（图 3.4），Euler 和 Talbot 算法能够提供精度更高的数值解。图 3.5（c）和（d）给出了这两种算法 0.007s 时刻的相对误差随 M 值的变化特征，该观测时刻比 Protem 系统 30/25Hz 时间序列中的最晚时刻略大。与早期时刻相比，我们更关心晚期时刻的相对误差，这也是我们研究 Euler 和 Talbot 算法的主要目的。对于 Euler 和 Talbot 算法，随着 M 值增大，两种尺度发射回线的相应相对误差先快速降低，再缓慢增加。另外，Euler 算法的一个显著特征是：当 M 小于 7 时，其计算结果相对误差并没有随着发射回线尺度的变化而变化。

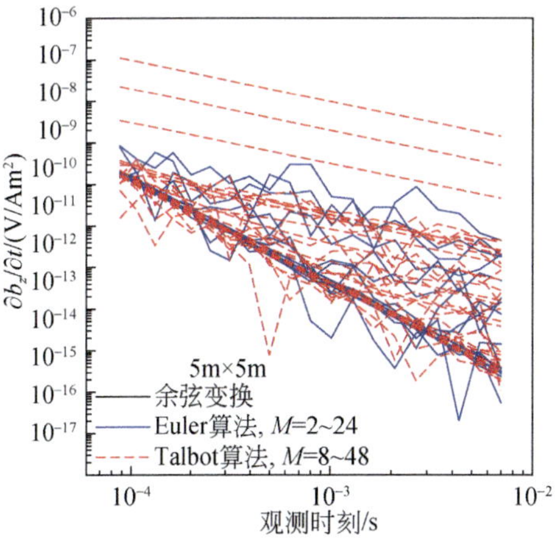

(a)

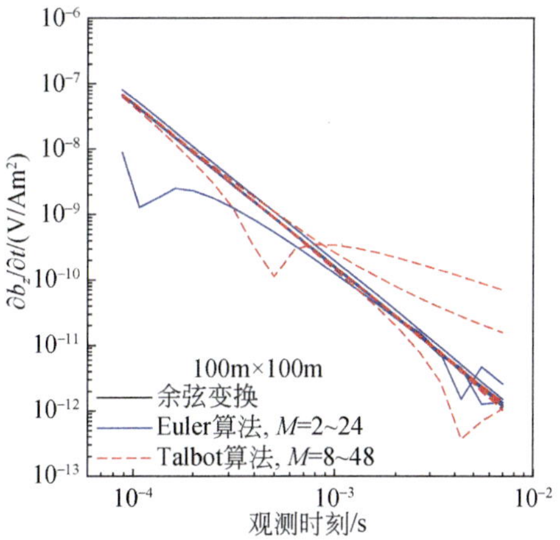

(b)

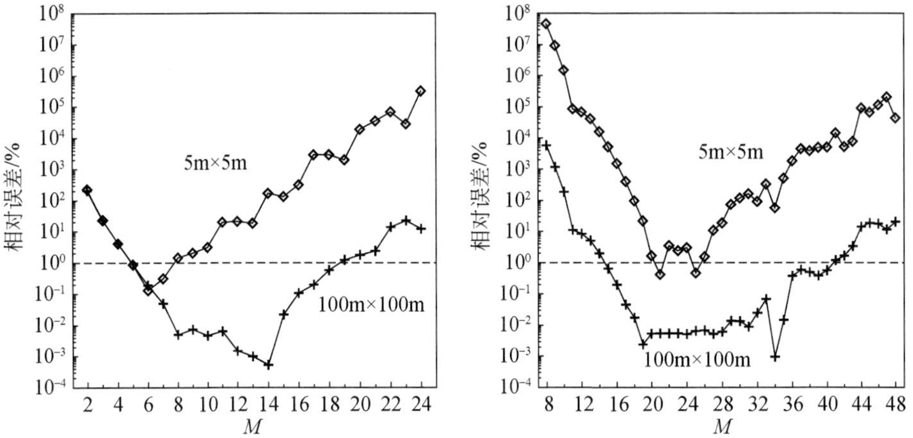

(c)Euler算法　　(d)Talbot算法

图 3.5　不同中心回线装置情况下，Euler 和 Talbot 算法计算的 $\partial b_z/\partial t$ 及其与余弦变换的相对误差

表3.2 和表3.3 给出了0.007s 时刻相对误差小于1%时，Euler 和 Talbot 算法对应的 M 值范围。其中，Euler 算法的 M 值考察范围为 2 ~ 24，Talbot 算法的 M 值考察范围为 8 ~ 48。由这两表可知，随着均匀半空间电阻率的增大或发射回线尺度的减小，M 值范围在缩小。这说明与 Gaver－Stehfest 算法类似，Euler 和 Talbot 算法依然与正演问题相关。然而，这两种算法对大多数情形仍能获得精确的时间域电磁响应，铺设于高阻介质表面的小尺度发射回线情形是个例外，如 5m×5m 的发射回线铺设于 2000Ω · m 均匀半空间表面。如表 3.2 和表 3.3 所示，Talbot 算法中，最小 M 值（能够使得相对误差小于 1%）随着发射回线尺度和均匀半空间电阻率的改变而变化；对于 Euler 算法，该 M 值始终为 6。因此，从 M 值选择角度来看，Euler 算法更适用于瞬变电磁法中心回线装置的数值计算。

表 3.2　对于中心回线装置，Euler 算法能够获取高精度数值解的 M 值范围

电阻率/(Ω · m)	5m×5m	10m×10m	20m×20m	50m×50m	100m×100m
200	6 ~ 10	6 ~ 13	6 ~ 17	6 ~ 18	6 ~ 22
500	6 ~ 9	6 ~ 11	6 ~ 15	6 ~ 17	6 ~ 21
1000	6 ~ 7	6 ~ 9	6 ~ 14	6 ~ 16	6 ~ 18
2000	6 ~ 7	6 ~ 9	6 ~ 11	6 ~ 14	6 ~ 17

表 3.3　对于中心回线装置，Talbot 算法能够获取高精度数值解的 *M* 值范围

电阻率/(Ω · m)	5m×5m	10m×10m	20m×20m	50m×50m	100m×100m
200	20 ~ 24	19 ~ 28	17 ~ 35	15 ~ 40	12 ~ 44
500	20 ~ 21	19 ~ 26	18 ~ 30	16 ~ 37	14 ~ 41
1000	21，25	20 ~ 23	19 ~ 28	17 ~ 35	15 ~ 40
2000	/	20 ~ 21	19 ~ 26	18 ~ 32	16 ~ 37

我们再将 Euler 和 Talbot 算法应用于层状介质模型。本例仍采用 Geonics 公司 Protem 系统 30/25Hz 的时间序列。地电模型和相应数值结果见表 3.4 和图 3.6。

表 3.4　用于本例研究的三层层状介质模型

模型	第一层电阻率 /(Ω · m)	第二层电阻率 /(Ω · m)	第三层电阻率 /(Ω · m)	第一层厚度 /m	第二层厚度 /m
模型 1	100	10	1500	100	50
模型 2	50	1000	100	50	500

基于层状模型基底的电阻率，对于模型 1，Euler 和 Talbot 算法中 *M* 值分别选取为表 3.2 和表 3.3 中第四行的最小 *M* 值；对于模型 2，*M* 值分别选取为表 3.2 和表 3.3 中第一行的最小 *M* 值。如图 3.6（a）和（c）所示，Euler、Talbot 和 787 系数余弦变换的数值解吻合良好。如图 3.6（b）和（d）所示，Euler 算法的平均相对误差明显高于 Talbot 算法。这与 Talbot 算法需要更多的拉普拉斯域电磁响应有关，但也需要更多计算时间。对于模型 1，Euler 和 Talbot 算法计算的所有时刻相对误差均小于 1%。对于模型 2，Euler 算法计算的部分时刻相对误差略大于 1%，而 Talbot 算法计算的所有时刻相对误差均小于 1%。

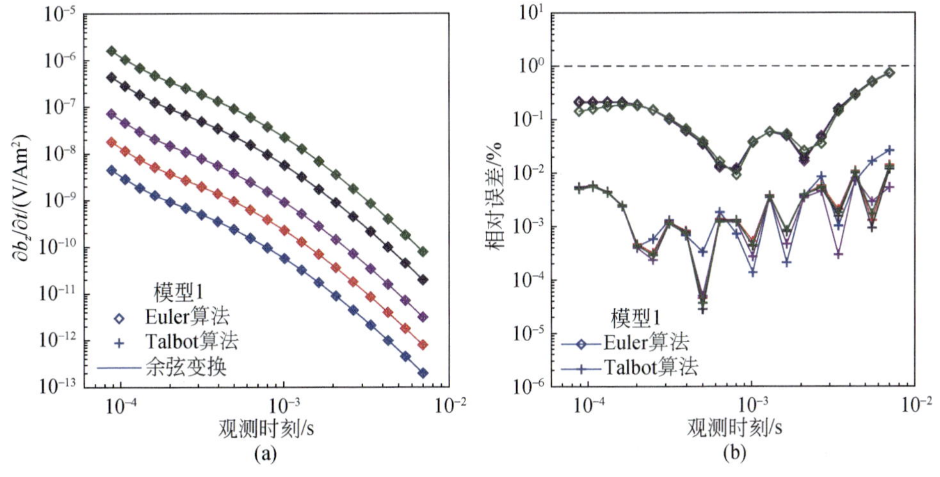

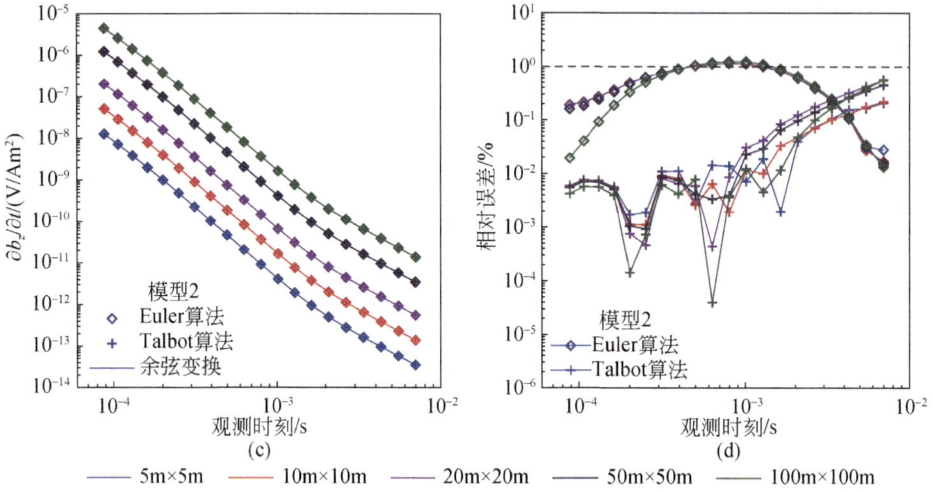

图 3.6　对于中心回线装置，表 3.4 中模型相应的磁感应强度脉冲响应 $\partial b_z/\partial t$ 及其相对误差

Euler 算法的 M 值始终取 6；而对于 Talbot 算法，模型 1 和模型 2 的 M 值分别选取为表 3.3 中第四行和第一行 M 的最小值。(a) 和 (b) 为模型 1 的计算结果；(c) 和 (d) 为模型 2 的计算结果

我们再利用 Euler 和 Talbot 算法计算固定回线源激发的时间域电磁场。我们仍从均匀半空间模型开始。回线边长设置为 1000m。五个测点相对于回线中心的 x 坐标分别为 0m、100m、200m、300m 和 400m，y 坐标均为 0m。观测时刻为 0.07s，该观测时刻比 Protem 系统 3/2.5Hz 时间序列中的最晚时刻略大。

图 3.7 展示了随 M 值改变，Euler 和 Talbot 算法计算的脉冲响应与 787 系数

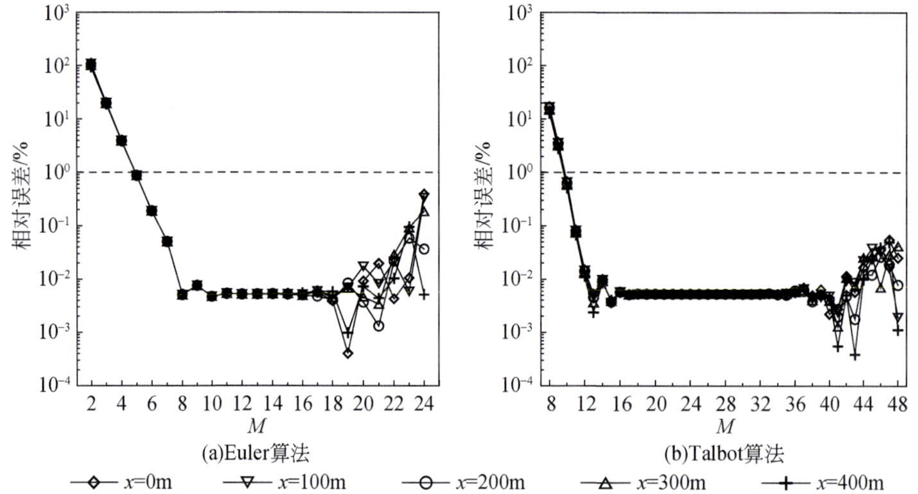

图 3.7　对于固定源回线，Euler 和 Talbot 算法计算的多测点相对误差

模型为 200Ω · m 的均匀半空间，观测时刻为 0.07s

余弦变换计算结果的相对误差。随着 M 值增大，所有测点的相对误差先急剧减小，然后稳定于 0.01% 以下，再缓慢上升，但仍小于 1%。如表 3.5 和表 3.6 所示，对于固定源回线装置，均匀半空间电阻率变化引起的 M 值范围（相对误差小于 1%）变化规律与中心回线装置情形类似。其中，Euler 算法的 M 值考察范围为 2 ~ 24，Talbot 算法的 M 值考察范围为 8 ~ 48。然而，两种装置的差别在于固定源回线装置中，M 值范围（相对误差小于 1%）更大。这是由本例中固定源装置更大的回线尺度引起的。表 3.5 和表 3.6 中，M 值范围随测点 x 坐标改变而小幅波动，但 2000Ω · m 均匀半空间模型是个例外。这种情形中，随 x 坐标增大，M 值范围也逐渐变大。这与电磁场由回线周边向回线中央扩散有关。

表 3.5　对于固定源回线装置，Euler 算法能够获取高精度数值解的 M 值范围

电阻率/(Ω · m)	$x=0$m	$x=100$m	$x=200$m	$x=300$m	$x=400$m
200	6 ~ 24	6 ~ 24	6 ~ 24	6 ~ 24	6 ~ 24
500	6 ~ 24	6 ~ 24	6 ~ 24	6 ~ 24	6 ~ 24
1000	6 ~ 22	6 ~ 22	6 ~ 22	6 ~ 22	6 ~ 22
2000	6 ~ 21	6 ~ 23	6 ~ 24	6 ~ 22	6 ~ 22

表 3.6　对于固定源回线装置，Talbot 算法能够获取高精度数值解的 M 值范围

电阻率/(Ω · m)	$x=0$m	$x=100$m	$x=200$m	$x=300$m	$x=400$m
200	10 ~ 48	10 ~ 48	10 ~ 48	10 ~ 48	10 ~ 48
500	11 ~ 48	11 ~ 48	11 ~ 48	11 ~ 48	11 ~ 48
1000	11 ~ 48	11 ~ 48	11 ~ 48	11 ~ 48	11 ~ 48
2000	12 ~ 45	12 ~ 45	12 ~ 45	12 ~ 46	12 ~ 46

接下来，我们将 Euler 和 Talbot 算法应用于固定源回线装置和层状介质模型。我们依据表 3.5 和表 3.6 选取 M 值：对于模型 1 和模型 2，Euler 算法中 M 值始终选取为 6，Talbot 算法中 M 值分别选取为 12 和 10。本例选择 Protem 系统 3/2.5Hz 时间序列，其共有 30 个观测时刻，分布于 90μs ~ 69.78ms（Woods，2006）。如图 3.8 和图 3.9 所示，对模型 1 和模型 2，Euler 和 Talbot 算法与 787 系数余弦变换具有相同的求解精度。当采用 Euler 算法时，只有模型 1 的最后六个时刻相对误差大于 1%；当采用 Talbot 算法时，相对误差均小于 1%。

关于回线源瞬变电磁法，Euler 算法的一个显著优点是容易选取 M 值（通常为 6），而 Talbot 算法的 M 值选取与回线大小和模型电阻率密切相关。

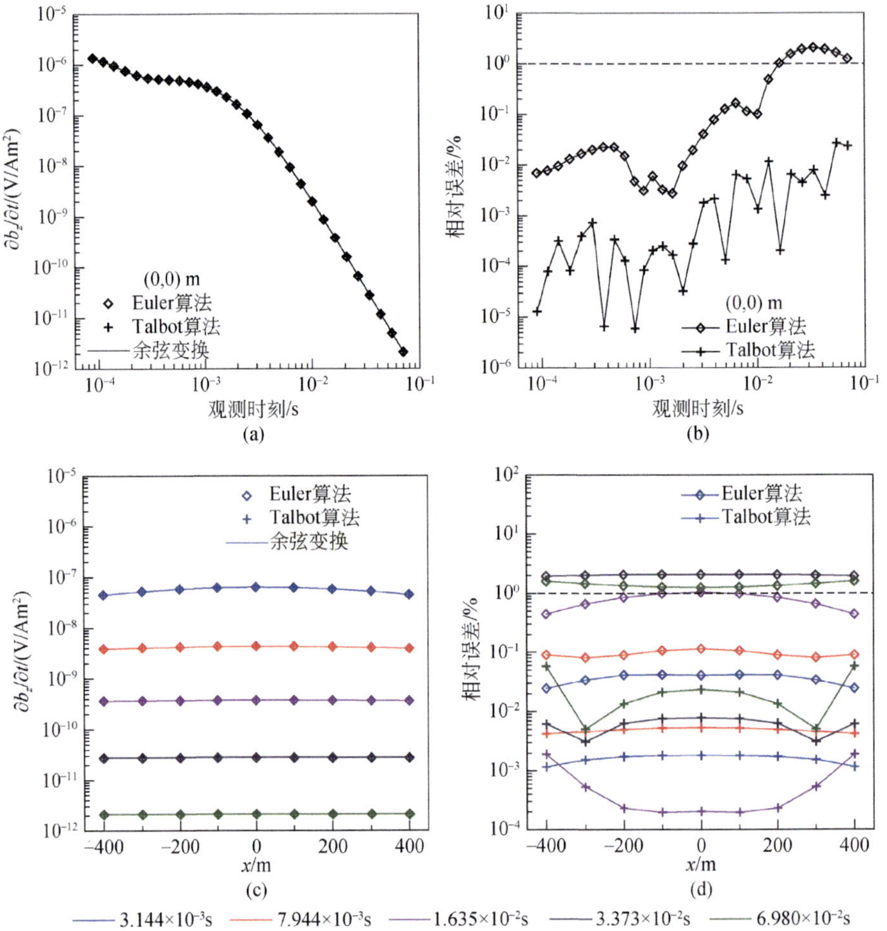

图 3.8　对于固定地源回线装置（1000m×1000m），模型 1 的磁感应强度脉冲响应 $\partial b_z/\partial t$

Euler 和 Talbot 算法的 M 值分别为 6 和 12

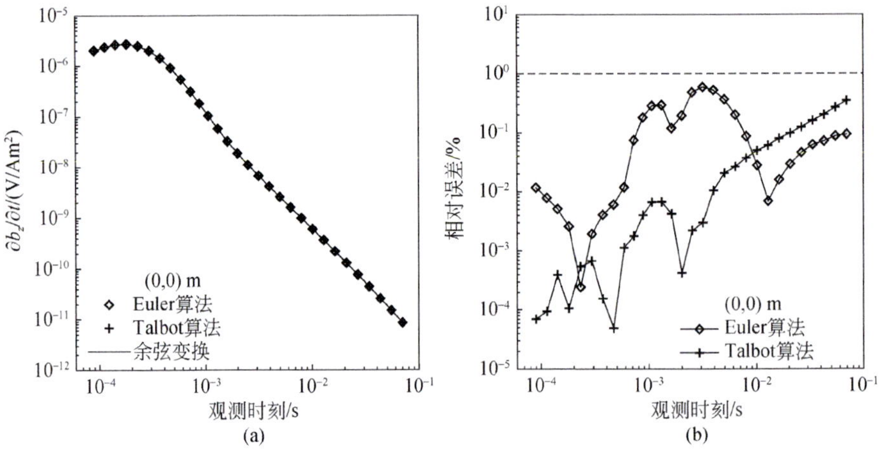

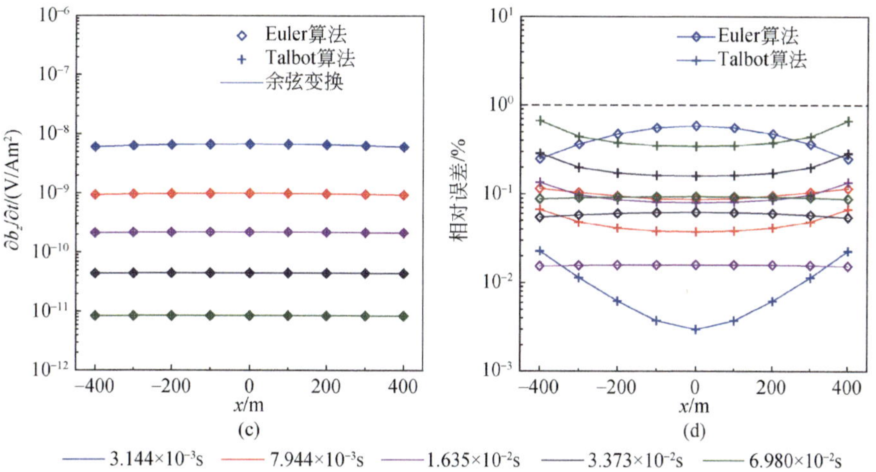

图 3.9　对于固定地源回线装置（1000m×1000m），模型 2 的磁感应强度脉冲响应 $\partial b_z/\partial t$
Euler 和 Talbot 算法中，M 值分别为 6 和 10

3.4.4　效率分析

计算效率对算法的推广应用至关重要。本节将分析 Gaver-Stehfest、Euler 和 Talbot 算法的计算效率。本节中，地电模型为 1000Ω · m 均匀半空间，发射回线尺度为 1000m×1000m，计算量为磁感应强度脉冲响应 $\partial b_z/\partial t$，观测时刻数目为 20 和 30。除上述三种拉普拉斯逆变换快速算法外，本节还将考虑 787 系数余弦变换（直接计算所有频率域响应）、基于三次样条插值计算的 201 系数正弦变换（分别直接计算 41 个和 161 个频率域响应，其他频点响应采用三次样条插值获取）。对于这些正弦和余弦变换，计算用时与观测时刻数目无关。对于拉普拉斯逆变换快速算法，给定 M，Euler、Gaver-Stehfest 和 Talbot 算法将分别需要计算 $2M+1$、M 和 M 个拉普拉斯域电磁响应（表 3.1）。

如图 3.10 所示，无论观测时刻多少，基于三次样条插值计算的 201 系数正弦变换计算效率最高，当需直接计算 41 个和 161 个频率域响应时，其用时分别约为 0.15s 和 0.56s。基于可变精度运算的 Gaver-Stehfest 算法效率最低。对于 20 个和 30 个观测时刻，787 系数余弦变换的计算用时约为 4s。随 M 增大，基于双精度运算的 Gaver-Stehfest、Euler 和 Talbot 算法计算用时线性递增，且其范围为 0.6～4s。Gaver-Stehfest 算法只涉及实数运算，其计算效率要比 Talbot 算法略高。由表 3.5 和表 3.6 可知，Euler 和 Talbot 算法中相对误差小于 1% 的最小 M 值分别 6 和 11，图 3.10 中相应计算用时分别为 1.0s 和 0.8s（20 个观测时刻），1.4s 和 1.1s（30 个观测时刻）。

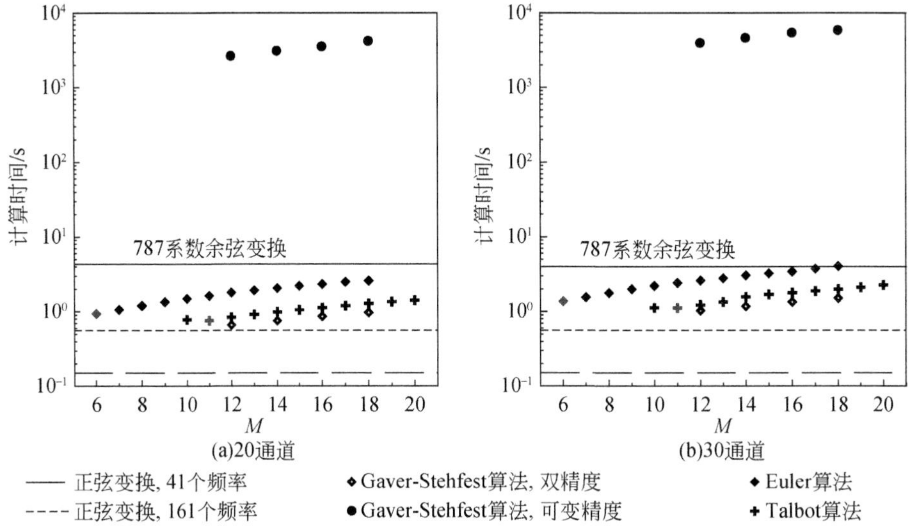

图 3.10　Gaver-Stehfest、Euler 和 Talbot 算法计算用时与参数 M 的关系

（a）和（b）分别对应 20 个和 30 个观测时刻的情形；蓝色符号对应相对误差小于 1% 的最小 M 值（据表 3.5 和表 3.6）

3.5　水平电偶源激发的时间域电磁场

3.5.1　基本公式

准静态条件下，一个水平电偶源（HED）位于 N 层介质的第 i 层中，其激发的电场轴向水平分量为（Key，2012）

$$E_h(r)=\int_0^{\infty}\left(\hat{E}_{J_0}J_0(\lambda r)+\hat{E}_{J_1}\frac{J_1(\lambda r)}{r}\right)\mathrm{d}\lambda \tag{3.31}$$

其中

$$\hat{E}_{J_0}(\lambda)=-\frac{1}{2\pi\mu\sigma_i}\left(u_i^2\hat{A}_h+\lambda^2\frac{\partial\hat{A}_z}{\partial z}\right)\lambda \tag{3.32}$$

$$\hat{E}_{J_1}(\lambda)=\frac{1}{2\pi\mu\sigma_i}\left(\hat{A}_h+\frac{\partial\hat{A}_z}{\partial z}\right)\lambda^2 \tag{3.33}$$

式中，$u_i^2=\lambda^2-\mathrm{i}\omega\mu_0\sigma_i$；$\omega$ 为角频率；r 为收发距；σ_i 为第 i 层介质的电导率；μ 为真空中磁导率。海洋可控源电磁法中，源和接收点均位于海水层，那么水平和垂直矢量势分别为

$$\hat{A}_h=a_i\mathrm{e}^{u_i(z-z_{i+1})}+b_i\mathrm{e}^{-u_i(z-z_i)}+\frac{\mu}{2u_i}\mathrm{e}^{-u_i|z-z_s|} \tag{3.34}$$

$$\hat{\Lambda}_z = c_i e^{u_i(z-z_{i+1})} + d_i e^{-u_i(z-z_i)} - \frac{u_i}{\lambda^2}(a_i e^{u_i(z-z_{i+1})} - b_i e^{-u_i(z-z_i)}) \tag{3.35}$$

式中，z_s、z_i 和 z 分别为源的深度、第 i 介质上界面埋深和测点深度。a_i、b_i、c_i 和 d_i 的具体表达式详见 Key（2009）的文献。

以上公式推导基于负谐时 $e^{-i\omega t}$。因此，采用拉普拉斯逆变换求取时间域响应时，拉普拉斯变量 s 应用 $-i\omega$ 代替，那么 u_i^2 仍为 $\lambda^2 + s\mu\sigma_i$。本例中采用了 201 系数的快速 Hankel 变换 Key（2012）。

3.5.2　Euler 和 Talbot 算法计算结果

水平电偶源（HED）的一个主要应用是作为海洋可控源电磁法的发射源。本研究采用的地电模型是 Constable 和 Weiss（2006）提出的一维海底油气藏经典模型。该模型包含空气层（$10^{-12}\Omega\cdot m$，无穷厚）、海水层（$0.3\Omega\cdot m$，10^3m）、海底（$1\Omega\cdot m$，10^3m）、油气藏（$10^2\Omega\cdot m$，10^2m）和基底（$1\Omega\cdot m$，无穷厚）。水平电偶源置于海水中，距离海底 10m；接收装置置于海底，偏移距分别为 1km、2km、3km、5km、10km 和 15km。本例中，Euler 和 Talbot 算法的 M 值考察范围分别为 2 ~ 15 和 5 ~ 30。787 系数余弦变换仍是精度对比基准。

图 3.11 展示了多接收偏移距条件下的相对误差随参数 M 的变化情况，观测时刻为 0.1s。随 M 值增大，对于任一接收偏移距 r，Euler 和 Talbot 算法的相对误差先减小、再增大。当偏移距 r 等于 1km 时，相对误差并没有随 M 值增大而增大，而是几乎始终维持在 1% 以内。如表 3.7 和表 3.8 所示，当观测时刻为 1 ~ 100s 时，Euler 和 Talbot 算法计算结果相对误差小于 1% 的 M 值范围分别为 3 ~ 6

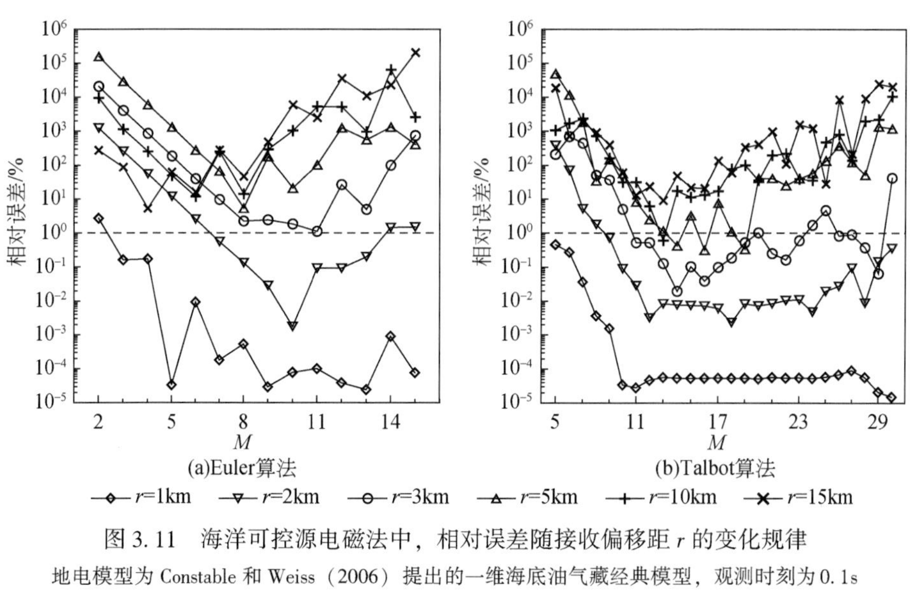

图 3.11　海洋可控源电磁法中，相对误差随接收偏移距 r 的变化规律

地电模型为 Constable 和 Weiss（2006）提出的一维海底油气藏经典模型，观测时刻为 0.1s

和 5 ~ 10；对于 0.01 ~ 0.1s，电场非常微弱以至于不能精确计算，尤其是大偏移距的情形。这种现象与电磁波在高导介质中的传播速度密切相关。其中，Euler 算法的考察范围为 2 ~ 15，Talbot 算法的考察范围为 5 ~ 30。如表 3.7 和表 3.8 所示，Talbot 算法可以精确计算小偏移距条件下（r 等于 1km、2km 和 3km）的早期电场脉冲响应，而 Euler 算法却无法获得。因此，无论是精度还是效率，Talbot 算法比 Euler 算法更适用于海洋可控源电磁法的正演计算。

表 3.7　海洋可控源电磁法中，Euler 算法能够获取高精度数值解的 M 值范围

观测时刻/s	r=1km	r=2km	r=3km	r=5km	r=10km	r=15km
10^{-2}	/	/	/	/	/	/
10^{-1}	3 ~ 15	7 ~ 13	/	/	/	/
1	3 ~ 15	4 ~ 15	4 ~ 15	4 ~ 15	4 ~ 15	4 ~ 15
10^{1}	5 ~ 15	5 ~ 15	3 ~ 15	3 ~ 15	3 ~ 15	3 ~ 15
10^{2}	6 ~ 15	6 ~ 15	6 ~ 15	5 ~ 15	5 ~ 15	4 ~ 15

表 3.8　海洋可控源电磁法中，Talbot 算法能够获取高精度数值解的 M 值范围

观测时刻/s	r=1km	r=2km	r=3km	r=5km	r=10km	r=15km
10^{-2}	17 ~ 19	17	/	/	/	/
10^{-1}	5 ~ 30	9 ~ 30	11 ~ 23	14，16	/	/
1	5 ~ 30	6 ~ 30	6 ~ 30	5 ~ 30	5 ~ 30	5 ~ 30
10^{1}	7 ~ 30	5 ~ 30	5 ~ 30	5 ~ 30	5 ~ 30	5 ~ 30
10^{2}	10 ~ 30	9 ~ 30	8 ~ 30	7 ~ 30	5 ~ 30	5 ~ 30

图 3.12 是下阶跃电流激励下，一维海底油气藏模型的电场径向分量脉冲响应 $\partial e_h/\partial t$。根据表 3.7 和表 3.8，Euler 和 Talbot 算法的 M 值分别选取为 7 和 11。随着接收偏移距增大，早期响应精度逐渐变差，晚期响应精度始终较高。

图 3.13 展示了 Euler（M=7）和 Talbot（M=11）算法计算的电场脉冲响应及其相对误差。精度对比基准是 787 系数余弦变换，其 787 个频率域响应均为直接计算，并未使用三次样条插值计算。对于基于三次样条插值计算的 201 和 787 系数正弦和余弦变换，直接计算的频率域响应数目为 41 和 161。这些频点对数均匀地分布于 10^{-4} ~ 10^{4}Hz，即每个数量级分布 5 个和 20 个频点。对于直接计算 41 个频率域响应的情形，Euler 和 Talbot 算法比基于三次样条插值计算的正弦和余弦变换拥有更高的计算精度。对于直接计算 161 个频率域响应的情形，六种数值算法计算的电场脉冲响应相互交织在一起。早期，基于三次样条插值计算的 201

系数正弦和余弦变换精度最差；晚期，基于三次样条插值计算的 787 系数正弦和余弦变换也未比其他算法拥有更高的计算精度。

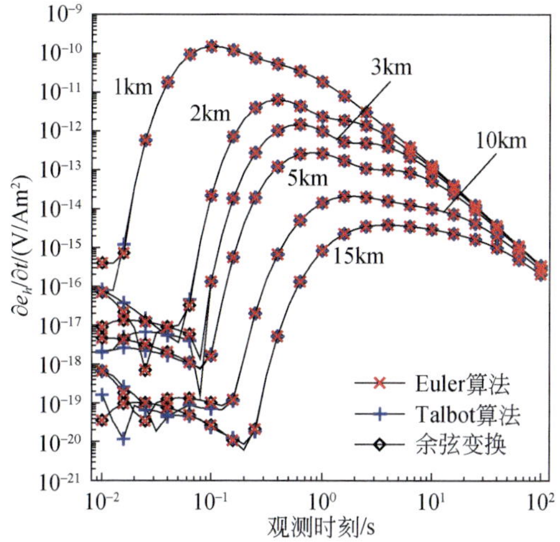

图 3.12　对于一维海底油气藏精度模型，下阶跃电流激励下的电场轴向分量脉冲响应 $\partial e_h/\partial t$

Euler 和 Talbot 算法的 M 值分别为 7 和 11，精度基准由 787 系数余弦变换计算

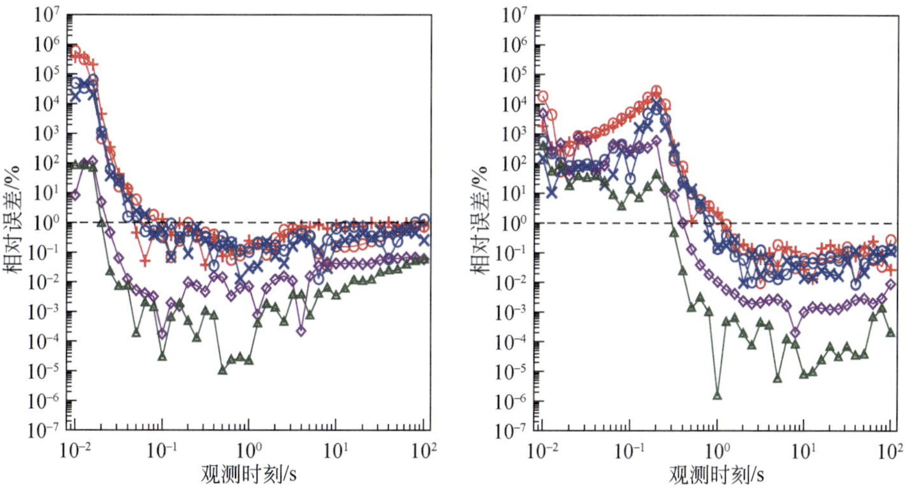

(a)r=1km, 41个频率域　　(b)r=15km, 41个频率域

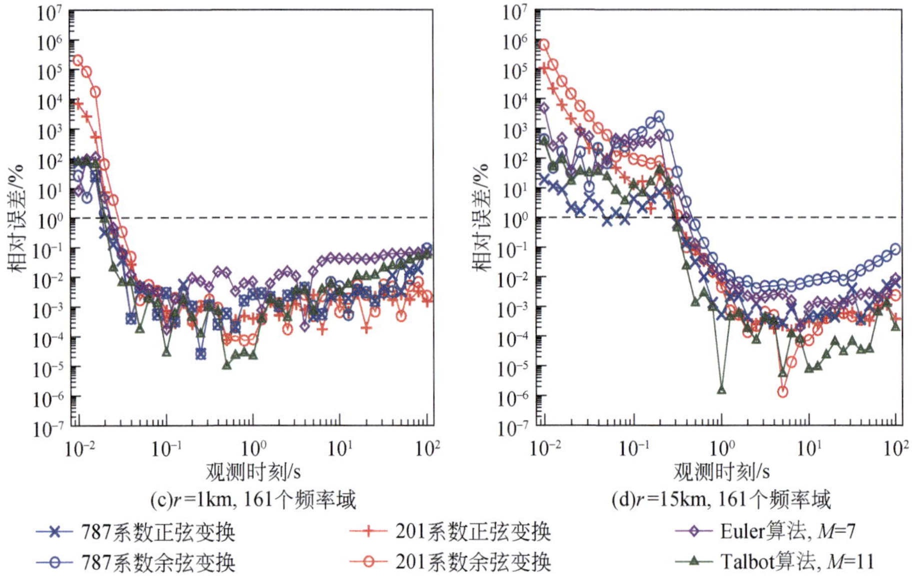

图 3.13　关于一维海底油气藏经典模型，多种数值方法计算的电场脉冲响应精度对比

这些方法包括基于三次样条插值计算的 201 和 787 系数的正弦和余弦变换、Euler（$M=7$）和 Talbot（$M=11$）算法

3.6　圆形回线激发的时间域电磁场

3.6.1　解析解

采用正谐时 $e^{i\omega t}$ 的条件下，铺设于水平地表的圆形发射回线在其圆心处激发的磁感应强度垂直分量为（Ward and Hohmann，1988）

$$B_z = \frac{\mu_0 I a}{2}\int_0^\infty (1 + r_{TE})\frac{\lambda^2}{u_0}J_1(\lambda a)\,\mathrm{d}\lambda \tag{3.36}$$

式中，a 为圆形回线半径。

3.6.2　近似解

铺设于水平地表的圆形发射回线可看作由一系列首尾相接的水平电偶源组成，那么其激发的电磁场也可由水平电偶源激发的电磁场叠加求取。位于直角坐标系原点、沿 x 方向布置，铺设于地表的水平电偶源在某点处激发的磁感应强度垂直分量为（Ward and Hohmann，1988）

$$B_z = \frac{\mu_0 I \mathrm{d}s}{4\pi} \frac{y}{\rho} \int_0^{\infty} (1 + r_{TE}) \frac{\lambda^2}{u_0} J_1(\lambda\rho) \mathrm{d}\lambda \tag{3.37}$$

式中，$\mathrm{d}s$ 为电偶源长度；ρ 为收发距；y 为测点的 y 坐标；其他符号与式（3.36）相同。

本研究首先将圆形发射回线等分为 M 段，那么基于式（3.37），回线内外任意点的磁感应强度垂直分量为

$$B_z = \frac{\mu_0 I}{4\pi} \sum_{m=1}^{M} \frac{\mathrm{d}s_m y_m}{\rho_m} \int_0^{\infty} (1 + r_{TE}) \frac{\lambda^2}{u_0} J_1(\lambda\rho_m) \mathrm{d}\lambda \tag{3.38}$$

式中，$\mathrm{d}s_m$、ρ_m 和 y_m 分别为第 m 段电偶源长度、测点至该段电偶源的距离和垂向坐标。

如图 3.14（a）所示，用于近似圆形回线的 16 个电偶源均未与 x 轴或 y 轴平行。为了更好地验证上述矢量有限单元分析理论，我们将这些电偶源进一步分解为沿 x 轴和 y 轴方向的、相互正交的两个电偶源［图 3.14（b）］。那么，式（3.38）可改写为

$$B_z = \frac{\mu_0 I}{4\pi} \sum_{m=1}^{M} \left[\frac{\mathrm{d}s_m^x y_m^x}{\rho_m^x} \int_0^{\infty} (1 + r_{TE}) \frac{\lambda^2}{u_0} J_1(\lambda\rho_m^x) \mathrm{d}\lambda + \frac{\mathrm{d}s_m^y y_m^y}{\rho_m^y} \int_0^{\infty} (1 + r_{TE}) \frac{\lambda^2}{u_0} J_1(\lambda\rho_m^y) \mathrm{d}\lambda \right] \tag{3.39}$$

式中，$\mathrm{d}s_m^x$ 和 $\mathrm{d}s_m^y$ 分别为第 m 段电偶源沿 x 轴和 y 轴方向的投影；ρ_m^x 和 ρ_m^y 与 y_m^x 和 y_m^y 分别为测点至该段电偶源投影的距离和垂向坐标。

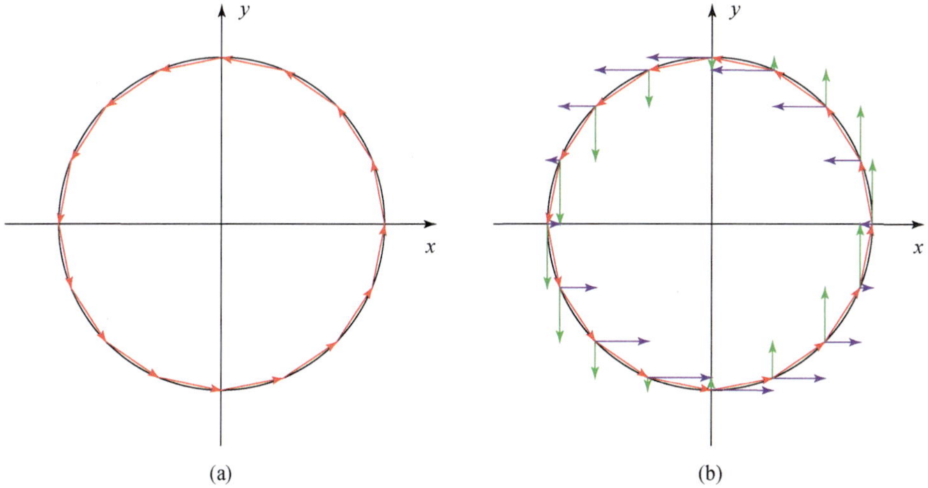

图 3.14　圆形发射回线示意图（回线内通以逆时针方向流动的电流）

（a）圆形回线看作 16 个首尾相接的电偶源；（b）电偶源可分解为一对与 x 轴和 y 轴平行的正交电偶源

3.6.3 算例

本研究采用了787系数余弦变换（Anderson，1983；Li et al.，2016）来求取时间域电磁响应。频率范围为1～10^7Hz，每个数量级含7个频点，共43个频点。

我们用电导率为0.01S/m的均匀半空间地电模型验证上述场源加载方式。圆形发射回线半径a设置为50m、发射电流为1A，且被剖分为48个、100个和200个水平电偶源（HED）。采用式（3.39）计算一维近似解时，上述每个电偶源需进一步分解为一对正交电偶源。由图3.15可知：上述3种不同电偶源数目的近似方案均能获得磁感应强度垂直分量的高精度近似解。这些近似解与由式（3.36）计算的解析解相对误差均在0.3%以内，且相对误差随着电偶源数目的增多而下降。通过本例，我们验证了一个与坐标轴斜交的水平电偶源可进一步分解为一对与坐标轴平行的正交电偶源的场源加载方法在一维正演中的有效性。

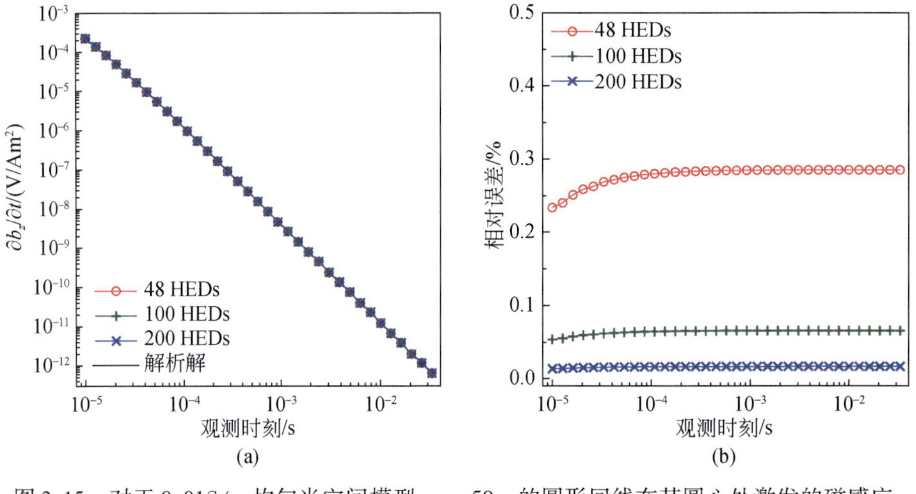

图3.15 对于0.01S/m均匀半空间模型，a=50m的圆形回线在其圆心处激发的磁感应强度脉冲响应

（a）据式（3.39）计算的近似解；（b）相对误差

3.7 讨 论

本节讨论了Euler和Talbot算法中参数M的选取与三维正演的频谱法两方面内容。

3.7.1　Euler 和 Talbot 算法中参数 M 的选取

通常，没有一种行之有效的方法用于选取拉普拉斯逆变换快速算法中的参数 M，兼顾精度和效率。然而，我们可以依据电磁场扩散的下列常识确定能够使时间域电磁响应精度足够高的最小 M 值。这些常识包括：

（1）由于感应电流总是向下、向外扩散和衰减，对于回线源，尤其是测点位于回线中心的情形，电磁场晚期响应往往比早期响应更难精确计算。因此选取参数 M 时，应关注电磁场晚期响应。对于海洋可控源电磁法，情况恰好相反，尤其是大偏移距的测点，即早期电磁响应非常微弱，难以精确计算。

（2）由于时间域电磁场在低阻介质中衰减更慢，如果一个 M 值可以用于精确计算高阻介质产生的电磁场时间域响应，那么该 M 值同样适用于低阻介质。对于回线源，层状介质的晚期响应主要取决于基底电阻率，那么选取 M 值也应由基底电阻率决定。

（3）相比于大尺度发射回线，小尺度发射回线激发的电磁场更微弱。因此，精确计算小尺度回线激发的电磁场往往需要更大的 M 值。

3.4.3 节中，我们计算中心回线和固定源回线在层状介质表面激发的电磁场时，已经检验了这些原则。虽然依据这些原则选取的 M 值不能够保证计算结果一定小于目标误差限，但却有效避免了对每一个新地电模型都重新选取 M 值的境遇。

因此，我们推荐 Euler 算法用于中心回线和固定源回线激发时间域电磁响应的正演计算（出于其 M 值选取的简易性），Talbot 算法用于海洋可控源电磁法正演计算（出于其更好的计算精度）。更进一步，我们建议 Euler 和 Talbot 算法中 M 值的初次选取值为 7 和 15，它们同时也是双精度计算环境中 Euler 和 Talbot 算法免于舍入误差影响的最大取值。

3.7.2　三维正演的频谱法

基于正弦变换、余弦变换和 Gaver-Stehfest 算法的频谱法已广泛应用于时间域电磁法的 2.5 维和三维正演。

对于基于滞后卷积数字滤波方法的正弦和余弦变换，计算消耗主要取决于频点数目，频点数目又依赖于观测时刻范围而非数目。因此，正弦和余弦变换非常适用于多观测时刻的正演计算。在这两种算法中，任一时刻的时间域响应都依赖于所有频点的电磁响应。换言之，任一频点不精确的电磁响应可以影响所有观测时刻的时间域响应。电磁法三维正演中，数值色散使得高频电磁场的数值模拟通常比较困难，迭代法求解大型方程组也使得低频数值模拟精度较低。为了提高数值精度，更加细密的网格或者高阶数值方法被用于缓解数值色散，迭代法结合散度校正技术或者直接法被用于求解大型方程组。随之而来的是，三维正演需要更大的计算消耗。拉普拉斯逆变换中，任一时刻的电磁响应只与 10 ~ 20 个拉普拉斯域电磁响应相关。因此，任一不精确的拉普拉斯域电磁响应只影响相应时刻电磁响应。

一般来说，拉普拉斯逆变换在电磁法勘探中的计算效率要比正弦和余弦变换低。以海洋可控源电磁法为例，对于 Euler（$M=7$）和 Talbot（$M=11$）算法，计算每个时刻的电磁响应需分别求解 15 个和 11 个拉普拉斯域响应。如果有 20 个观测时刻，则有 300 个和 220 个拉普拉斯域响应需要计算。假设基于三次样条插值计算的正弦和余弦变换要与 Euler 和 Talbot 算法拥有一样的计算精度，那么每个数量级需设置 20 个频点（基于图 3. 13 分析）。如果频率范围为 10^{-4} ~ 10^{4} Hz，那么需计算 161 个频点的电磁响应。

综上所述，基于正弦和余弦变换的频谱法与基于拉普拉斯逆变换的频谱法互有优势。对于具体问题，我们应该基于观测时刻的数目和范围确定采用何种方法。除时步法外，基于正弦和余弦变换的频谱法是当前时间域电磁法三维正演的主流方法。然而，基于拉普拉斯逆变换的频谱法在精度和效率方面都可与其他方法竞争，理应获得应有关注。

第 4 章　基于结构化矩形块网格的三维正演

电磁法三维正演中，交错网格有限差分法、有限体积法、矢量有限单元法等数值方法均可基于结构化矩形块单元网格（图 4.1）。本章采用这三种数值方法开展回线源瞬变电磁法的三维正演研究。

当采用有限差分法和有限体积法时，我们使用交错网格剖分计算区域。为了与基于矩形块单元的矢量有限单元法对比［图 4.1（a）］，我们采用电场定义在棱边、磁场定义在表面的交错网格［图 4.1（b）］。

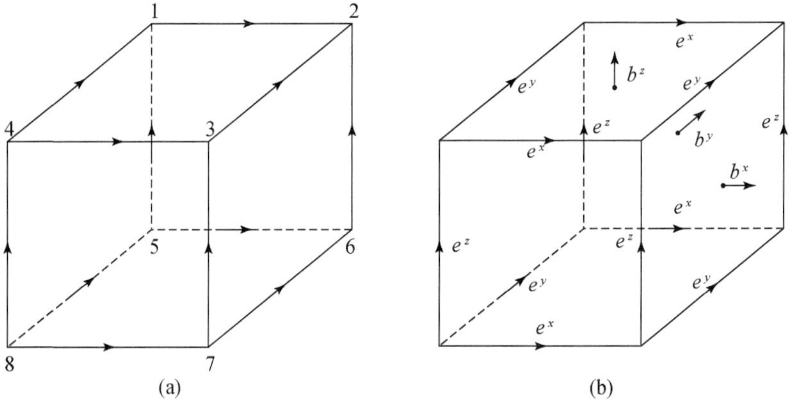

图 4.1　矩形块单元示意图

（a）用于矢量有限单元法；（b）用于交错网格有限差分法或有限体积法

4.1　算法原理

4.1.1　控制方程

本研究中，三种数值方法使用的控制方程均为频率域或拉普拉斯域电场异常场 Helmholtz 方程。在不考虑位移电流、采用正谐时 $e^{i\omega t}$ 的条件下，频率域电场异常场 Helmholtz 方程可写作（Newman and Alumbaugh，1995）

$$\nabla\times\nabla\times\boldsymbol{E}^a+\mathrm{i}\omega\mu_0\sigma\boldsymbol{E}^a=-\mathrm{i}\omega\mu_0\sigma^a\boldsymbol{E}^b \tag{4.1}$$

式中，$\boldsymbol{E}^a$ 为频率域电场异常场；σ 为地电模型的电导率；σ^a 为某一点的异常电导率，即 $\sigma^a = \sigma - \sigma^b$，其值仅在异常体内不为0，$\sigma^b$ 为不存在电性异常体的均匀半空间的电导率；上标 b 和 a 分别表示背景场和异常场；μ_0 为真空中磁导率；ω 为角频率；i 为虚数单位，即 $\mathrm{i} = \sqrt{-1}$；$\boldsymbol{E}^b$ 为频率域电场背景场，可采用一维解析法获得。如在拉普拉斯域开展数值计算，将 iω 替换为拉普拉斯域变量 s 即可。

由于电磁场在导电介质中的自然衰减，只要选取足够大的计算区域，即可认为电场异常场在边界处的影响可忽略不计，那么边界条件为

$$\boldsymbol{E}^a \big|_{\infty} = 0 \tag{4.2}$$

4.1.2　交错网格有限差分法

交错网格有限差分法思路如下：根据旋度定义，将式（4.1）中双旋度算子展开，x、y 和 z 三个方向的电场定义分别在 $(i+1/2, j, k)$、$(i, j+1/2, k)$ 和 $(i, j, k+1/2)$ 处，可得到如下三式（Newman and Alumbaugh，1995）：

$$\begin{aligned}
&\frac{1}{\Delta y'_j}\left[\frac{E^y_{l+1,\, j+\frac{1}{2},\, k} - E^y_{l,\, j+\frac{1}{2},\, k}}{\Delta x_l} - \frac{E^y_{l+1,\, j-\frac{1}{2},\, k} - E^y_{l,\, j-\frac{1}{2},\, k}}{\Delta x_l}\right] \\
&- \frac{1}{\Delta y'_j}\left[\frac{E^x_{l+\frac{1}{2},\, j+1,\, k} - E^x_{l+\frac{1}{2},\, j,\, k}}{\Delta y_j} - \frac{E^x_{l+\frac{1}{2},\, j,\, k} - E^x_{l+\frac{1}{2},\, j-1,\, k}}{\Delta y_{j-1}}\right] \\
&+ \frac{1}{\Delta z'_k}\left[\frac{E^z_{l+1,\, j,\, k+\frac{1}{2}} - E^z_{l,\, j,\, k+\frac{1}{2}}}{\Delta x_l} - \frac{E^z_{l+1,\, j,\, k-\frac{1}{2}} - E^z_{l,\, j,\, k-\frac{1}{2}}}{\Delta x_l}\right] \\
&- \frac{1}{\Delta z'_k}\left[\frac{E^x_{l+\frac{1}{2},\, j,\, k+1} - E^x_{l+\frac{1}{2},\, j,\, k}}{\Delta z_k} - \frac{E^x_{l+\frac{1}{2},\, j,\, k} - E^x_{l+\frac{1}{2},\, j,\, k-1}}{\Delta z_{k-1}}\right] \\
&+ \mathrm{i}\omega\mu_0\sigma_{l+\frac{1}{2},\, j,\, k}E^x_{l+\frac{1}{2},\, j,\, k} = -\mathrm{i}\omega\mu_0\sigma^a_{l+\frac{1}{2},\, j,\, k}E^{xb}_{l+\frac{1}{2},\, j,\, k}
\end{aligned} \tag{4.3}$$

$$\begin{aligned}
&\frac{1}{\Delta z'_k}\left[\frac{E^z_{l,\, j+1,\, k+\frac{1}{2}} - E^z_{l,\, j,\, k+\frac{1}{2}}}{\Delta y_j} - \frac{E^z_{l,\, j+1,\, k-\frac{1}{2}} - E^z_{l,\, j,\, k-\frac{1}{2}}}{\Delta y_j}\right] \\
&- \frac{1}{\Delta z'_k}\left[\frac{E^y_{l,\, j+\frac{1}{2},\, k+1} - E^y_{l,\, j+\frac{1}{2},\, k}}{\Delta z_k} - \frac{E^y_{l,\, j+\frac{1}{2},\, k} - E^y_{l,\, j+\frac{1}{2},\, k-1}}{\Delta z_{k-1}}\right] \\
&+ \frac{1}{\Delta x'_l}\left[\frac{E^x_{l+\frac{1}{2},\, j+1,\, k} - E^x_{l+\frac{1}{2},\, j,\, k}}{\Delta y_j} - \frac{E^x_{l-\frac{1}{2},\, j+1,\, k} - E^x_{l-\frac{1}{2},\, j,\, k}}{\Delta y_j}\right] \\
&- \frac{1}{\Delta x'_l}\left[\frac{E^y_{l+1,\, j+\frac{1}{2},\, k} - E^y_{l,\, j+\frac{1}{2},\, k}}{\Delta x_l} - \frac{E^y_{l,\, j+\frac{1}{2},\, k} - E^y_{l-1,\, j+\frac{1}{2},\, k}}{\Delta x_{l-1}}\right] \\
&+ \mathrm{i}\omega\mu_0\sigma_{l,\, j+\frac{1}{2},\, k}E^y_{l,\, j+\frac{1}{2},\, k} = -\mathrm{i}\omega\mu_0\sigma^a_{l,\, j+\frac{1}{2},\, k}E^{yb}_{l,\, j+\frac{1}{2},\, k}
\end{aligned} \tag{4.4}$$

$$
\begin{aligned}
&\frac{1}{\Delta x'_l}\left[\frac{E^x_{l+\frac{1}{2},j,k+1}-E^x_{l+\frac{1}{2},j,k}}{\Delta z_k}-\frac{E^x_{l-\frac{1}{2},j,k+1}-E^x_{l-\frac{1}{2},j,k}}{\Delta z_k}\right]\\
&-\frac{1}{\Delta x'_l}\left[\frac{E^z_{l+1,j,k+\frac{1}{2}}-E^z_{l,j,k+\frac{1}{2}}}{\Delta x_l}-\frac{E^z_{l,j,k+\frac{1}{2}}-E^z_{l-1,j,k+\frac{1}{2}}}{\Delta x_l}\right]\\
&+\frac{1}{\Delta y'_j}\left[\frac{E^y_{l,j+\frac{1}{2},k+1}-E^y_{l,j+\frac{1}{2},k}}{\Delta z_k}-\frac{E^y_{l,j-\frac{1}{2},k+1}-E^y_{l,j-\frac{1}{2},k}}{\Delta z_k}\right]\\
&-\frac{1}{\Delta y'_j}\left[\frac{E^z_{l,j+1,k+\frac{1}{2}}-E^z_{l,j,k+\frac{1}{2}}}{\Delta y_j}-\frac{E^z_{l,j,k+\frac{1}{2}}-E^z_{l,j-1,k+\frac{1}{2}}}{\Delta y_{j-1}}\right]\\
&+\mathrm{i}\omega\mu_0\sigma_{l,j,k+\frac{1}{2}}E^z_{l,j,k+\frac{1}{2}}=-\mathrm{i}\omega\mu_0\sigma^a_{l,j,k+\frac{1}{2}}E^{zb}_{l,j,k+\frac{1}{2}}
\end{aligned}
\tag{4.5}
$$

式中，Δx_l、Δy_j 和 Δz_k 分别为单元 (l, j, k) 在 x、y 和 z 三方向的棱边长度；$\Delta x'_l$ 为单元 $(l-1/2, j, k)$ 和 $(l+1/2, j, k)$ 之间的棱边长度；$\Delta y'_j$ 为单元 $(l, j-1/2, k)$ 和 $(l, j+1/2, k)$ 之间的棱边长度；$\Delta z'_k$ 为单元 $(l, j, k-1/2)$ 和 $(l, j, k+1/2)$ 之间的棱边长度；其中 1/2 表示棱边中点；$\sigma_{l+\frac{1}{2},j,k}$、$\sigma_{l,j+\frac{1}{2},k}$ 和 $\sigma_{l,j,k+\frac{1}{2}}$ 分别为 x、y 和 z 三方向的模型电导率；$\sigma^a_{l+\frac{1}{2},j,k}$、$\sigma^a_{l,j+\frac{1}{2},k}$ 和 $\sigma^a_{l,j,k+\frac{1}{2}}$ 分别为 x、y 和 z 三方向的异常电导率。以 $\sigma_{l+\frac{1}{2},j,k}$ 为例简述一下其定义方式，$E^x_{l+\frac{1}{2},j,k}$ 定义于棱边 $(l+1/2, j, k)$，那么 $\sigma_{l+\frac{1}{2},j,k}$ 就是共用该棱边的四个长方体电导率的加权平均，权重为单个矩形块截面积与四个矩形块截面积之和的比值（Newman and Alumbaugh，1995）。

4.1.3　有限体积法

有限体积法思路如下：

根据矢量恒等式

$$
\int_\Omega \nabla\times \boldsymbol{A}\mathrm{d}\Omega=\int_\Gamma \boldsymbol{n}\times\boldsymbol{A}\mathrm{d}\Gamma \tag{4.6}
$$

式中，Ω 为单个剖分单元体积；Γ 为该剖分单元的外表面；$\boldsymbol{n}$ 为外表面单位法向分量。那么式（4.1）可改写为

$$
\int_\Gamma \boldsymbol{n}\times(\nabla\times\boldsymbol{E}^a)\mathrm{d}\Gamma+i\omega\mu_0\int_\Omega\sigma\boldsymbol{E}^a\mathrm{d}\Omega=-i\omega\mu_0\int_\Omega\sigma^a\boldsymbol{E}^b\mathrm{d}\Omega \tag{4.7}
$$

对式（4.7）在 x、y 和 z 三个方向分别离散，可得到有限体积法的方程组（Weiss and Constable，2006）：

$$
\begin{aligned}
&\Delta z'_k\left[E^y_{l+1,j+\frac{1}{2},k}-E^y_{l,j+\frac{1}{2},k}-E^y_{l+1,j-\frac{1}{2},k}+E^y_{l,j-\frac{1}{2},k}\right]\\
&-\Delta x_l\Delta z'_k\left[\frac{E^x_{l+\frac{1}{2},j+1,k}-E^x_{l+\frac{1}{2},j,k}}{\Delta y_j}-\frac{E^x_{l+\frac{1}{2},j,k}-E^x_{l+\frac{1}{2},j-1,k}}{\Delta y_{j-1}}\right]
\end{aligned}
$$

$$
\begin{aligned}
&+\Delta y'_j\left[E^z_{l+1,\,j,\,k+\frac{1}{2}}-E^z_{l,\,j,\,k+\frac{1}{2}}-E^z_{l+1,\,j,\,k-\frac{1}{2}}+E^z_{l,\,j,\,k-\frac{1}{2}}\right]\\
&-\Delta x_l\Delta y'_j\left[\frac{E^x_{l+\frac{1}{2},\,j,\,k+1}-E^x_{l+\frac{1}{2},\,j,\,k}}{\Delta z_k}-\frac{E^x_{l+\frac{1}{2},\,j,\,k}-E^x_{l+\frac{1}{2},\,j,\,k-1}}{\Delta z_{k-1}}\right]\\
&+\mathrm{i}\omega\mu_0\Delta x_l\Delta y'_j\Delta z'_k\sigma_{l+\frac{1}{2},\,j,\,k}E^x_{l+\frac{1}{2},\,j,\,k}=-\mathrm{i}\omega\mu_0\Delta x_l\Delta y'_j\Delta z'_k\sigma^a_{l+\frac{1}{2},\,j,\,k}E^{xb}_{l+\frac{1}{2},\,j,\,k}
\end{aligned}
\tag{4.8}
$$

$$
\begin{aligned}
&\Delta x'_l\left[E^z_{l,\,j+1,\,k+\frac{1}{2}}-E^z_{l,\,j,\,k+\frac{1}{2}}-E^z_{l,\,j+1,\,k-\frac{1}{2}}+E^z_{l,\,j,\,k-\frac{1}{2}}\right]\\
&-\Delta x'_l\Delta y_j\left[\frac{E^y_{l,\,j+\frac{1}{2},\,k+1}-E^y_{l,\,j+\frac{1}{2},\,k}}{\Delta z_k}-\frac{E^y_{l,\,j+\frac{1}{2},\,k}-E^y_{l,\,j+\frac{1}{2},\,k-1}}{\Delta z_{k-1}}\right]\\
&+\Delta z'_k\left[E^x_{l+\frac{1}{2},\,j+1,\,k}-E^x_{l+\frac{1}{2},\,j,\,k}-E^x_{l-\frac{1}{2},\,j+1,\,k}+E^x_{l-\frac{1}{2},\,j,\,k}\right]\\
&-\Delta y_j\Delta z'_k\left[\frac{E^y_{l+1,\,j+\frac{1}{2},\,k}-E^y_{l,\,j+\frac{1}{2},\,k}}{\Delta x_l}-\frac{E^y_{l,\,j+\frac{1}{2},\,k}-E^y_{l-1,\,j+\frac{1}{2},\,k}}{\Delta x_{l-1}}\right]\\
&+\mathrm{i}\omega\mu_0\Delta x'_l\Delta y_j\Delta z'_k\sigma_{l,\,j+\frac{1}{2},\,k}E^y_{l,\,j+\frac{1}{2},\,k}=-\mathrm{i}\omega\mu_0\Delta x'_l\Delta y_j\Delta z'_k\sigma^a_{l,\,j+\frac{1}{2},\,k}E^{yb}_{l,\,j+\frac{1}{2},\,k}
\end{aligned}
\tag{4.9}
$$

$$
\begin{aligned}
&\Delta y'_j\left[E^x_{l+\frac{1}{2},\,j,\,k+1}-E^x_{l+\frac{1}{2},\,j,\,k}-E^x_{l-\frac{1}{2},\,j,\,k+1}+E^x_{l-\frac{1}{2},\,j,\,k}\right]\\
&-\Delta y'_j\Delta z_k\left[\frac{E^z_{l+1,\,j,\,k+\frac{1}{2}}-E^z_{l,\,j,\,k+\frac{1}{2}}}{\Delta x_l}-\frac{E^z_{l,\,j,\,k+\frac{1}{2}}-E^z_{l-1,\,j,\,k+\frac{1}{2}}}{\Delta x_{l-1}}\right]\\
&+\Delta x'_l\left[E^y_{l,\,j+\frac{1}{2},\,k+1}-E^y_{l,\,j+\frac{1}{2},\,k}-E^y_{l,\,j-\frac{1}{2},\,k+1}+E^y_{l,\,j-\frac{1}{2},\,k}\right]\\
&-\Delta x'_l\Delta z_k\left[\frac{E^z_{l,\,j+1,\,k+\frac{1}{2}}-E^z_{l,\,j,\,k+\frac{1}{2}}}{\Delta y_j}-\frac{E^z_{l,\,j,\,k+\frac{1}{2}}-E^z_{l,\,j-1,\,k+\frac{1}{2}}}{\Delta y_{j-1}}\right]\\
&+\mathrm{i}\omega\mu_0\Delta x'_l\Delta y'_j\Delta z_k\sigma_{l,\,j,\,k+\frac{1}{2}}E^z_{l,\,j,\,k+\frac{1}{2}}=-\mathrm{i}\omega\mu_0\Delta x'_l\Delta y'_j\Delta z_k\sigma^a_{l,\,j,\,k+\frac{1}{2}}E^{zb}_{l,\,j,\,k+\frac{1}{2}}
\end{aligned}
\tag{4.10}
$$

电导率定义方式如同交错网格有限差分法。事实上，有限差分法与有限体积法的离散方程可以相互转换，分别用 $\Delta x_l\Delta y'_j\Delta z'_k$ 、$\Delta x'_l\Delta y_j\Delta z'_k$ 和 $\Delta x'_l\Delta y'_j\Delta z_k$ 乘以式（4.3）、式（4.4）和式（4.5）即可得到式（4.8）、式（4.9）和式（4.10）。

4.1.4　矢量有限单元法

矢量有限单元法将自由度定义在棱边上，自动满足电场切向分量连续、法向分量不连续的连续条件，因此可避免节点有限单元法中强加法向分量连续而产生的伪解（Jin，2014）。

如图 4.2 所示，所使用插值基函数同为一阶的情况下：采用节点有限单元法对电磁场进行数值模拟时，每个节点有一个矢量场的 3 个分量，一个矩形网格单元中包含 24 个待求量；而采用矢量有限单元法时，一条棱边只有 1 个待求量，一个矩形网格仅包含 12 个待求量。因此，采用矢量有限单元法求解时，待求量更少，求解效率更高（李建慧等，2013a）。

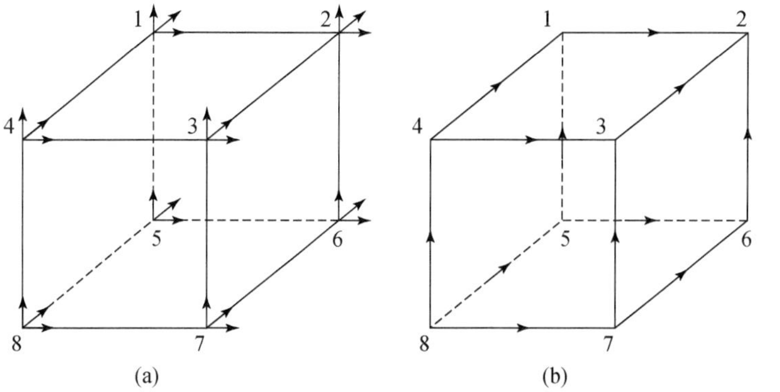

图 4.2　矩形块单元示意图

（a）节点有限单元法；（b）矢量有限单元法

将计算区域剖分为有限多个矩形块单元。点（x，y，z）处的电场矢量异常场可由其所在矩形块单元各条棱边的电场和矢量基函数表示，有

$$\tilde{\boldsymbol{E}}^a(x,\ y,\ z) = \sum_{j=1}^{12} \boldsymbol{N}_j E_j^a \tag{4.11}$$

式中，矢量基函数 $\boldsymbol{N}_j$ 详见相关文献（Jin，2014）。

以式（4.1）为控制方程，应用 Galerkin 法推导矢量有限单元法方程。设余量 $\boldsymbol{r}$ 为

$$\boldsymbol{r} = \nabla\times\nabla\times\tilde{\boldsymbol{E}}^a + \mathrm{i}\omega\mu_0\sigma\tilde{\boldsymbol{E}}^a + \mathrm{i}\omega\mu_0\sigma^a\boldsymbol{E}^b \tag{4.12}$$

令 $\boldsymbol{r}$ 在计算区域 Ω 满足

$$\int_\Omega \boldsymbol{N}_k\cdot\boldsymbol{r}\mathrm{d}\Omega = 0 \tag{4.13}$$

将式（4.12）代入式（4.13），有

$$\int_\Omega \boldsymbol{N}_k\cdot[\nabla\times\nabla\times\tilde{\boldsymbol{E}}^a + \mathrm{i}\omega\mu_0\sigma\tilde{\boldsymbol{E}}^a + \mathrm{i}\omega\mu_0\sigma^a\boldsymbol{E}^b]\,\mathrm{d}\Omega = 0 \tag{4.14}$$

经矢量恒等变换，式（4.14）改写为

$$\int_\Omega[(\nabla\times\boldsymbol{N}_k)\cdot(\nabla\times\tilde{\boldsymbol{E}}^a) + \mathrm{i}\omega\mu_0\sigma\boldsymbol{N}_k\cdot\tilde{\boldsymbol{E}}^a]\mathrm{d}\Omega - \int_\Gamma\boldsymbol{N}_k\times(\nabla\times\tilde{\boldsymbol{E}}^a)\cdot\boldsymbol{n}\mathrm{d}\Gamma = -\int_\Omega \mathrm{i}\omega\mu_0\sigma^a\boldsymbol{N}_k\cdot\boldsymbol{E}^b\mathrm{d}\Omega \tag{4.15}$$

式中，Γ 为计算区域外边界；$\boldsymbol{r}$ 为外边界单位法向量。面积分项 $\int_{\Gamma}\boldsymbol{N}_k \times (\nabla\times\tilde{\boldsymbol{E}})\cdot\boldsymbol{n}\mathrm{d}\Gamma$ 化简后仅存电场切向分量，并作为边界条件处理。当计算区域 Ω 足够大时，边界 Γ 处的电场值可忽略不计，即设定边界处电场切向分量为零。

假设计算区域剖分为 N 个矩形块单元。对这些单元逐个进行矢量有限单元法分析，并将式（4.11）代入式（4.15）后形成方程组：

$$\sum_{e=1}^{N}\left(\sum_{j=1}^{12}\boldsymbol{A}_e E_{ej}^{a} + \mathrm{i}\omega\mu_0\sigma_e\sum_{j=1}^{12}\boldsymbol{B}_e E_{ej}^{a}\right) = -\sum_{e=1}^{N}\mathrm{i}\omega\mu_0\sigma_e^{a}\sum_{j=1}^{12}\boldsymbol{B}_e E_{ej}^{b} \tag{4.16}$$

式中，$\boldsymbol{A}_e = \int_{\Omega_e}(\nabla\times\boldsymbol{N}_k)\cdot(\nabla\times\boldsymbol{N}_j)\mathrm{d}\Omega_e$，$\boldsymbol{B}_e = \int_{\Omega_e}\boldsymbol{N}_k\cdot\boldsymbol{N}_j\mathrm{d}\Omega_e$，其具体表达式详见附录 A。

4.1.5　数值算法后处理

交错网格有限差分法、有限体积法和矢量有限单元法将待求电场均定义在棱边上，因此三种数值方法在电场待求量编码、计算背景场、后处理等环节具有相似性。对计算区域经三种数值算法离散后，均要得到大型线性方程组，以下采用对称超松弛预处理的双共轭梯度稳定法（SSOR-BICGSTAB）求解这些方程组（Barrett et al.，1994；Sadd，2002），进而获得频率域或拉普拉斯域电场异常场。

获得频率域或拉普拉斯域电场异常场后，利用傅里叶逆变换或拉普拉斯域逆变换快速算法获得时间域电场异常场（Knight and Raiche，1982；Anderson，1983）。对于交错网格有限差分法和有限体积法，可根据法拉第电磁感应定律获得磁感应强度脉冲响应异常场，其垂直分量为

$$\frac{\partial b_z(t)}{\partial t} = \frac{\partial e_x(t)}{\partial y} - \frac{\partial e_y(t)}{\partial x} \tag{4.17}$$

对于矢量有限单元法，可采用式（4.15）求取磁感应强度脉冲响应异常场：

$$\frac{\partial\boldsymbol{b}(t)}{\partial t} = -\sum_{j=1}^{12}\nabla\times\boldsymbol{N}_j e_j(t) \tag{4.18}$$

再由一维解析解获得磁感应强度脉冲响应背景场后，与上述异常场相加获得二次场，进而得到感应电动势。

4.2　地面瞬变电磁法三维正演

利用上述正演方法，我们主要对水平板状高导体模型、块状高导体模型开展了三维正演。

4.2.1 水平高导板状体模型

板状体水平方向尺度为 1880m×1880m、厚度为 20m、埋深为 100m。板状体电阻率为 1Ω · m，均匀半空间电阻率为 100Ω · m。发射回线形状为正方形，边长为 500m，坐标原点位于发射回线几何中心。地表测点 x 和 y 方向的分布范围均为 -640 ~ 640m，一共 1681 个测点。本例中，使用交错网格有限差分法(SFD)、有限体积法（FV）和一维解析法（1D solution）计算感应电动势；采用 $M=12$ 的 Gaver-Stehfest 算法计算了感应电动势。

图 4.3 为测点（0，0）m 和（220，220）m 的感应电动势曲线。由于水平板状体可近似看作三层层状介质，我们还计算了一维解析解。对于两个测点，交错网格有限差分法和有限体积法计算的感应电动势非常吻合，与 0.0001 ~ 0.0008s 的四个时刻的感应电动势一维解析解差异较为明显；而与 0.0016 ~ 0.0128s 的四个时刻的感应电动势一维解析解吻合较好。

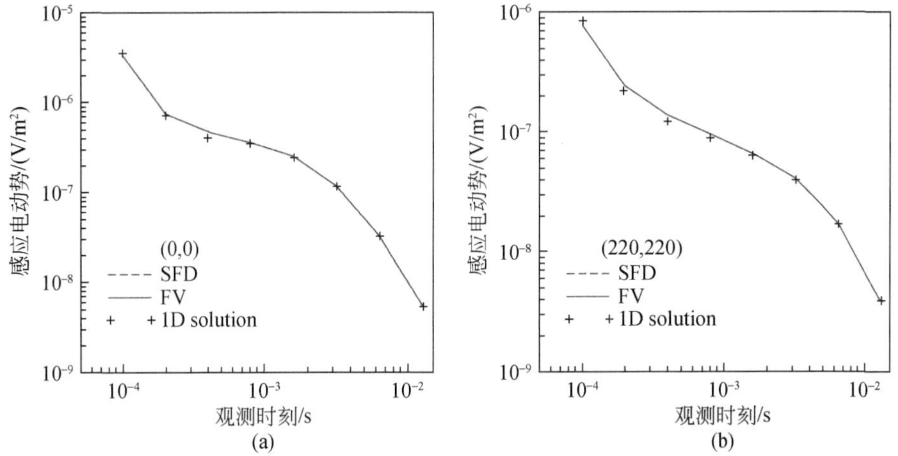

图 4.3　水平高导板状体模型的感应电动势曲线

(a) 测点（0，0）m；(b) 测点（220，220）m

图 4.4 和图 4.5 为交错网格有限差分法、有限体积法和一维解析法计算的不同时刻感应电动势等值线图。在较小时刻，根据两种数值算法计算的感应电动势等值线图非常吻合；从 0.0032s 开始，随着观测时刻的增大，这种吻合程度逐渐下降。对比两种数值算法计算的感应电动势，我们发现有限体积法计算的晚期(尤其是 0.0064s 和 0.0128s）感应电动势等值线图在矩形发射回线四个顶点附近不光滑、畸变程度大。一维解析法计算的感应电动势等值线图始终非常光滑、不存在畸变现象。

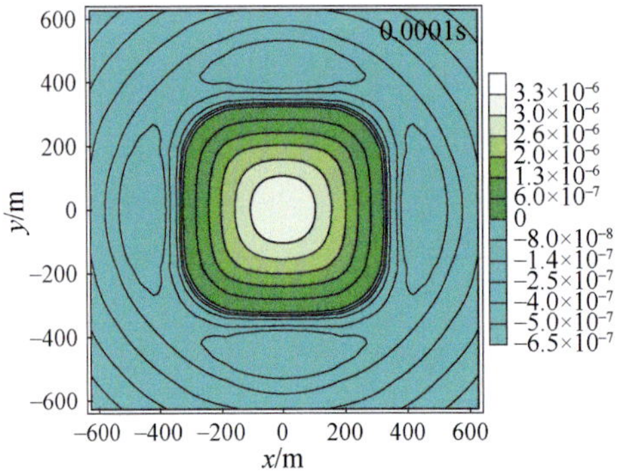

(a1)

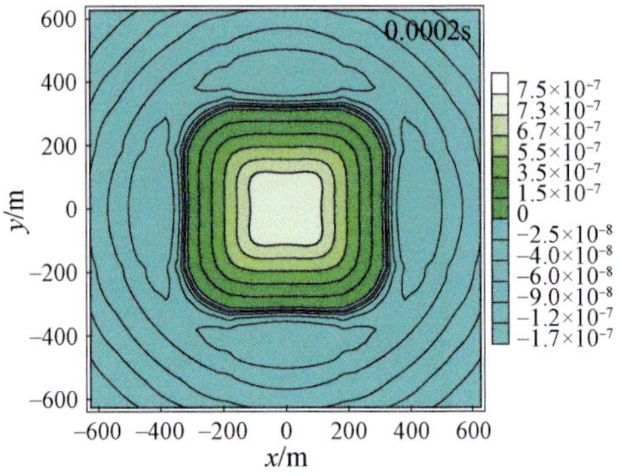

(a2)

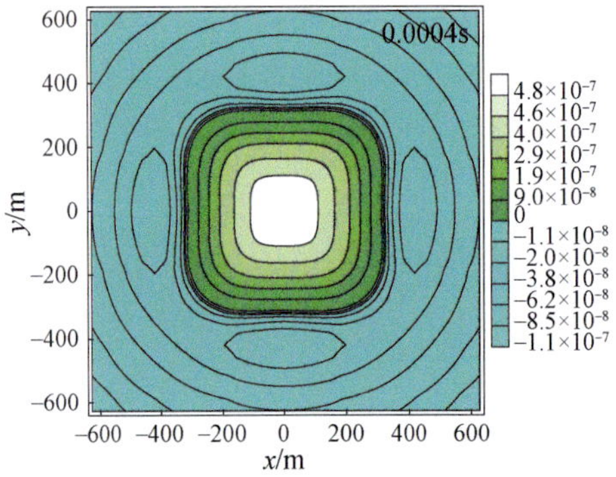

(a3)

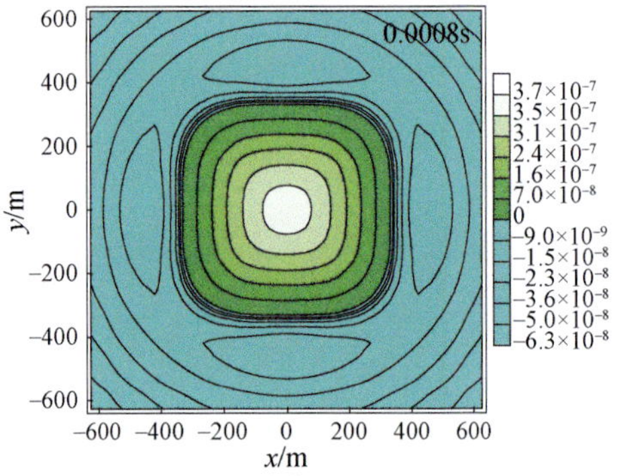

(a4)

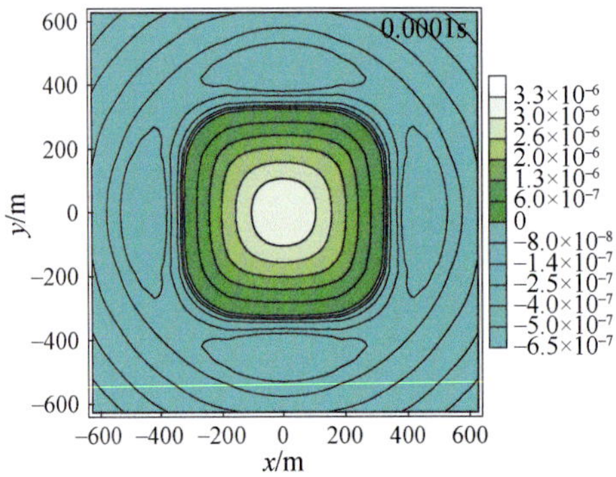

(b1)

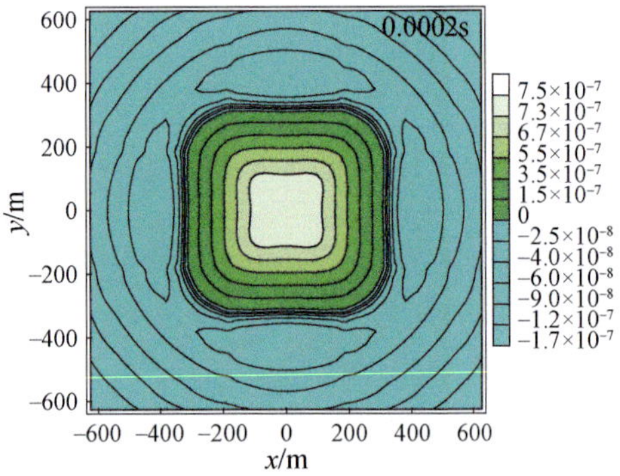

(b2)

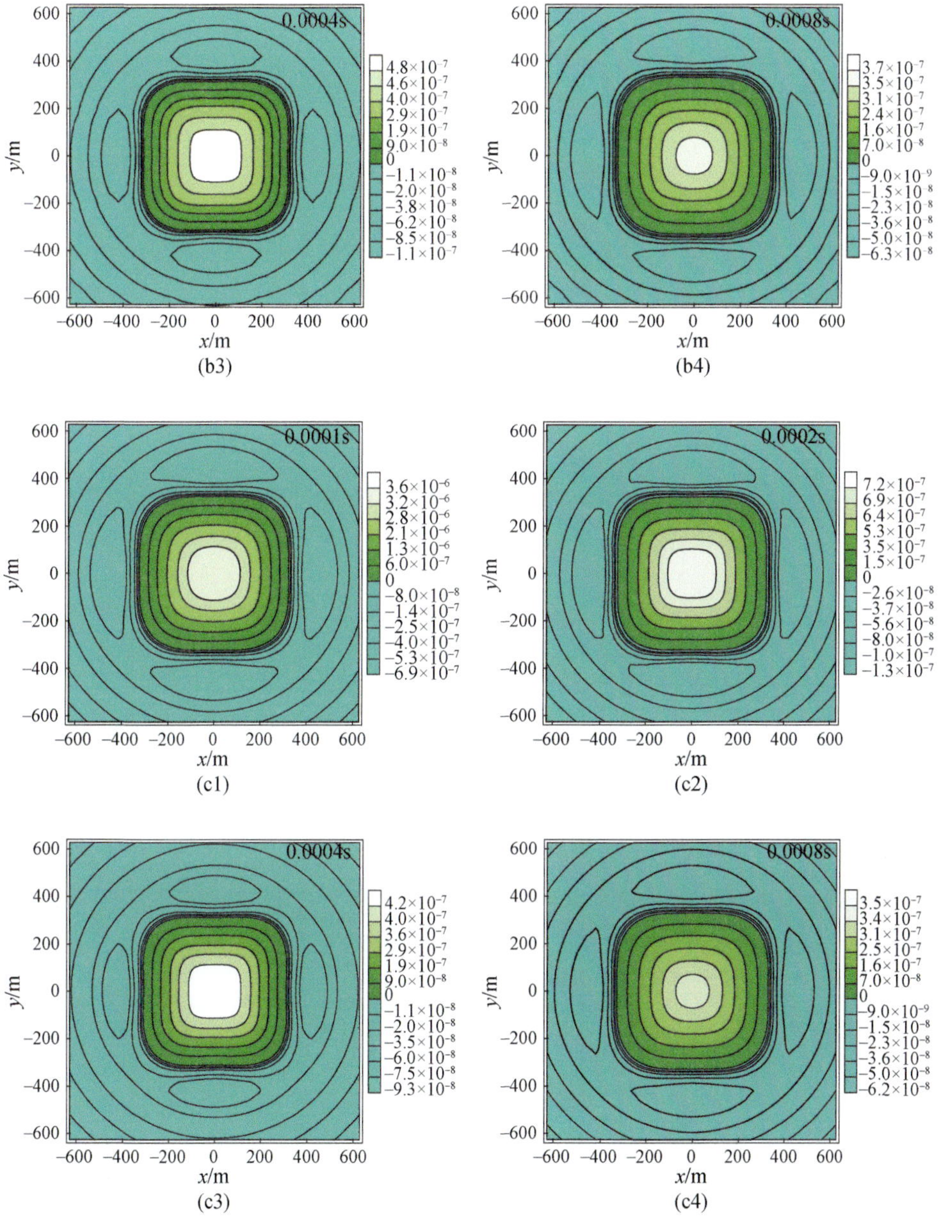

图 4.4　0.0001s、0.0002s、0.0004s 和 0.0008s 时刻的感应电动势等值线图

(a) 有限差分法；(b) 有限体积法；(c) 一维解析法

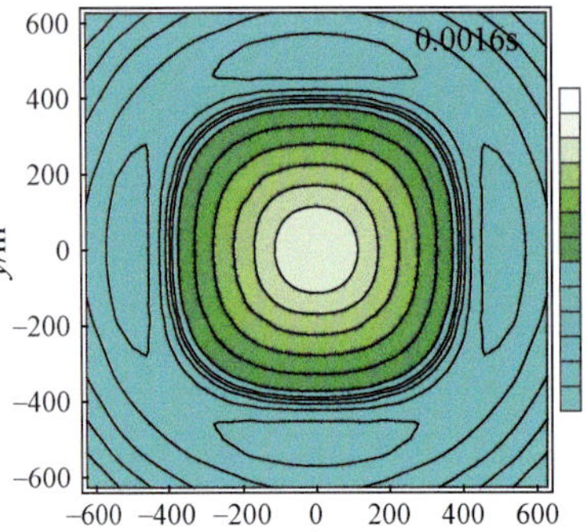

(a1)

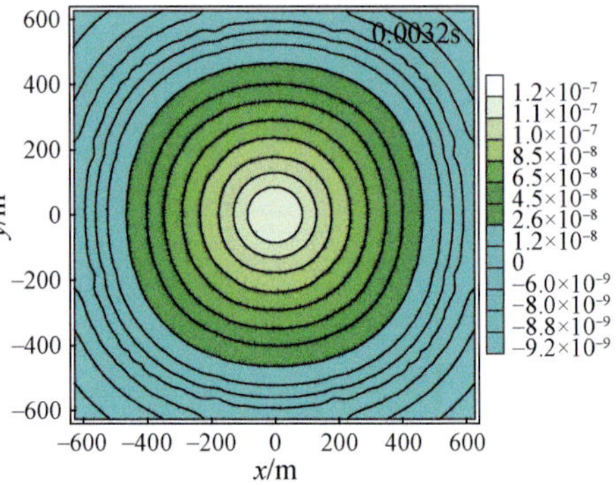

(a2)

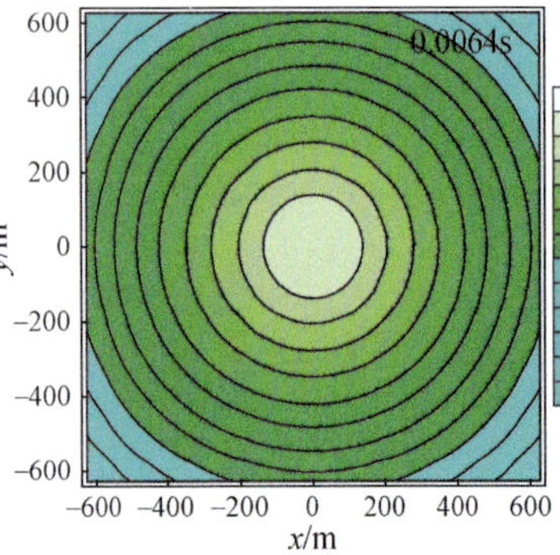

(a3)

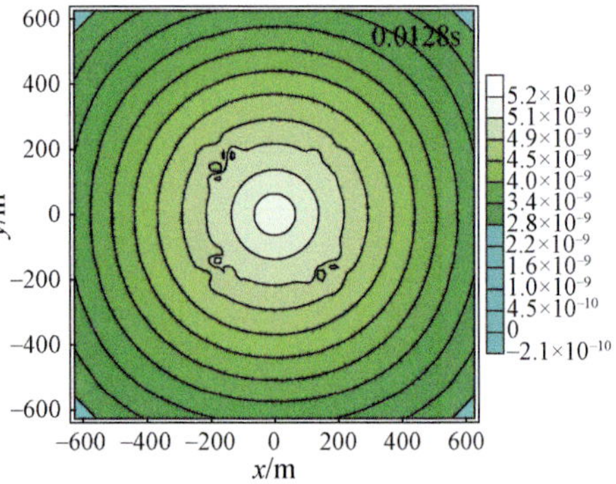

(a4)

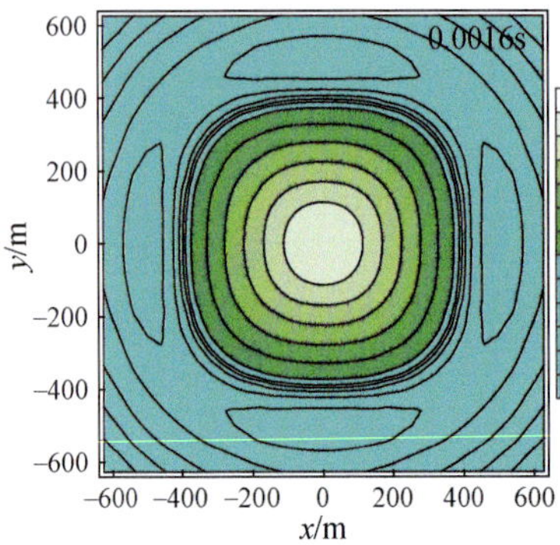

(b1)

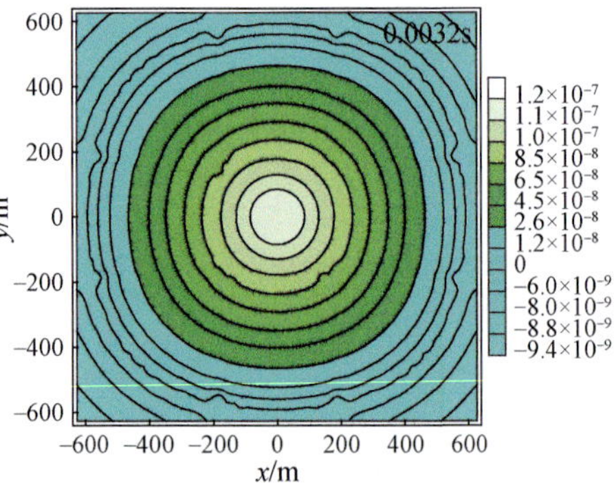

(b2)

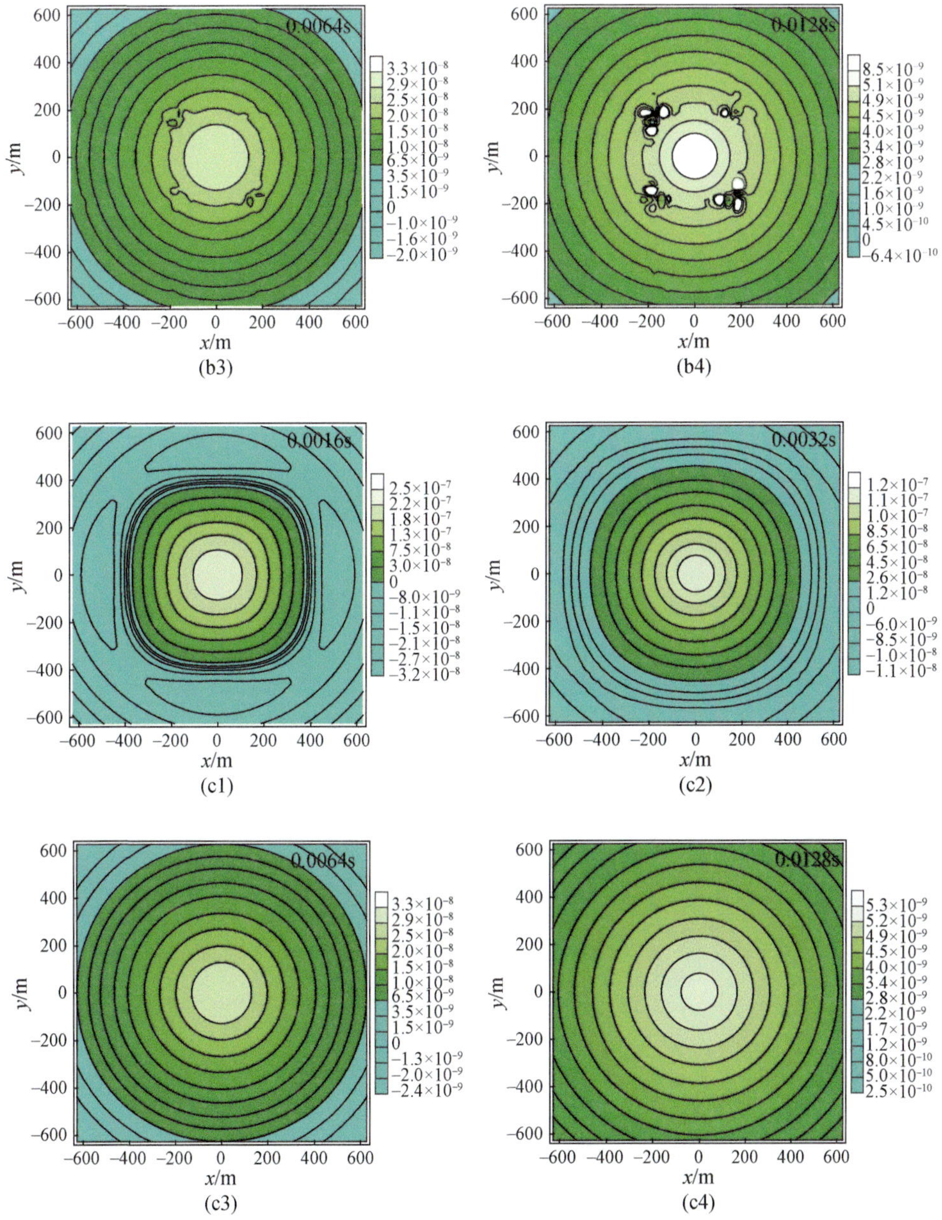

图 4.5　0.0016s、0.0032s、0.0064s 和 0.0128s 时刻的感应电动势等值线图

（a）有限差分法；（b）有限体积法；（c）一维解析法

将两种数值算法与一维解析法计算的感应电动势作比较，我们发现：三种方法计算的感应电动势等值线的形状非常吻合，只是在感应电动势数值范围略有差别，如在 0.0001s，一维解析法计算的感应电动势数值范围更大，又如在 0.0002s、0.0004s 和 0.0008s，两种数值算法计算的感应电动势数值范围更大。而在 0.0128s，两种数值算法计算的感应电动势仍存在感应电动势负值，而一维解析法计算的感应电动势已不存在负值，这主要与三维模型计算区域、算法精度有关。

观测时刻从小到大，感应电动势等值线的形状、正值范围逐渐变化。0.0001 ~ 0.0008s，感应电动势正值只集中于发射回线范围内；正值等值线形状为发射回线形状，而负值等值线形状总体为圆形、局部呈闭合准椭圆形。从 0.0016s 开始，感应电动势正值逐渐分布于发射回线外部，正值等值线逐渐变为圆形、闭合的准椭圆形负值等值线消失。至 0.0128s 时，感应电动势正值范围已基本占满计算区域，等值线形状均为圆形。感应电动势正值范围和等值线形状的变化可由瞬变电磁场的传播方式合理解释。

4.2.2　块状高导体模型

我们采用两个块状高导体模型进行算法验证，观测时间序列均为 0.0001 ~ 0.0096s 的 10 个时刻。对于每一模型，三类频谱法均基于同一网格剖分，采用交错网格有限差分法（SFD）计算一系列频点或拉普拉斯域变量的电场值。当采用正弦变换时，频率范围选为 $10 \sim 10^7$Hz，每个数量级含 6 个频点、共计 37 频点，即求解 37 个复数方程组；而采用 Gaver-Stehfest 算法（$M=12$）和 Euler 算法（$M=7$）时，分别需求解 120 个实数方程组和 150 个复数方程组。

如图 4.6 所示，模型 1 为埋置于电导率为 0.1S/m 均匀半空间中的块状高导体模型，其中电导率为 2S/m，顶部埋深 30m、长 100m、宽 40m 和高 30m。数值模拟中，空气层电导率设置为 10^{-12} S/m。工作装置为铺设于地表的中心回线装

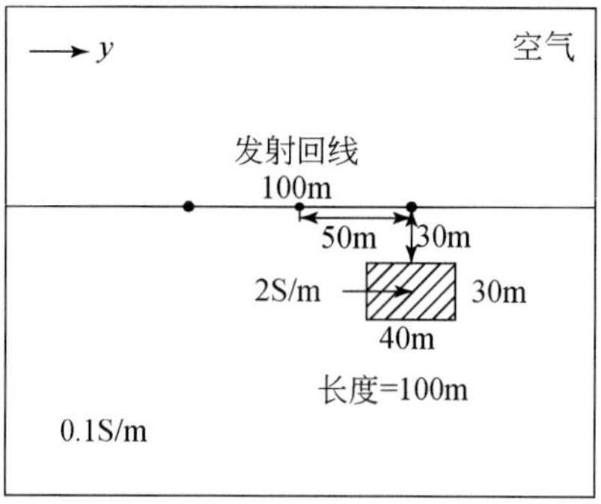

图 4.6　模型 1 断面图

置，正方形回线中心距异常体中心地面投影50m。发射回线边长为100m，电流为1A，接收装置等效面积为$1m^2$。本例对比对象为基于交错网格有限差分的时步法（FDTD）（Wang and Hohmann，1993）。

由图4.7所示，三类频谱法与FDTD算法计算的感应电动势吻合良好，但FDTD数值解在0.0002～0.001s略大。三类频谱法中，SSOR-BICGSTAB法的求解精度和效率也是不同的。对于模型1，当采用正弦变换时，SSOR-BICGSTAB法可精确求解30个相对高频对应的方程组，即相对残差$\leqslant 10^{-11}$，其余7个相对低频对应的方程组需由MUMPS求解、单次求解时间约为18.5min，算法整个流程共耗时约150min。而对于基于Gaver-Stehfest和Euler算法的频谱法，SSOR-BICGSTAB法可以精确求解所有方程组，分别耗时18min和40min。上述求解效率的差异是由三类频谱法算法特征决定的。正弦变换滤波算法要求计算一系列频点的电磁场响应，再将其转换至时间域，且该算法与待求时间序列数目无关，但与其范围相关。为了保证时间域电磁场精度，通常将频率范围设置较宽，且能够包含观测时刻相应的频率范围，本例中该范围为10^2～10^4Hz。因此，基于正弦变换的频谱法需求解更多的低频响应，而低频时的方程组使用迭代法求解的精度较差，需借助求解效率相对较低的直接法。另外，基于拉普拉斯逆变换的频谱法中，待求拉普拉斯域响应与观测时刻和参数M正相关，即求解每一时刻的感应电动势，均需一定数目的特定拉普拉斯域响应。因此，该方法避免了求解额外的低频电磁响应。基于Gaver-Stehfest算法的频谱法仅需求解实数方程组，且方程数目少，因此其比基于Euler算法的频谱法效率更高。

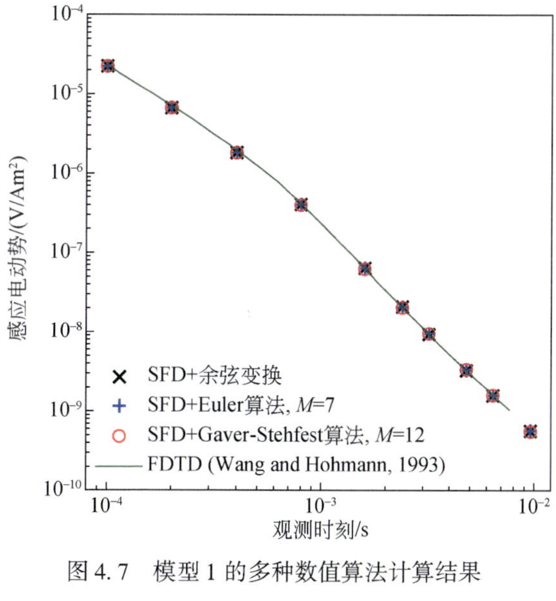

图4.7　模型1的多种数值算法计算结果

另一模型如图 4.8 所示，一个电导率为 3.333S/m 的块状体埋藏于电阻率为 0.01S/m 的均匀半空间，块状体顶部埋深 80m、长 100m、宽 50m 和高 100m。数值模拟中，空气层电导率设置为 10^{-12}S/m。铺设于地表的方形发射回线边长为 100m，电流为 1A，接收装置等效面积为 $1m^2$。坐标原点位于发射回线几何中心，测点 x 坐标分别为 0m 和 140m，y 和 z 坐标均为 0m。本例对比对象为 FDTD（Wang and Hohmann，1993）和 SLDM（Druskin and Knizhnerman，1988）的数值解。

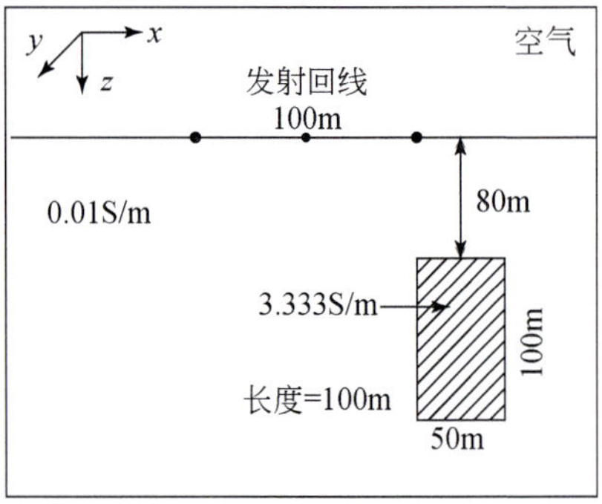

图 4.8　模型 2 断面图

如图 4.9 所示，对于测点（0，0，0)m，三类频谱法与 SLDM 数值解吻合良好，并比 FDTD 数值解略大，且与其感应电动势曲线近似平行；对于测点（140，0，0)m，三类频谱法数值解在 0.0001～0.0024s，比 FDTD 和 SLDM 数值解均略大，而在 0.0032～0.0096s，5 种数值解吻合程度差，但变化趋势一致。

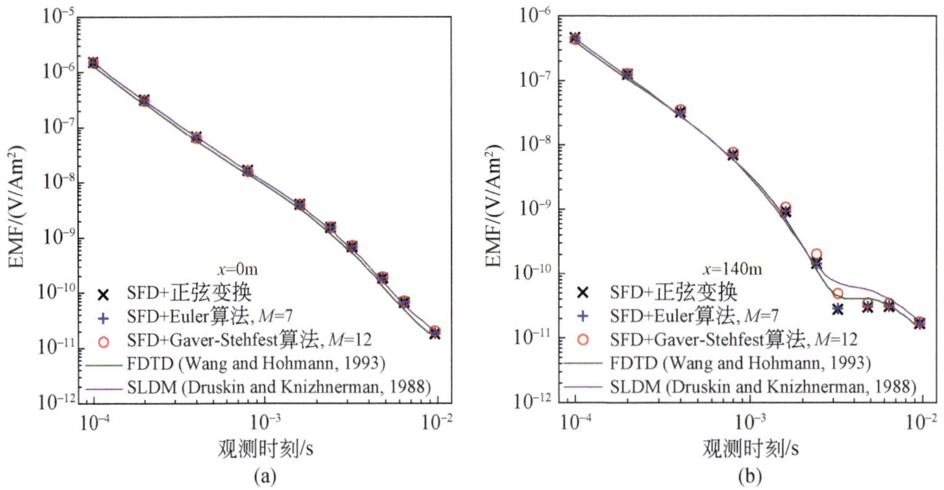

图 4.9　模型 2 的多种数值算法计算结果

4.2.3　参数 *M* 对数值精度的影响

电磁场数值模拟的背景场/异常场算法中，背景场由解析法获得，而异常场由数值法获得，如本研究的有限差分法。通常，解析解比数值解具有更高的数值精度。因此，总场精度高并不意味着异常场也具有相当精度。本研究将以模型1为例，具体分析 Gaver-Stehfest 和 Euler 算法中参数 M 对总场、背景场和异常场精度的影响。本研究采用的计算环境中，Gaver-Stehfest 和 Euler 算法本身免受舍入误差影响的最大 M 值为12和7，因而我们将两种算法的 M 值范围依次选取为10～14和6～8。

图4.10和图4.11分别为基于 Gaver-Stehfest 和 Euler 算法的频谱法计算的总场、背景场和异常场感应电动势曲线。如图4.10（a）所示，M 取10、12和14时，基于 Gaver-Stehfest 算法的频谱法计算的总场数值精度与基于正弦变换的数值解精度相当，只有0.0096s的数值解精度较差。如图4.10（b）所示，当 M 取10时，背景场精度从0.0032s开始降低，当 M 取12和14时，所有观测时刻的背景场均与正弦变换获得的解析解精度相当；M 分别取10、12和14时，异常场精度依次从0.0016s、0.0032s和0.0048s开始降低，尤其在0.0064s和0.0096s两个时刻，异常场精度很差。同时，我们也可看出异常场精度更易受参数 M 变化的影响，其潜在原因为有限差分法计算的拉普拉斯域异常场精度较差，进而导致时间域异常场精度较低。如图4.11所示，本例中参数 M 的变化对 Euler 算法获得的总场和背景场几乎无影响，而对异常场略有影响，仅当 M 取6时，0.0064s和0.0096s两个时刻的异常场精度略差。对比图4.9和图4.10，Euler 算法比

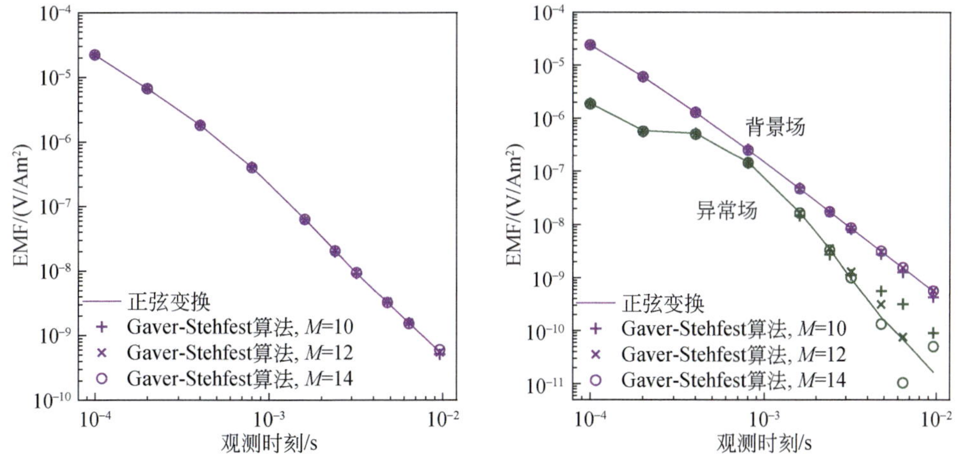

图4.10　模型1的 Gaver-Stehfest 算法计算结果

（a）总场；（b）背景场与异常场

Gaver-Stehfest 算法能够更加精确地获取时间域响应。这一现象与一维正演结果类似。因此，通过以上三维正演精度分析，我们仍推荐参数 *M* 取 7 的 Euler 算法。

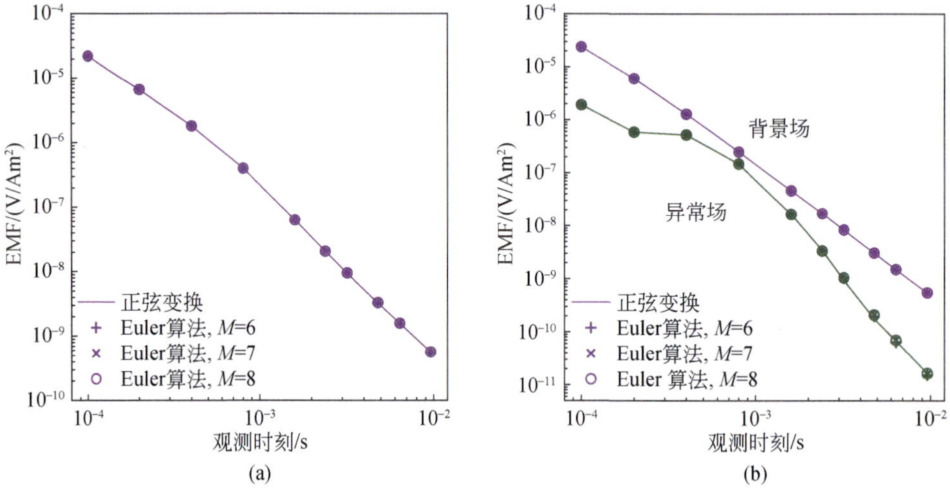

图 4.11　模型 1 的 Euler 算法计算结果

（a）总场；（b）背景场与异常场

4.2.4　空气电导率对数值解的影响

电磁法三维正演中，如果网格剖分不含空气层，地下介质与空气层界面即作为外边界处理。例如，Wang 和 Hohmann（1993）利用时步法开展瞬变电磁法三维正演时，采用将地面磁场向上延拓的方法加载了边界条件，从而避免了网格剖分中包含空气层并提高了计算效率。如果网格剖分中包含空气层，那么地下介质与空气层界面即内边界。采用矢量有限单元法或基于 Yee's 网格的有限差分法或有限体积法时，电磁场待求量被定义在棱边上，自动满足电磁场切向分量连续、法向分量不连续的条件，因此对地下介质与空气层界面可不做特殊处理。本节，我们将通过计算模型 1 在 0.0016s 时刻的感应电动势来探讨空气层电导率对 SSOR-BICGSTAB 迭代法收敛性的影响规律。采用基于 Euler 算法的频谱法时，*M* 取值为 7，即需求解 15 个方程组，迭代法终止条件与上文一致。

如图 4.12 所示，当空气层电导率为 10^{-14}S/m、10^{-13}S/m、10^{-12}S/m、10^{-11}S/m 和 10^{-10}S/m 时，SSOR-BICGSTAB 法求解方程组的相对残差均小于 10^{-11}，而迭代次数除个别值稍大外，其他均在 400 次以内；当电导率为 10^{-9}S/m、10^{-8}S/m、10^{-7}S/m、10^{-6}S/m 和 10^{-5} S/m 时，相对残差在迭代 2000 次之后仍大于 10^{-11}，图 4.12（b）为相对残差最小值的相应迭代次数。表 4.1 为随空气层电导率变

化，m 等于 7 时的系数矩阵条件数及 MUMPS 和 SSOR-BICGSTAB 法的收敛情况，其中条件数由 MUMPS 计算获得。由表 4.1 可看出，随着空气层电导率的减小，系数矩阵条件数逐渐增大，MUMPS 相对残差始终在 10^{-15} 数量级内波动，而 SSOR-BICGSTAB 法的相对残差呈现逐渐下降的趋势，即从 10^{-8} 下降至 $<10^{-11}$。

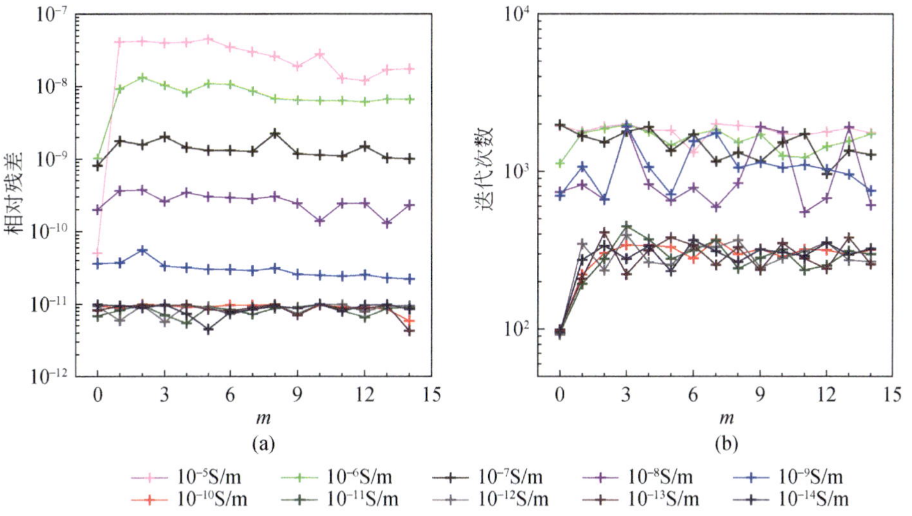

图 4.12　空气层电导率影响下的 SSOR-BICGSTAB 收敛性

（a）相对残差；（b）对应迭代次数

表 4.1　空气层电导率影响下的 MUMPS 和 SSOR-BICGSTAB 收敛性对比（$M=7$）

空气层电导率/（S/m）	条件数	MUMPS 相对残差	SSOR-BICGSTAB 相对残差	最小相对残差迭代次数
10^{-5}	2.73×10^{5}	3.62×10^{-15}	2.99×10^{-8}	1996
10^{-6}	2.73×10^{6}	3.71×10^{-15}	8.55×10^{-9}	1835
10^{-7}	2.73×10^{7}	3.72×10^{-15}	1.27×10^{-9}	1156
10^{-8}	2.73×10^{8}	3.92×10^{-15}	2.82×10^{-10}	592
10^{-9}	2.73×10^{9}	4.66×10^{-15}	2.89×10^{-11}	1745
10^{-10}	2.73×10^{10}	5.48×10^{-15}	9.64×10^{-12}	369
10^{-11}	2.73×10^{11}	6.03×10^{-15}	7.24×10^{-12}	365
10^{-12}	2.73×10^{12}	5.08×10^{-15}	8.57×10^{-12}	331
10^{-13}	2.73×10^{13}	4.66×10^{-15}	8.96×10^{-12}	255
10^{-14}	3.03×10^{14}	3.89×10^{-15}	8.47×10^{-12}	311

另外，如图4.13所示，空气层电导率变化情况下，Euler算法（$M=7$）计算的模型1在0.0016s时刻感应电动势异常场和总场曲线近乎水平直线。这种现象表明尽管空气层电导率的增大导致SSOR-BICGSTAB法收敛缓慢、相对残差增大，但对该时刻感应电动势的影响微弱。

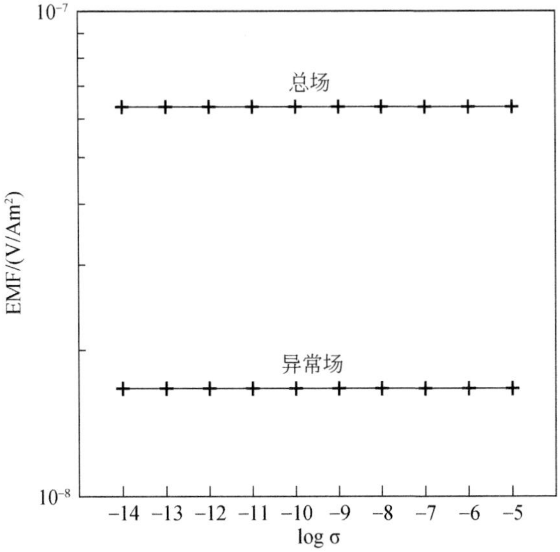

图4.13　模型1在0.0016s时刻的感应电动势异常场与总场

综上分析，本研究中降低空气层电导率易导致系数矩阵条件数增大，但却有利于加速SSOR-BICGSTAB法收敛；当采用MUMPS求解这些方程组时，相对残差保持在10^{-15}数量级内，说明降低空气层电导率并未影响到该正演模型数值解的精度。另外，当采用SSOR-BICGSTAB求解基于Gaver-Stehfest算法和正弦变换频谱法产生的大型方程组时，空气层电导率对其收敛性也存在类似规律，本研究不再细述。

4.3　地-井瞬变电磁法三维正演

地-井瞬变电磁法是一种使用较多的瞬变电磁法工作装置，其激发源为铺设于地表的矩形发射回线，在钻孔或矿井中接收感应电动势，此法具有距离目标异常体近、有用信号强等优点（Zhang and Xiao，2001）。

4.3.1　水平高导板状体

地电模型参数：板状体水平方向尺寸为2100m×2100m、厚度为20m、埋深为60m；板状体电阻率为1Ω · m，均匀半空间电阻率为50Ω · m。发射回线形状为正方形、边长为 300m，坐标原点位于发射回线几何中心。地表测点 x 和 y 方向的分布范围均为［-200，200］m，一共 441 个测点。使用一维正演时，需将水平低阻板状体近似为一维模型（李建慧等，2015）。

图 4.14 和图 4.15 为利用一维解析法计算的感应电动势等值线图，图 4.16 和图 4.17 为利用矢量有限单元法计算的感应电动势等值线图。由这些图可以看出：两种算法计算的感应电动势等值线的形状吻合程度高，数值范围接近。起始时刻，感应电动势等值线形状趋近于发射回线形状，正值分布区域集中于发射回线对应下方区域；随着时间延长，等值线形状逐渐接近圆形、正值也逐渐分布于发射回线外侧。这种现象可用瞬变电磁场的两种传播方式合理解释：第一种形式为电磁波在空气中以光速传播至地表各点，并有部分能量传入地下；第二种形式为直接在地下导电介质中感应的涡流形成的电磁场。由于大地的电抗作用，第二种传播形式建立、传播比较迟缓，可分早期、过渡期和晚期三个阶段来分析感应电动势等值线的特征。

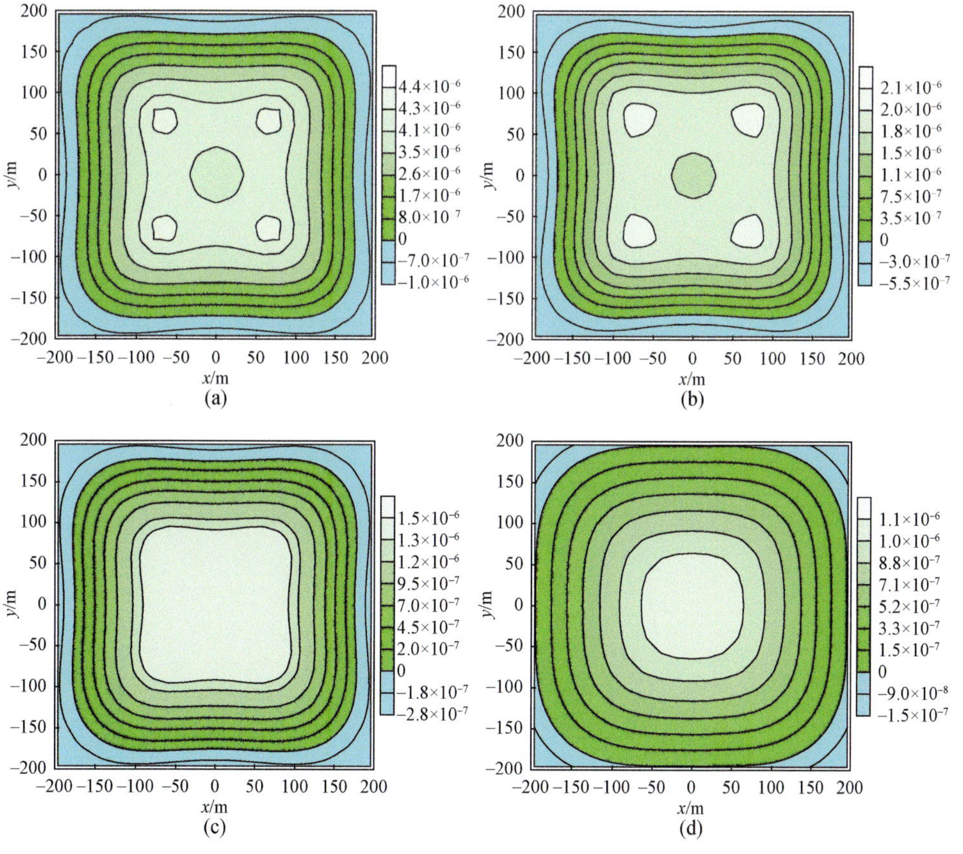

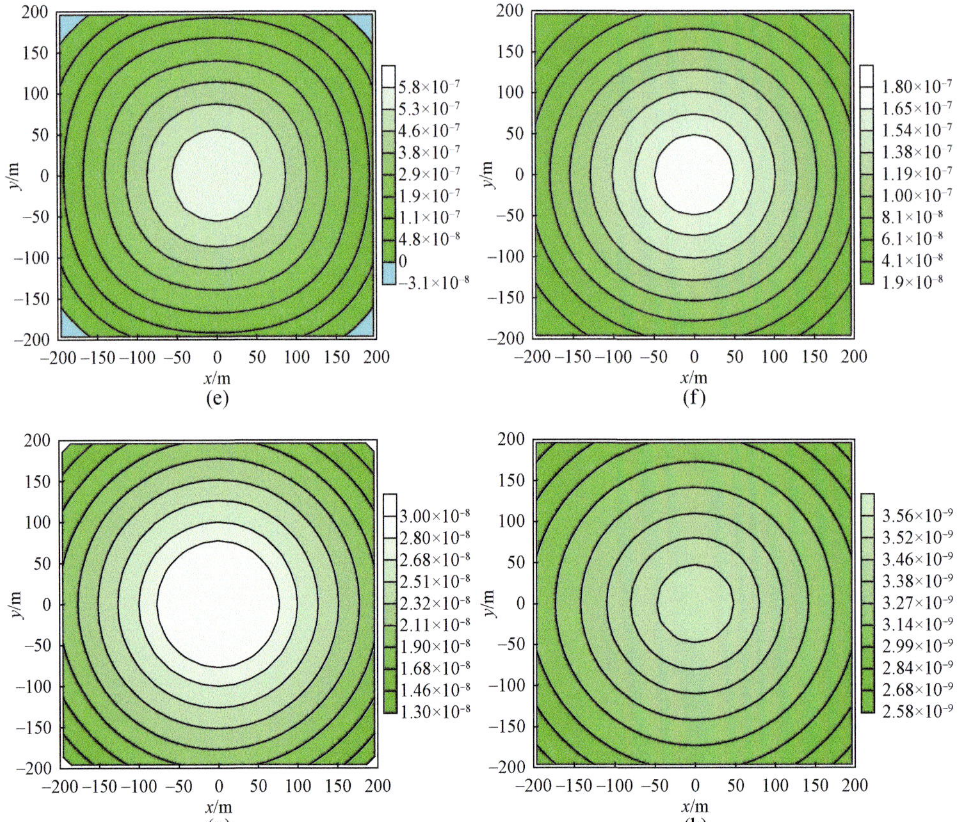

图 4.14　地下 40m 处，一维解析法计算的感应电动势等值线图

(a) 0.0001s；(b) 0.0002s；(c) 0.0004s；(d) 0.0008s；(e) 0.0016s；(f) 0.0032s；(g) 0.0064s；(h) 0.0128s

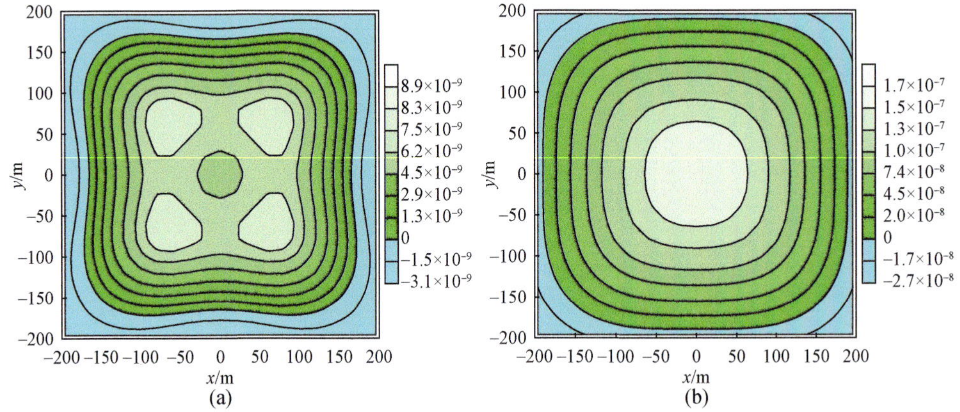

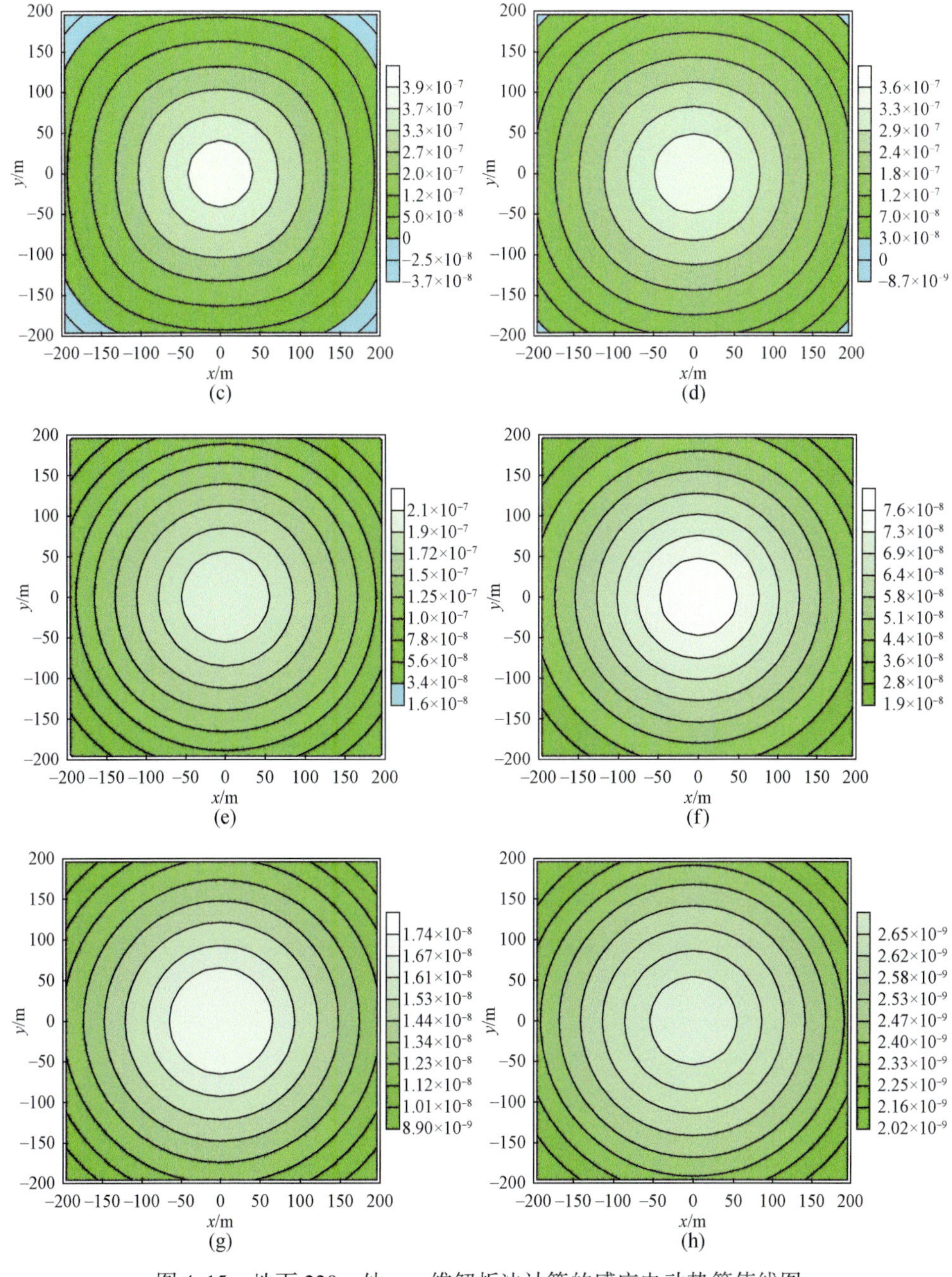

图 4.15　地下 220m 处，一维解析法计算的感应电动势等值线图

(a) 0.0001s；(b) 0.0002s；(c) 0.0004s；(d) 0.0008s；

(e) 0.0016s；(f) 0.0032s；(g) 0.0064s；(h) 0.0128s

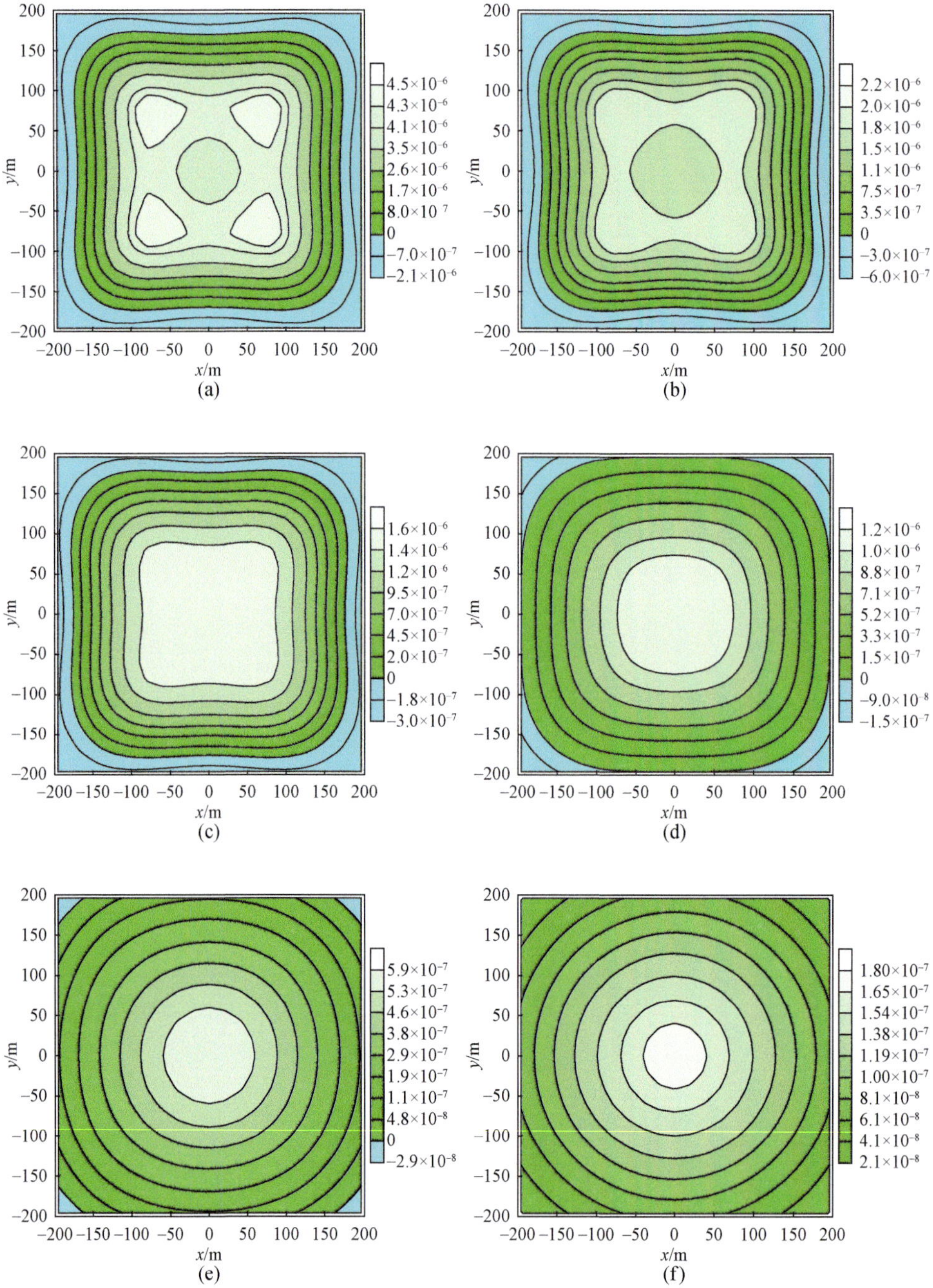

y/m
x/m
200 150 100 50 0 −50 −100 −150 −200
−200 −150 −100 −50 0 50 100 150 200
4.5×10⁻⁶ 4.3×10⁻⁶ 4.1×10⁻⁶ 3.5×10⁻⁶ 2.6×10⁻⁶ 1.7×10⁻⁶ 8.0×10⁻⁷ 0 −7.0×10⁻⁷ −2.1×10⁻⁶
(a)
2.2×10⁻⁶ 2.0×10⁻⁶ 1.8×10⁻⁶ 1.5×10⁻⁶ 1.1×10⁻⁶ 7.5×10⁻⁷ 3.5×10⁻⁷ 0 −3.0×10⁻⁷ −6.0×10⁻⁷
(b)
1.6×10⁻⁶ 1.4×10⁻⁶ 1.2×10⁻⁶ 9.5×10⁻⁷ 7.0×10⁻⁷ 4.5×10⁻⁷ 2.0×10⁻⁷ 0 −1.8×10⁻⁷ −3.0×10⁻⁷
(c)
1.2×10⁻⁶ 1.0×10⁻⁶ 8.8×10⁻⁷ 7.1×10⁻⁷ 5.2×10⁻⁷ 3.3×10⁻⁷ 1.5×10⁻⁷ 0 −9.0×10⁻⁸ −1.5×10⁻⁷
(d)
5.9×10⁻⁷ 5.3×10⁻⁷ 4.6×10⁻⁷ 3.8×10⁻⁷ 2.9×10⁻⁷ 1.9×10⁻⁷ 1.1×10⁻⁷ 4.8×10⁻⁸ 0 −2.9×10⁻⁸
(e)
1.80×10⁻⁷ 1.65×10⁻⁷ 1.54×10⁻⁷ 1.38×10⁻⁷ 1.19×10⁻⁷ 1.00×10⁻⁷ 8.1×10⁻⁸ 6.1×10⁻⁸ 4.1×10⁻⁸ 2.1×10⁻⁸
(f)

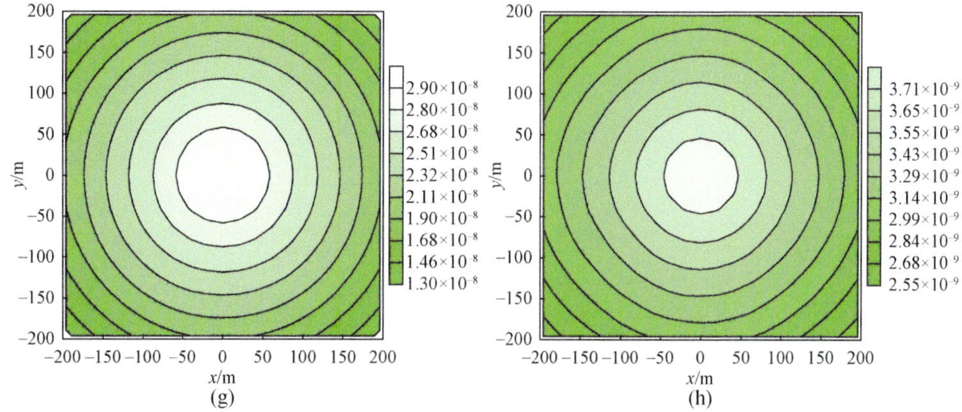

图4.16　地下40m处，矢量有限单元法计算的感应电动势等值线图

(a) 0.0001s；(b) 0.0002s；(c) 0.0004s；(d) 0.0008s；
(e) 0.0016s；(f) 0.0032s；(g) 0.0064s；(h) 0.0128s

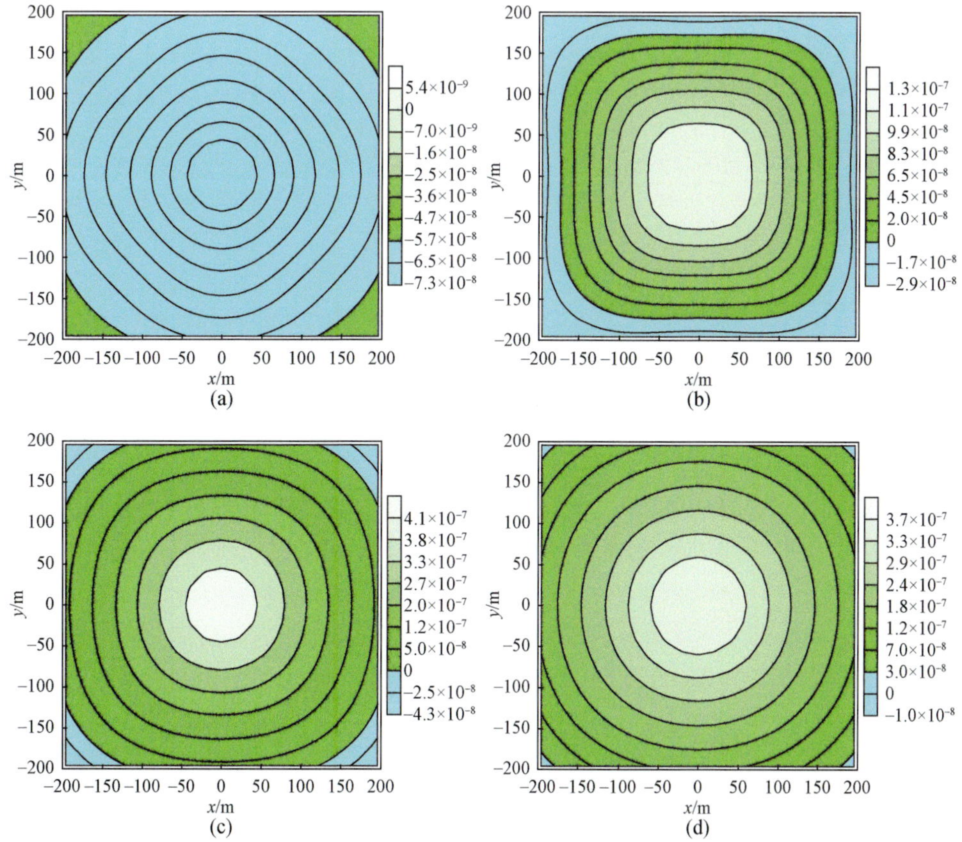

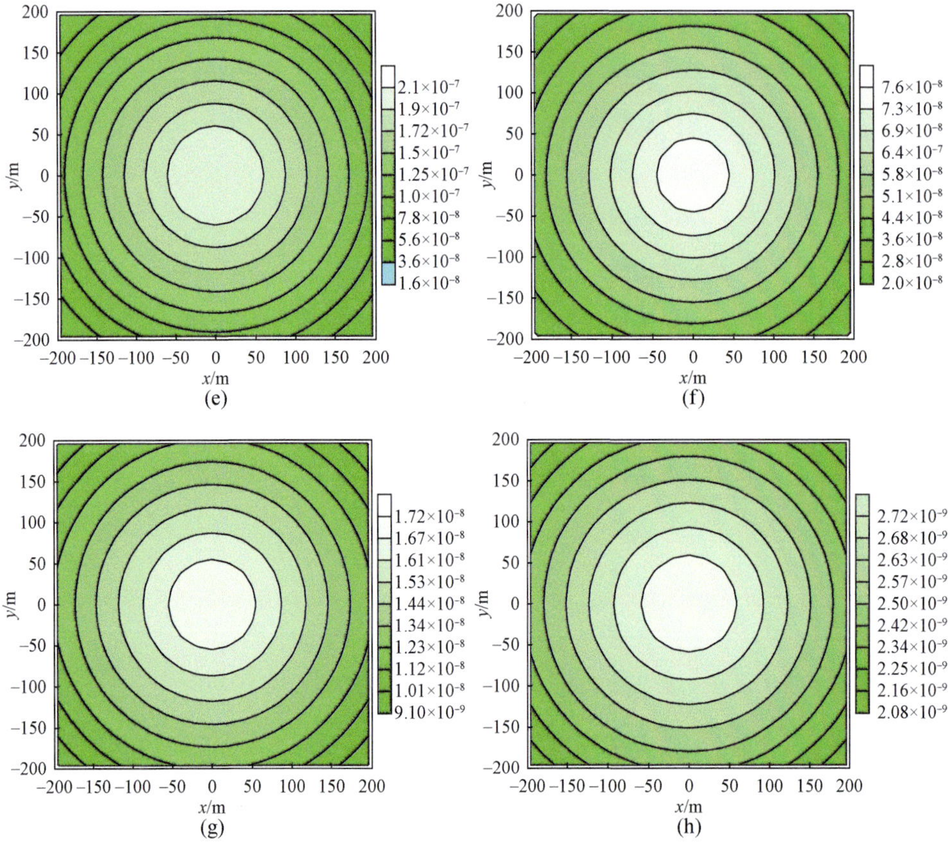

图 4.17　地下 220 m 处，矢量有限单元法计算的感应电动势等值线图

（a）0.0001s；（b）0.0002s；（c）0.0004s；（d）0.0008s；

（e）0.0016s；（f）0.0032s；（g）0.0064s；（h）0.0128s

早期，第一种形式传播的电磁场占据主导地位，第二种形式传播的电磁场非常微弱。当电流关断时，发射回线的四条边瞬时向内、向外传播电磁场，且在回线内为正值、回线外为负值。这些电磁场相互叠加后，回线内、外仍为正值和负值，且四个内角区域电磁场强度最大，感应电动势等值线形状近似为回线形状。随着第一种形式传播电磁场的衰减，第二种形式传播的电磁场开始发挥作用，具体表现为：感应电动势变化范围缩小，极大值集中于回线中心区域；正值范围不再局限于回线内、逐渐向外移动；感应电动势等值线形状趋近于圆形。随着延时增大，第一种形式传播的电磁场衰减殆尽，第二种形式传播的电磁场占主导地位，电磁场传播进入晚期阶段。由于“烟圈”扩散区域已经很大，计算区域内感应电动势逐渐趋于均匀、等值线形状为圆形。

值得注意的是在图 4.17（a）中，利用矢量有限单元算法计算的埋深 220m

在 0.0001s 时刻各测点感应电动势大多数为负值，与一维解析法计算的感应电动势差别很大。为了更加清楚地反映两种算法精度，给出 4 个测点的解析解和数值解的具体数值，详见表 4.2 ~ 表 4.5。从表中可看出：四个测点多数时刻的感应电动势数值解与解析解接近、精度较高；多数相对误差在 5% 以内，个别相对误差略大于 5%。(0，0，100) m、(0，0，160) m 和 (0，0，220) m 三个测点 0.0001s 的感应电动势数值解均为负值，与真实情况不符；测点 (0，0，220) m 在 0.0002s 时刻的误差也较大，达到 27.19%。对 (0，0，40) m 测点来说，二次场随着观测时刻增大而逐渐减小；而对 (0，0，100) m、(0，0，160) m 和 (0，0，220) m 三个测点来说，二次场均是随着观测时刻的增大而先增大后减小。这说明随着观测时刻的增大，涡流场逐渐由浅部逐渐扩散至深部，与“烟圈”理论相吻合。

表 4.2　测点 (0，0，40) m 的感应电动势

时间/s	数值解			解析解/V	相对误差/%
	背景场/V	异常场/V	二次场/V		
0.0001	-1.07×10^{-5}	1.47×10^{-5}	3.96×10^{-6}	4.03×10^{-6}	1.58
0.0002	-2.99×10^{-6}	4.82×10^{-6}	1.83×10^{-6}	1.76×10^{-6}	4.24
0.0004	3.01×10^{-7}	1.14×10^{-6}	1.44×10^{-6}	1.37×10^{-6}	5.64
0.0008	9.00×10^{-7}	2.32×10^{-7}	1.13×10^{-6}	1.08×10^{-6}	5.02
0.0016	5.47×10^{-7}	4.21×10^{-8}	5.89×10^{-7}	5.81×10^{-7}	1.53
0.0032	1.64×10^{-7}	7.23×10^{-9}	1.71×10^{-7}	1.74×10^{-7}	1.91
0.0064	2.77×10^{-8}	1.26×10^{-9}	2.90×10^{-8}	2.99×10^{-8}	3.05
0.0128	3.47×10^{-9}	2.31×10^{-10}	3.70×10^{-9}	3.55×10^{-9}	4.22

表 4.3　测点 (0，0，100) m 的感应电动势

时间/s	数值解			解析解/V	相对误差/%
	背景场/V	异常场/V	二次场/V		
0.0001	-1.09×10^{-5}	1.08×10^{-5}	-1.79×10^{-8}	3.21×10^{-7}	/
0.0002	-3.65×10^{-6}	4.81×10^{-6}	1.16×10^{-6}	1.10×10^{-6}	6.02
0.0004	1.38×10^{-7}	1.27×10^{-6}	1.41×10^{-6}	1.33×10^{-6}	6.04
0.0008	8.70×10^{-7}	2.67×10^{-7}	1.14×10^{-6}	1.08×10^{-6}	4.96
0.0016	5.47×10^{-7}	4.93×10^{-8}	5.96×10^{-7}	5.86×10^{-7}	1.68
0.0032	1.65×10^{-7}	8.28×10^{-9}	1.74×10^{-7}	1.77×10^{-7}	1.76
0.0064	2.81×10^{-8}	1.37×10^{-9}	2.95×10^{-8}	3.04×10^{-8}	2.99
0.0128	3.53×10^{-9}	2.41×10^{-10}	3.77×10^{-9}	3.63×10^{-9}	4.12

表 4.4　测点（0，0，160）m 的感应电动势

时间/s	数值解			解析解/V	相对误差/%
	背景场/V	异常场/V	二次场/V		
0.0001	-4.79×10^{-6}	4.56×10^{-6}	-2.30×10^{-7}	6.50×10^{-8}	/
0.0002	-2.95×10^{-6}	3.45×10^{-6}	4.99×10^{-7}	5.12×10^{-7}	2.49
0.0004	-3.39×10^{-7}	1.17×10^{-6}	8.31×10^{-7}	7.83×10^{-7}	6.26
0.0008	3.83×10^{-7}	2.71×10^{-7}	6.54×10^{-7}	6.30×10^{-7}	3.86
0.0016	2.93×10^{-7}	5.31×10^{-8}	3.46×10^{-7}	3.41×10^{-7}	1.27
0.0032	1.03×10^{-7}	9.22×10^{-9}	1.12×10^{-7}	1.14×10^{-7}	1.04
0.0064	2.08×10^{-8}	1.49×10^{-9}	2.23×10^{-8}	2.27×10^{-8}	1.99
0.0128	2.92×10^{-9}	2.48×10^{-10}	3.17×10^{-9}	3.09×10^{-9}	2.73

表 4.5　测点（0，0，220）m 的感应电动势

时间/s	数值解			解析解/V	相对误差/%
	背景场/V	异常场/V	二次场/V		
0.0001	-1.25×10^{-6}	1.18×10^{-6}	-7.26×10^{-8}	7.14×10^{-9}	/
0.0002	-1.74×10^{-6}	1.86×10^{-6}	1.20×10^{-7}	1.65×10^{-7}	27.19
0.0004	-5.21×10^{-7}	9.26×10^{-7}	4.05×10^{-7}	3.89×10^{-7}	4.12
0.0008	1.13×10^{-7}	2.53×10^{-7}	3.66×10^{-7}	3.54×10^{-7}	3.34
0.0016	1.54×10^{-7}	5.34×10^{-8}	2.07×10^{-7}	2.05×10^{-7}	1.16
0.0032	6.56×10^{-8}	9.83×10^{-9}	7.55×10^{-8}	7.59×10^{-8}	0.53
0.0064	1.55×10^{-8}	1.62×10^{-9}	1.71×10^{-8}	1.73×10^{-8}	1.17
0.0128	2.45×10^{-9}	2.61×10^{-10}	2.72×10^{-9}	2.65×10^{-9}	2.55

4.3.2　块状高导体模型

本节采用 4.2.2 节中模型 1 作为研究对象，模型参数不再介绍。我们绘制了地下 20m、72m、99m 和 132m 四个深度的等值线图，x 和 y 方向的分布范围分别为［-110，230］m 和［-170，170］m；每幅等值线图含有 675 个测点（李建慧等，2015）。

图 4.18 ~ 图 4.21 分别为地下 20m、72m、99m 和 132m 不同时刻的感应电动势等值线图。对于任一深度的等值线图：随着观测时刻的增大，感应电动势正值分布范围不断向外扩散、直至占满计算区域；低阻异常体的存在导致电磁场扩散

速度在各方向不一致，因此等值线形状仅关于 x 轴对称，而关于 y 轴不对称。

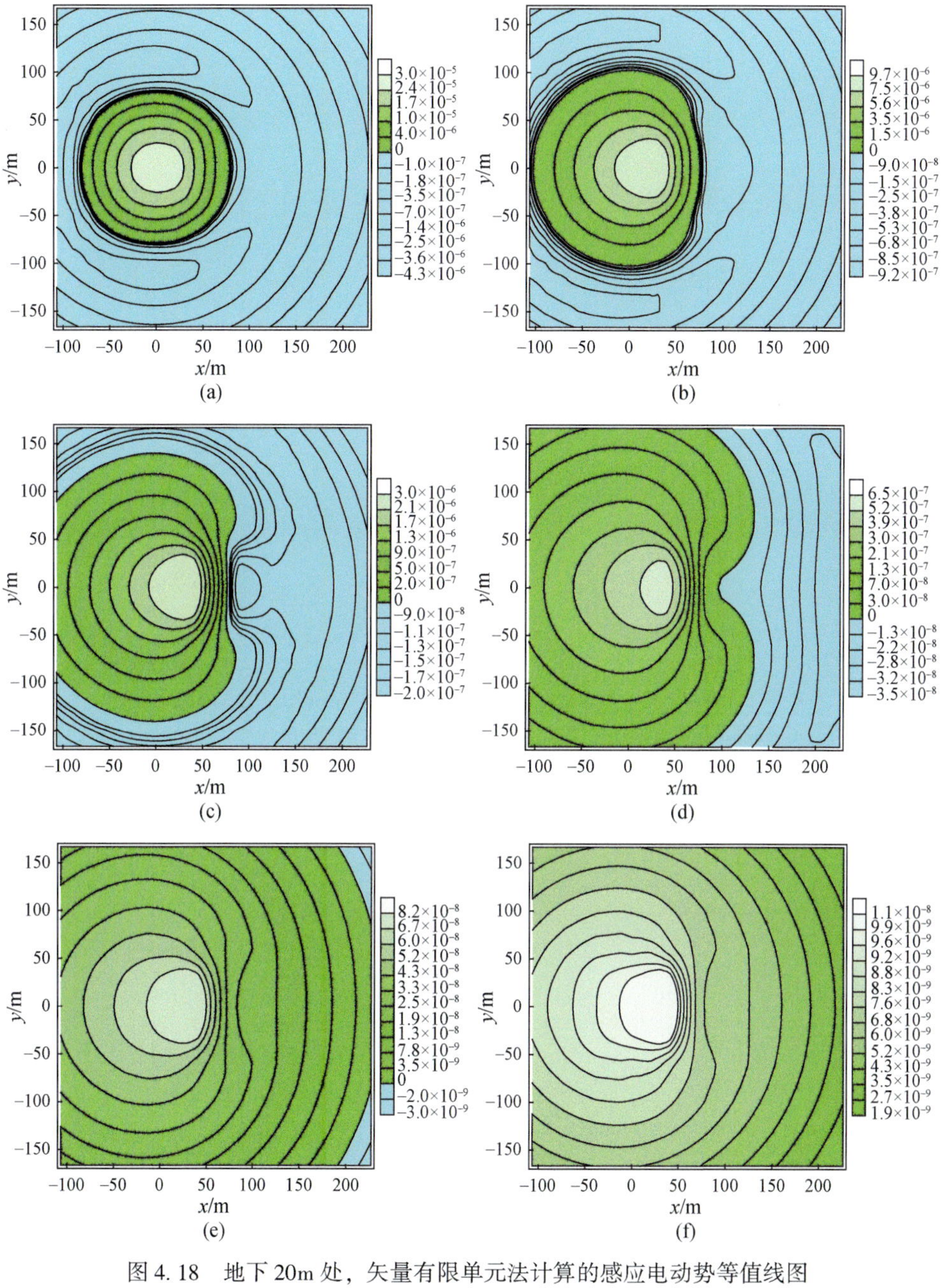

图 4.18　地下 20m 处，矢量有限单元法计算的感应电动势等值线图

(a) 0.0001s；(b) 0.0002s；(c) 0.0004s；(d) 0.0008s；(e) 0.0016s；(f) 0.0032s

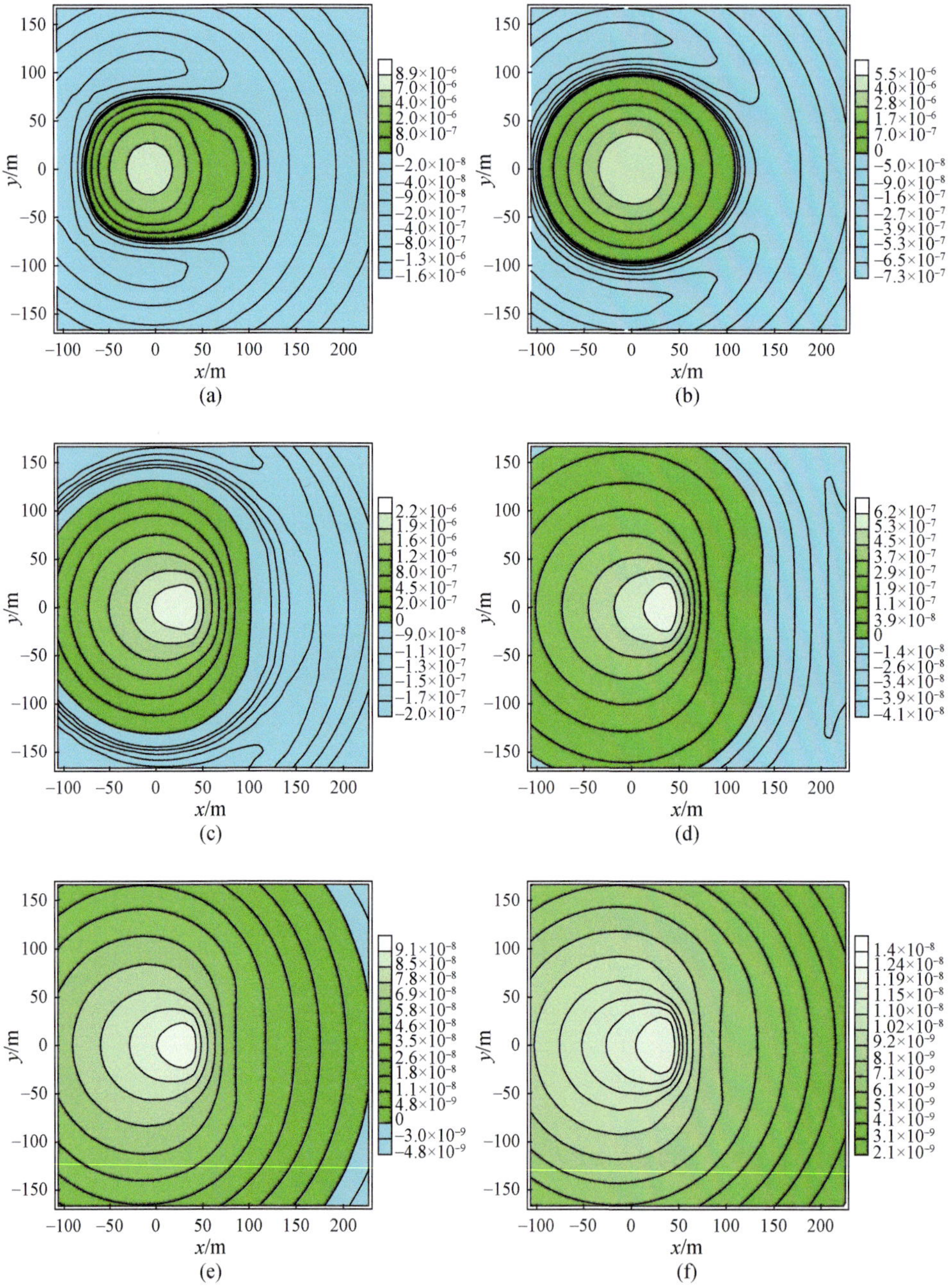

图 4.19　地下 72m 处，矢量有限单元法计算的感应电动势等值线图

(a) 0.0001s；(b) 0.0002s；(c) 0.0004s；(d) 0.0008s；(e) 0.0016s；(f) 0.0032s

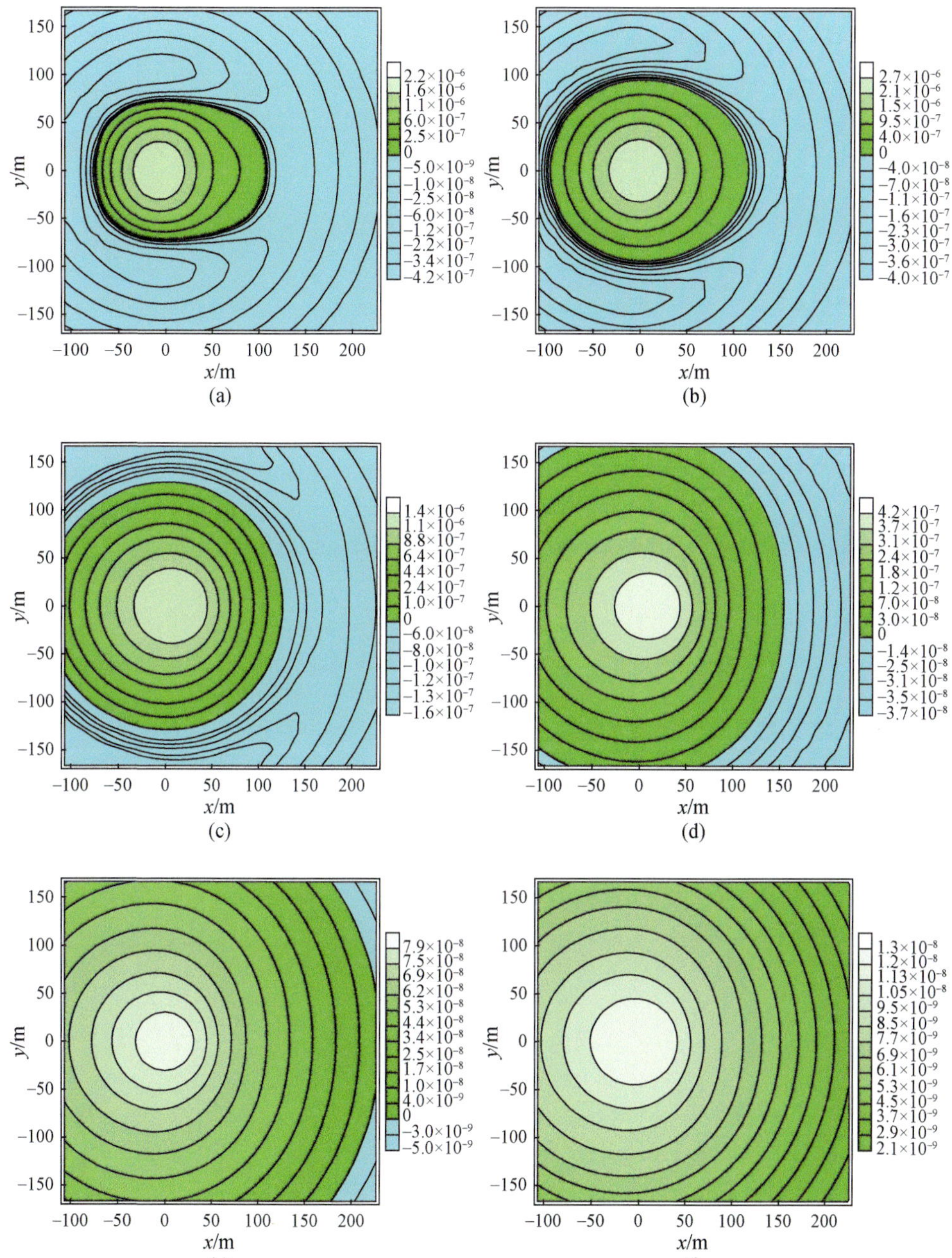

图 4.20 地下 99m 处，矢量有限单元法计算的感应电动势等值线图

(a) 0.0001s；(b) 0.0002s；(c) 0.0004s；(d) 0.0008s；(e) 0.0016s；(f) 0.0032s

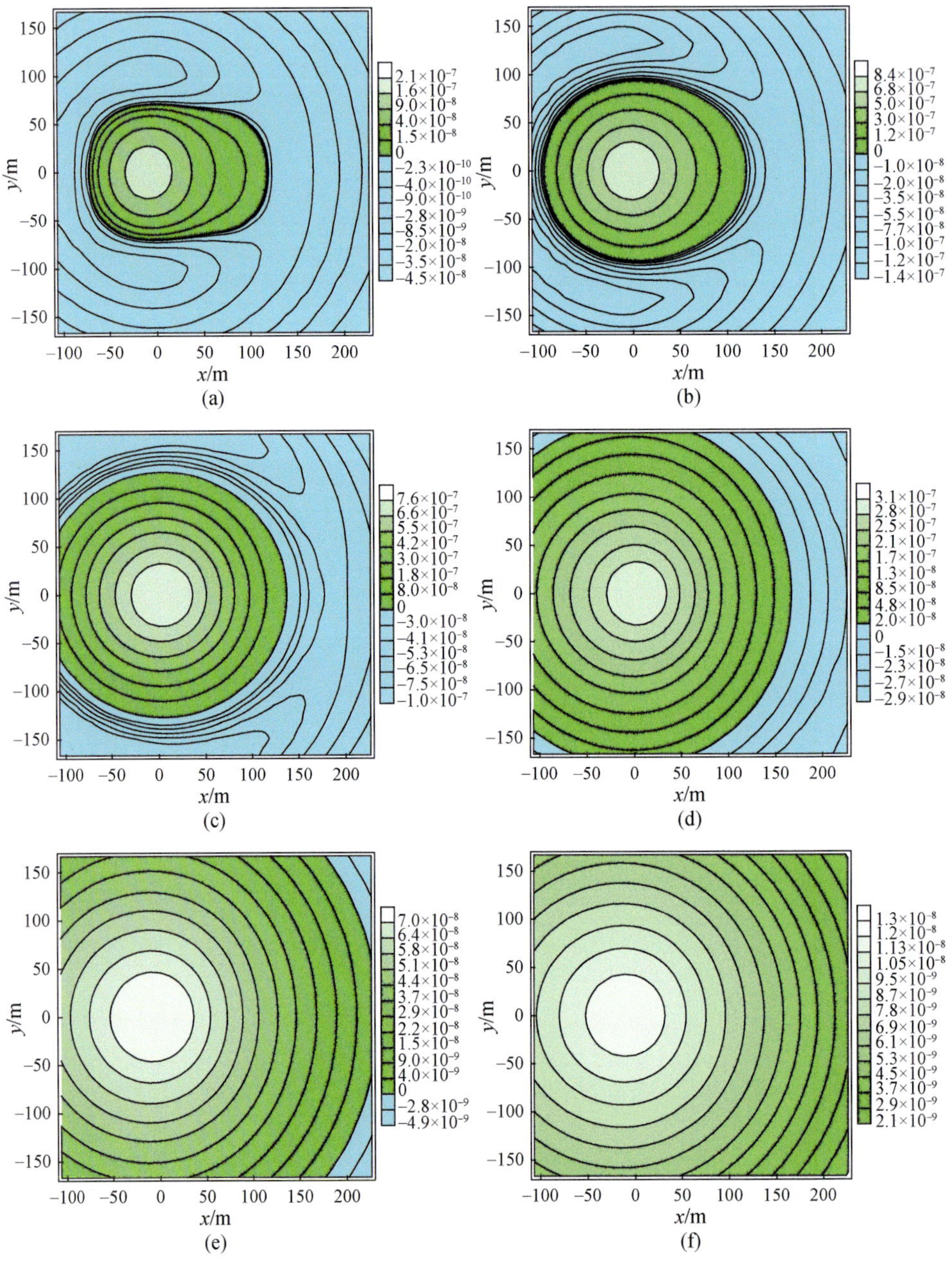

图 4.21　地下 132m 处，矢量有限单元法计算的感应电动势等值线图

(a) 0.0001s；(b) 0.0002s；(c) 0.0004s；(d) 0.0008s；(e) 0.0016s；(f) 0.0032s

对于不同深度的等值线图，感应电动势随观测时刻增大的变化规律却有所不同。随着观测时刻的增大，地下 20m 和 72m 两个深度的等值线图中感应电动势

总是持续减小，而地下 99m 和 132m 两个深度的等值线图中感应电动势先增大再减小。这种现象仍可用“烟圈”理论解释，即回线源激发的涡流场不仅向外扩散，而且向下扩散。另外，同一时刻、不同深度等值线图中的感应电动势不断变化。随着深度的增加，0. 0001s、0. 0002s、0. 0004s 和 0. 0008s 时刻的感应电动势持续减小，0. 0016s 和 0. 0032s 时刻的感应电动势先增大再减小，而 0. 0064s 时刻的感应电动势一直增大。说明随着时刻的增大，回线源激发的涡流场逐渐扩散至深部。根据“烟圈”理论，不同时刻的涡流环强度最大值（即“烟圈”）位于不同深度，且感应电动势在该深度处最大。总体规律是观测时刻越大，“烟圈”所处深度越大。

第 5 章　基于非结构化四面体网格的三维正演

目前，基于非结构化四面体网格的矢量有限单元法已广泛应用于电磁法勘探的三维正演研究中（Rücker et al.，2006；Schwarzbach et al.，2011；Ren et al.，2013；Ansari and Farquharson，2014）。非结构化四面体网格剖分不仅能够描述更加复杂的地电模型，而且能够通过采取局部加密的方法，细化场源、测点和异常体所在区域网格剖分，进而提高数值解精度。

5.1　频率域矢量有限单元法

5.1.1　控制方程

在准静态、采用正谐时 $e^{i\omega t}$ 条件下，麦克斯韦方程组中的电场 $\boldsymbol{E}$ 和磁场 $\boldsymbol{H}$ 旋度方程为

$$\nabla \times \boldsymbol{E} + i\omega\mu \boldsymbol{B} = 0 \tag{5.1}$$

$$\nabla \times \boldsymbol{H} - \sigma \boldsymbol{E} = \boldsymbol{J}^s \tag{5.2}$$

式（5.1）中，$\boldsymbol{B}$ 为磁感应强度，μ 为磁导率，$\boldsymbol{B}=\mu\boldsymbol{H}$，本研究不考虑磁导率变化对电磁场的影响，故取真空中磁导率 μ_0；ω 为角频率，其值等于 $2\pi f$，f 为频率；i 为虚数单位，即 $\mathrm{i}=\sqrt{-1}$。式（5.2）中，σ 为地电模型电导率；$\boldsymbol{J}^s$ 为场源电流密度。将式（5.2）代入式（5.1），得频率域电场总场双旋度方程：

$$\nabla \times \nabla \times \boldsymbol{E} + \mathrm{i}\omega\mu_0\sigma \boldsymbol{E} = -\mathrm{i}\omega\mu_0 \boldsymbol{J}^s \tag{5.3}$$

5.1.2　有限单元法分析

本研究中，将计算区域剖分为有限多个四面体单元。点（x，y，z）处的电场矢量场可由其所在四面体单元各条棱边的电场和矢量基函数表示，有

$$\tilde{\boldsymbol{E}}(x,\ y,\ z) = \sum_{j=1}^{6} \boldsymbol{N}_j E_j \tag{5.4}$$

式中，矢量基函数 $\boldsymbol{N}_j$ 详见相关文献（Jin，2014）。

以式（5.3）为控制方程，参考 4.1.5 节中矢量有限单元法分析的过程，可形成如下方程组：

$$\sum_{e=1}^{N}\left(\sum_{j=1}^{6} \boldsymbol{A}_e E_{ej} + \mathrm{i}\omega\mu_0\sigma_e \sum_{j=1}^{6} \boldsymbol{B}_e E_{ej}\right) = \boldsymbol{C} \tag{5.5}$$

计算区域 Ω 被剖分为 N 个四面体，$\boldsymbol{A}_e = \int_{\Omega_e} (\nabla \times \boldsymbol{N}_k) \cdot (\nabla \times \boldsymbol{N}_j) \mathrm{d}\Omega_e$，$\boldsymbol{B}_e = \int_{\Omega_e} \boldsymbol{N}_k \cdot \boldsymbol{N}_j \mathrm{d}\Omega_e$，$k = 1, \cdots, 6$。场源项仅在含有场源的单元内不为零，表达式为 $\boldsymbol{C} = -\int_{\Omega_e} \mathrm{i}\omega\mu_0 \boldsymbol{N}_k \cdot \boldsymbol{J}_e^s \mathrm{d}\Omega_e$。这些公式的详细推导请见附录 B。

磁场 $\tilde{\boldsymbol{H}}$ 可表示为

$$\tilde{\boldsymbol{H}} = \frac{-1}{\mathrm{i}\omega\mu_0} \sum_{j=1}^{6} \nabla \times \boldsymbol{N}_j E_j \tag{5.6}$$

式（5.6）中，矢量基函数的旋度可表示为（Jin，2014）

$$\nabla \times \boldsymbol{N}_j = 2 l_j (\nabla N_{j1} \times \nabla N_{j2}) \tag{5.7}$$

5.1.3　场源分析

当场源为沿 x 轴方向分布的电偶源时，电流密度 $\boldsymbol{J}^s$ 为（Ward and Hohmann，1988）

$$\boldsymbol{J}^s = I \mathrm{d}x \delta(x) \delta(y) \delta(z) \ \boldsymbol{x} \tag{5.8}$$

式中，I 与 $\mathrm{d}x$ 分别为电流强度与 x 轴方向长度；δ 为狄拉克函数。

当场源为接地长导线源时，为了消除场源对近区数值解的不利影响，需将接地长导线划分为有限多段，每段均可视为一个电偶源。假设沿 x 轴方向布置的接地长导线被划分为 M 段，且分布于 M 个单元中；第 m 个网格单元中的发射源 x 轴方向长度为 $\mathrm{d}x_m$、坐标为 x_m，而 M 段导线的 y 和 z 坐标分别为 y_0 和 z_0，且保持不变，那么电流密度 $\boldsymbol{J}^s$ 为（李建慧等，2016b）

$$\boldsymbol{J}^s = \sum_{m=1}^{M} I \mathrm{d}x_m \delta(x - x_m) \delta(y - y_0) \delta(z - z_0) \ \boldsymbol{x} \tag{5.9}$$

如果场源为矩形发射回线，且其四条棱边依次被分为 M_{x1}、M_{y1}、M_{x2} 和 M_{y2} 个水平电偶源（图 5.1），那么电流密度 $\boldsymbol{J}^s$ 为（Li et al.，2017）

$$\boldsymbol{J}^s = \begin{cases} \sum_{m=1}^{M_{x_1}} I\mathrm{d}y_m \delta(x - x_1) \delta(y - y_m) \delta(z - z_0) \boldsymbol{y} \\ - \sum_{m=1}^{M_{y_1}} I\mathrm{d}x_m \delta(x - x_m) \delta(y - y_1) \delta(z - z_0) \boldsymbol{x} \\ - \sum_{m=1}^{M_{x_2}} I\mathrm{d}y_m \delta(x - x_2) \delta(y - y_m) \delta(z - z_0) \boldsymbol{y} \\ + \sum_{m=1}^{M_{y_2}} I\mathrm{d}x_m \delta(x - x_m) \delta(y - y_2) \delta(z - z_0) \boldsymbol{x} \end{cases} \tag{5.10}$$

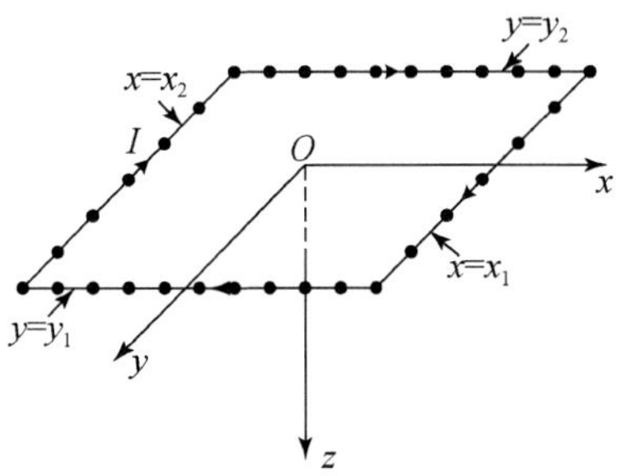

图 5.1　矩形发射回线示意图

野外工作时，回线源形状并非都是矩形，即回线源的所有边并非都沿 x 轴和 y 轴方向布置；部分边可能与 x 轴和 y 轴斜交。矢量有限单元法加载场源时，首先把发射回线划分为 M 段电偶源，再把每个电偶源分解为一对与坐标轴平行的等效正交电偶源（李建慧等，2017）。如图 5.2 所示，令 M 段电偶源的中心坐标为（x_m，y_m，z_0），x 轴和 y 轴方向的投影长度为 $\mathrm{d}s_m^x$ 和 $\mathrm{d}s_m^y$，且 x 轴方向投影的 y 坐标为 y_m^x，y 轴方向投影的 x 坐标为 x_m^y，那么电流密度 $\boldsymbol{J}^s$ 为

$$\boldsymbol{J}^s = \sum_{\mathrm{m}=1}^{\mathrm{M}} \mathrm{I}d\mathrm{s}_{\mathrm{m}}^{\mathrm{x}}\delta(\mathrm{x}-\mathrm{x}_{\mathrm{m}})\delta(\mathrm{y}-\mathrm{y}_{\mathrm{m}}^{\mathrm{x}})\delta(\mathrm{z}-\mathrm{z}_0)\boldsymbol{x} + \sum_{m=1}^{M} I\mathrm{d}s_m^y\delta(x-x_m^y)\delta(y-y_m)\delta(z-z_0)\boldsymbol{y} \tag{5.11}$$

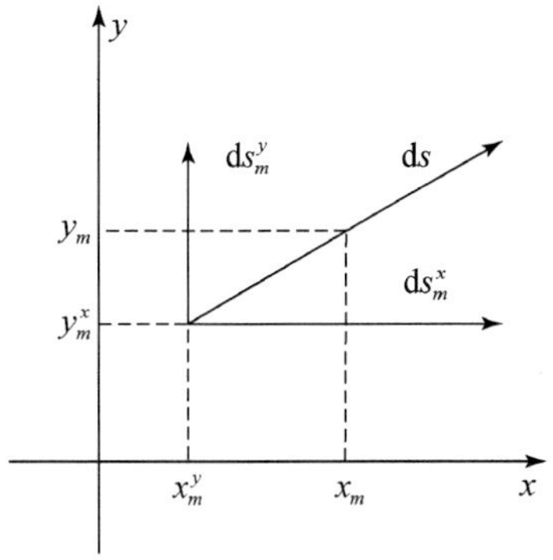

图 5.2　电偶源 ds 被分解为一对与坐标轴平行的等效正交电偶源

发射源也可能铺设于起伏地形之上。如图 5.3 所示，一个铺设于起伏地表的电偶源 ds 可进一步分解成沿 x 轴和 y 轴方向的两个水平电偶源和沿 z 轴方向的一个垂直电偶源（Li et al.，2018）。c_x、c_y 和 c_z 为这三个电偶源的长度系数，其表达式依次为 $\sin(\beta)\cos(\alpha)$、$\sin(\beta)\sin(\alpha)$ 和 $\cos(\beta)$；（x_x，y_x，z_x）、（x_y，y_y，z_y）和（x_z，y_z，z_z）分别表示这三个电偶源的坐标中点。那么电流密度 $\boldsymbol{J}^s$ 为

$$\boldsymbol{J}^s = I\mathrm{d}s[c_x\delta(x-x_x)\delta(y-y_x)\delta(z-z_x)\boldsymbol{x} + c_y\delta(x-x_y)\delta(y-y_y)\delta(z-z_y)\boldsymbol{y} + c_z\delta(x-x_z)\delta(y-y_z)\delta(z-z_z)\boldsymbol{z}] \tag{5.12}$$

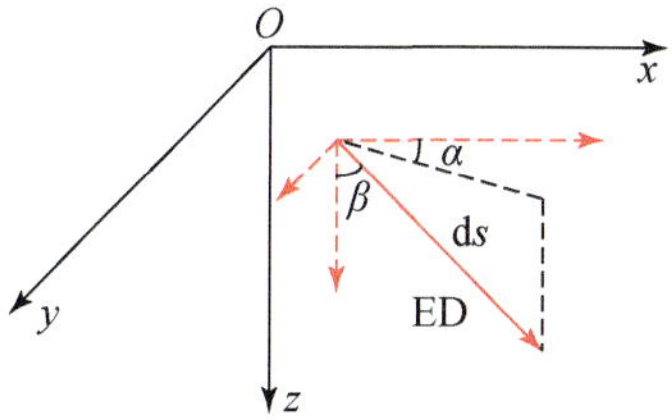

图 5.3　电偶源 ds 被分解为正交的两个水平电偶源和一个垂直电偶源

5.2　时间域矢量有限单元法

5.2.1　空间域离散

采用时步法获取电磁场数值解是时间域电磁法三维正演的另一有效思路。准静态条件下，时间域电场总场 $\boldsymbol{e}$ 双旋度方程为

$$\nabla\times\left[\frac{1}{\mu_0}\nabla\times\boldsymbol{e}(t)\right]+\sigma\frac{\partial\boldsymbol{e}(t)}{\partial t}+\frac{\partial\boldsymbol{j}_e^s(t)}{\partial t}=0 \tag{5.13}$$

式中，$\boldsymbol{j}_e^s(t)$ 为电流密度 $\boldsymbol{J}^s$ 的时间域形式。参照频率域矢量有限单元分析的思路，时间域矢量有限单元方程可写作

$$\boldsymbol{A}\frac{\mathrm{d}\boldsymbol{u}(t)}{\mathrm{d}t}+\boldsymbol{B}\boldsymbol{u}(t)+\boldsymbol{S}=0 \tag{5.14}$$

式中，$\boldsymbol{A}$ 和 $\boldsymbol{B}$ 为 $N\times N$ 大小的矩阵；$\boldsymbol{u}$ 为 $N\times 1$ 大小的矩阵，其元素为各棱边的电场强度，N 为棱边数目。对于任一单元 te，系数矩阵 $\boldsymbol{A}_{te}=\sigma\int_{\Omega_{te}}\boldsymbol{N}_k\cdot\boldsymbol{N}_j\mathrm{d}\Omega_{te}$，$\boldsymbol{B}_{te}=\frac{1}{\mu_0}\int_{\Omega_{te}}(\nabla\times\boldsymbol{N}_k)\cdot(\nabla\times\boldsymbol{N}_j)\mathrm{d}\Omega_{te}$，$\boldsymbol{u}=[e_1^{te}, e_2^{te}, e_3^{te}, e_4^{te}, e_5^{te}, e_6^{te}]^{\mathrm{T}}$。对于回线源分布的四面体单元，场源项不为零，其表达式为 $\boldsymbol{S}=\int_{\Omega_e}\boldsymbol{N}_k\cdot\partial\boldsymbol{j}_e^s(t)/\partial t\mathrm{d}\Omega_e$。

5.2.2　时间域离散

后退欧拉法是一种隐式差分格式，优点是时间步长不再受 CFL 条件限制，但每次迭代均需求解大型方程组。本研究中，我们采用一阶后退欧拉法离散式(5.14)，有

$$(\boldsymbol{A}+\Delta t\boldsymbol{B})\boldsymbol{u}^{k+1}(t)=\boldsymbol{A}\boldsymbol{u}^k(t)-\Delta t\boldsymbol{S}^{k+1} \tag{5.15}$$

式中，Δt 为时间步长，k 为迭代次数，其值大于等于 0。k 等于 0 时，算法进行第一次迭代，需要给出初始电场。对于接地线源，当采用下阶跃波形时，需利用直流电阻率三维正演求取电场作为初始值；而对于不接地回线源，当采用下阶跃波形时，电场初始值处处为零。考虑到电磁场的自然衰减，每次迭代都将计算区域外边界处的电场设置为零。

5.2.3　求解方程组

由式（5.15）可知，当时间步长 Δt 不变时，方程组系数矩阵将保持不变。采用直接法求解时，分解一次系数矩阵，可用于计算多个时刻的电场值。相比于迭代法，直接法可能拥有更高的求解效率。

图 5.4 是时间域矢量有限单元法算法流程图。除了计算系数矩阵和初始电场 $\boldsymbol{u}^0$ 外，还需确定初始时间步长 Δt、时间递增倍数 λ 和单个时间步长迭代次数 n；再采用 MUMPS 分解系数矩阵 $\boldsymbol{A}+\Delta t\boldsymbol{B}$；然后计算第 $k+1$ 次迭代的右端项 $\boldsymbol{S}^{k+1}$，并

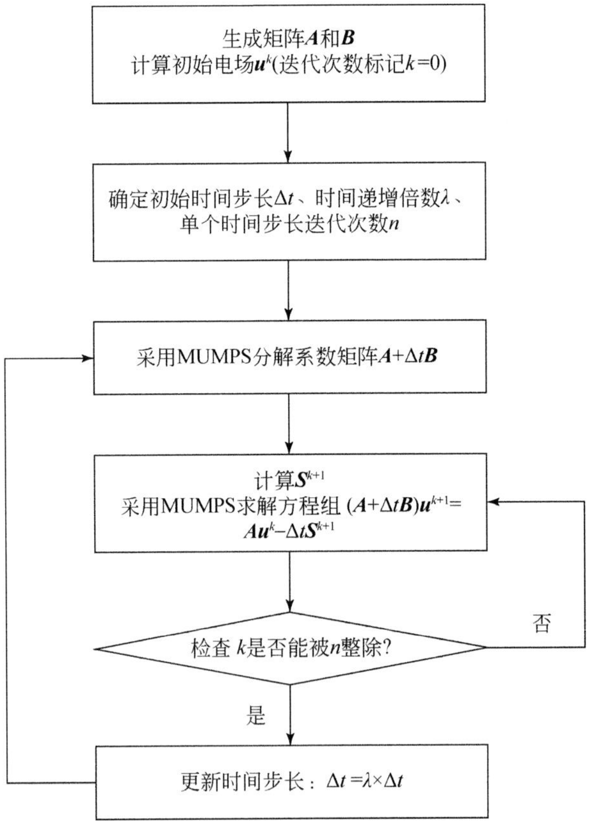

图 5.4　时间域矢量有限单元法算法流程图

采用 MUMPS 求解方程组。每次迭代中，检查 k 是否能被 n 整除。如果能被整除，那么更新时间步长，并按新时间步长迭代计算；如果不能被整除，那么按原有时间步长继续迭代计算。获得某一时刻电场强度后，采用式（5.16）求取磁感应强度脉冲响应：

$$\frac{\partial \tilde{\boldsymbol{b}}(t)}{\partial t} = -\sum_{j=1}^{6} \nabla \times \boldsymbol{N}_j e_j(t) \tag{5.16}$$

5.3　确定计算区域

本研究采用的开源代码或程序如下：求解方程组采用 MUMPS 5.0.0（Amestoy et al.，2006）、非结构化四面体网格剖分采用 TetGen 1.5.1-beta1（Si，2015），而非结构化四面体网格显示采用 ParaView 4.3.1（Ayachit，2015）。另外，计算环境为：采用 Linux Ubuntu 14.04 系统和 GNU FORTRAN 编译器，硬件为 Intel Xeon CPU E5-2640 v3 处理器、128G 内存台式机。

目前，如何精确地确定计算区域尺度仍是电磁法三维正演一个值得进一步研究的问题。通常，地球物理学家喜欢设置一个“足够大”的计算区域以获得精确的数值解。例如，Ren 等（2013）开展大地电磁法三维正演时，将计算区域边界与异常体之间的距离设置为 5～10 的趋肤深度。又如，Chung 等（2014）开展人工源电磁法三维正演时，将计算区域边界与研究区域之间的距离也设置为几倍的趋肤深度。然而，任何场源在远源区激发的电磁场与电偶源或磁偶源激发的电磁场类似，均按 R^3 衰减，其中 R 为收发距。因此，数值模拟中使用“足够大”的计算区域是没有必要的。

下面，我们通过数值实验确定矢量有限单元法三维正演中的计算区域尺度。矩形发射回线尺度为 100m×100m 和 500m×500m，均被视为由 20 段电偶源组成。测点位于回线中心。地电模型为 0.1S/m、0.01S/m 和 0.001S/m 的均匀半空间。787 系数的正弦和余弦变换用于求取时间域磁场脉冲响应，采用矢量有限单元法只计算了 43 个频点的频率域响应。这些频率分布于 1～10^7 Hz，每个数量级含有 6 个频点。对于 100m×100m 和 500m×500m 的发射回线，最晚观测时刻分别为 6.98ms 和 32.9ms。计算边界尺度（计算区域中心至边界）设置为 1～2 倍的趋肤深度。趋肤深度按照 $503\sqrt{1/\sigma f}$ 估计，其中 σ 为电导率、f 为频率（Ward and Hohmann，1988）。数值模拟时，43 个频点均采用同一计算区域尺度，该尺度由 1Hz 的趋肤深度确定。TetGen 中，四面体外接圆半径与其最短棱边的最大比值设置为 1.4，二面角最小值设置为 15°。

图 5.5 和图 5.6 分别给出了对于 100m×100m 和 500m×500m 的发射回线，基于每个计算区域尺度生成的线性方程组自由度、频率域和时间域相对误差。如图 5.5（a）和图 5.6（a）所示，随着计算区域尺度增大，自由度呈现出波动现象，并没有显著增大。这种现象说明，相比于一个小尺度的计算区域，采用 TetGen 生成网格时一个大尺度的计算区域并不一定会生成更加复杂的网格。这还说明采用非结构化四面体网格的三维正演中，即使将计算边界远离研究区域，也不会产生冗余网格。如图 5.5（b）和图 5.6（b）所示，频率域实部相对误差明

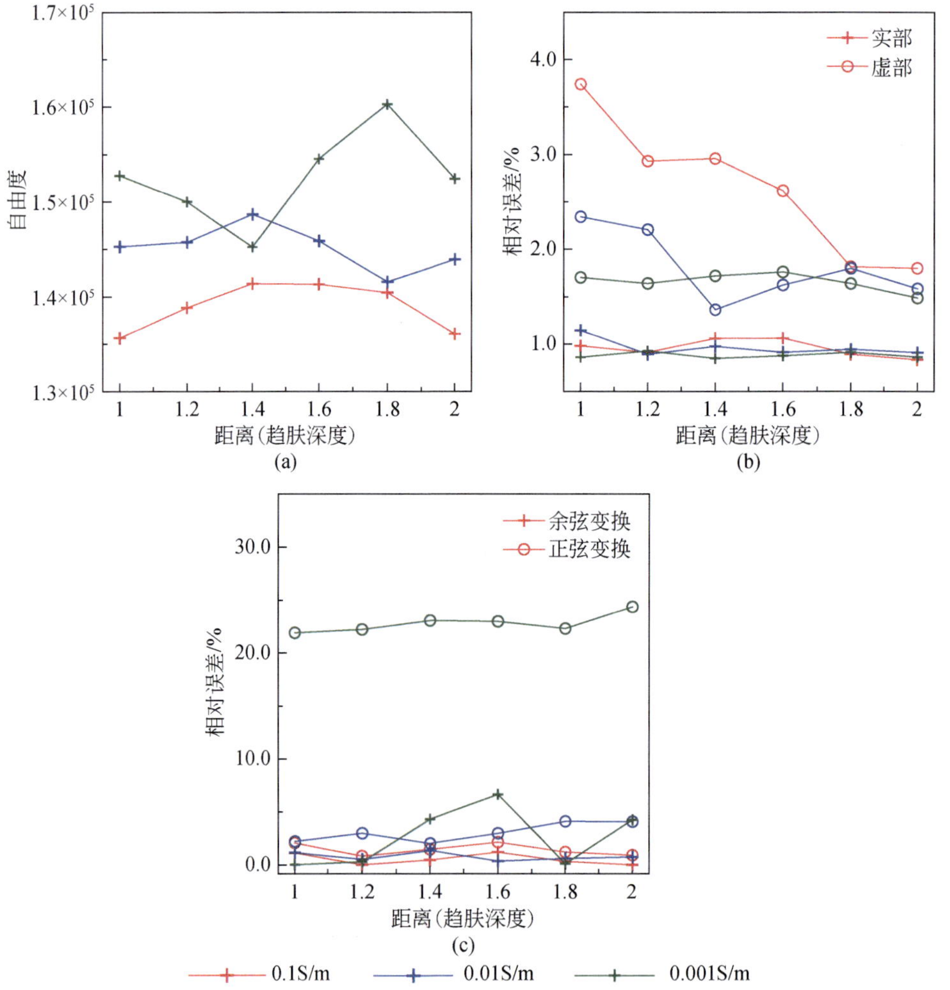

图 5.5　100m×100m 发射回线的计算区域估计，模型为 0.1S/m、0.01S/m 和 0.001S/m 均匀全空间

（a）为网格自由度数目；（b）和（c）分别为频率域（1Hz）和时间域（6.98ms）相对误差

水平轴名称是指计算区域中心到计算边界的距离

显小于虚部误差，两者均随着计算区域尺度增大而逐渐降低。100m×100m 发射回线计算结果的相对误差小于 500m×500m 的发射回线的相对误差。例如，对于 0.1S/m 均匀半空间，当计算区域尺度仅为 1 个趋肤深度时，100m×100m 和 500m×500m 发射回线的虚部相对误差分别为小于 4% 和大于 12%。时间域相对误差很大程度上由频率域相对误差决定。对于 100m×100m 发射回线，大部分相对误差均小于 5%，但利用正弦变换计算的 0.001S/m 均匀半空间相对误差是一个例外，如图 5.5（c）所示。对于 500m×500m 发射回线，随着计算区域尺度增大，相对误差从 15% 左右降至小于 5%，但利用正弦变换计算的 0.001S/m 均匀半空间相对误差仍是一个例外，如图 5.6（c）所示。这种现象说明发射源尺度对计算区域尺度有着重要影响，即大尺度发射源往往需要设置一个大尺度的计算

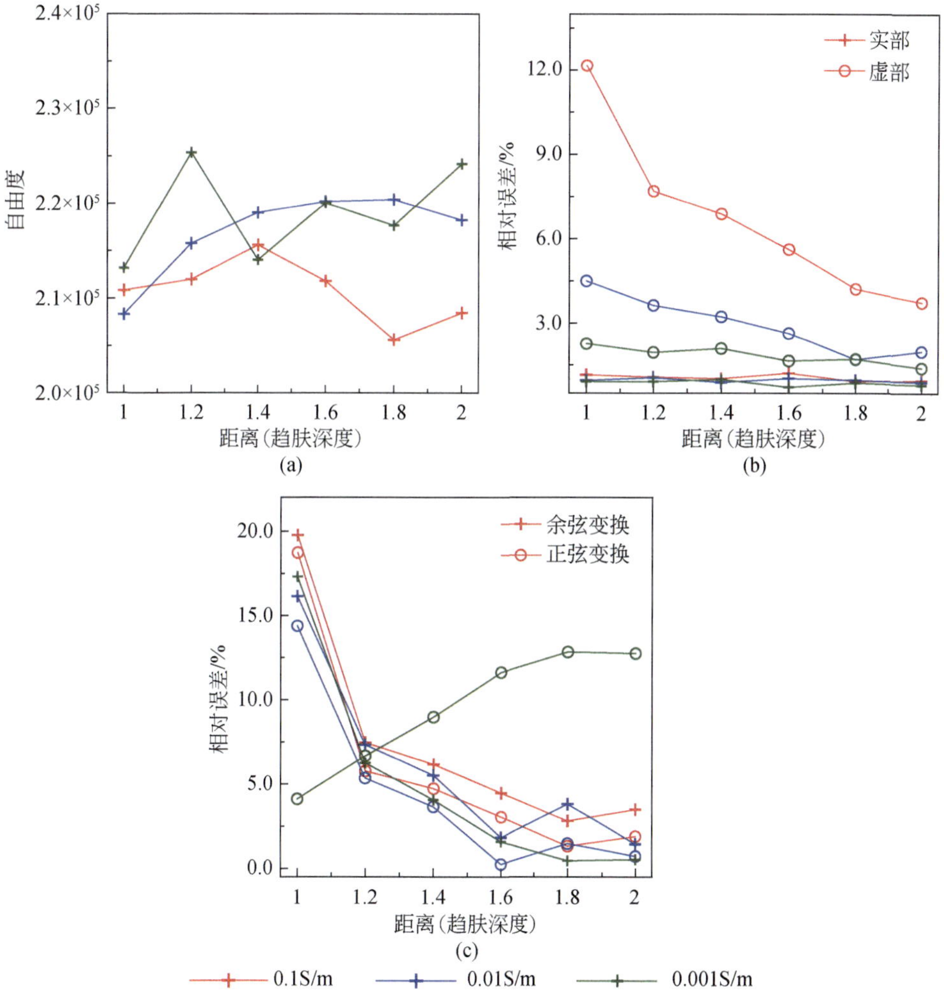

图 5.6　与图 5.5 类似，但发射回线尺度为 500m×500m，时间域相对误差的观测时刻为 32.9ms

区域。后续研究中，我们将设置计算区域边界与回线中心之间距离为 1.6 倍的趋肤深度，并将选用 787 系数的余弦变换求取时间域响应。

采用时间域矢量有限单元法时，通常根据最晚观测时刻确定计算区域大小。例如，最晚观测时刻为 100ms，其对应的频率为 10Hz，再根据上述频率域方法确定计算区域大小。

5.4　矩形回线源瞬变电磁法

本节采用余弦变换求取时间域响应，需计算 43 个频点的频率域响应。这些频率分布于 $1\sim10^7$Hz，每个数量级含 6 个频点。

5.4.1　块状高导体模型

地电模型如图 5.7（a）所示；一个电导率为 2S/m 的块状体埋藏于电阻率为

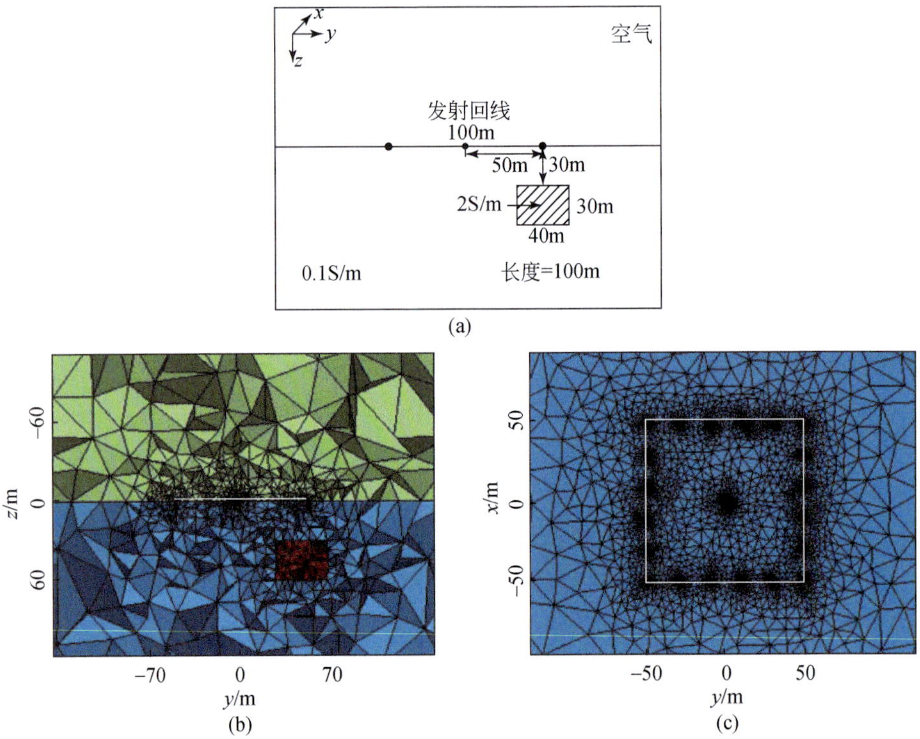

图 5.7　块状高导体模型示意图和网格剖分图

（a）为模型断面图（$x=0$m）；（b）为网格剖分中心区域断面图（$x=0$m）；（c）为网格剖分中心区域平面图（$z=0$m）。白色线框表示 100m×100m 的发射回线

0. 1S/m 的均匀半空间，块状体顶部埋深 30m、长 100m、宽 40m 和高 30m。空气层电导率设置为 10^{-8}S/m。采用中心回线装置，发射回线尺度为 100m×100m。这一模型最早由 Newman 等（1986）利用积分方程法三维正演时引入。

发射回线被划分为 20 段，加密点布置于回线中心和发射回线每一段起点附近区域。计算区域大小设置为 5km×5km×5km，所有频率均采用这一计算区域。本例中，外接圆半径与四面体最短棱边最大比值为 1. 4，二面角最小值为 15°。计算区域被划分为 133477 个四面体，以及 155517 条棱边；块状高导体区域的四面体最大体积设置为 200m^3，并被划分为 1967 个四面体，最终网格详见图 5. 7（b）和（c）。发射回线被划分为 1174 段，平均长度仅为 0. 34m。本例耗时约为 30min。

首先，我们对比均匀半空间模型的有限单元法解（FE）与解析解。如图 5. 8（a）和（b）所示，有限单元法解与解析解吻合良好，20 个计算时刻的相对误差均小于 1. 4% 。然后，我们对比了块状高导体模型的有限单元法解（FE）（本研究；Li et al. , 2011）、积分方程法解（IE）（Newman et al. , 1986）、时间域有限差分法解（FDTD）（Wang and Hohmann，1993）。Li 等（2011）采用的矢量有限单元法基于背景场/异常场算法和结构化矩形块单元，块状高导体被剖分为 120 个 10m×10m×10m 的矩形块单元。Li 等（2011）最初使用了 Gaver-Stehfest 算法计算时间域响应。本研究采用了计算精度更高的 Euler 算法（$M=7$）（Li et al. , 2016）和余弦变换。如图 5. 8（c）所示，在 0. 0001 ~ 0. 001s，本研究有限单元法解与积分方程法解（IE）吻合较好，而比时间域有限差分法解（FDTD）略小；从 0. 001s 至最晚时刻，有限单元法解与 FDTD 结果吻合较好，而比 IE 结果略大。如图 5. 8（c）和（d）所示，两种有限单元法计算的总场始终吻合较好，但异常场差异明显。

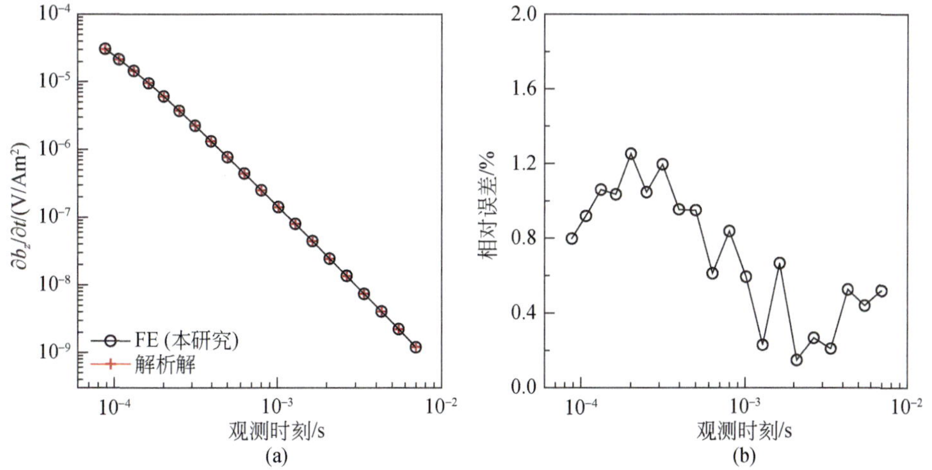

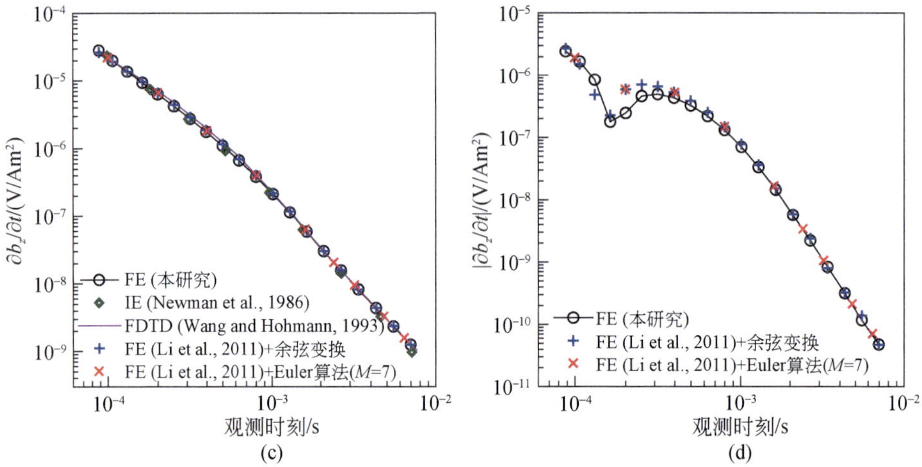

图 5.8　块状高导体模型的磁感应强度脉冲响应 $\partial b_z/\partial t$

（a）和（b）分别为 0.1S/m 均匀半空间模型的解析解、有限单元法解及其相对误差；

（c）和（d）分别为块状高导体模型的总场和异常场数值解

我们进一步分析了用于剖分块状高导体的四面体最大体积对异常场的影响。这一体积被降低至 10m^3，并被改变为无限制最大值，用于剖分高导体的四面体数目也相应地改变为 32823 和 422。如图 5.9 所示，三种情形的异常场只呈现出略微差异。因此，图 5.8（d）中显示的异常场差异应由有限单元法本身引起，即总场算法和背景场/异常场算法引起。需要说明的是，IE 和 FDTD 数值解直接从 Wang 和 Hohmann（1993）的文章中读取，其精度低于直接计算的数值解，因此我们并未计算这两种方法的异常场。

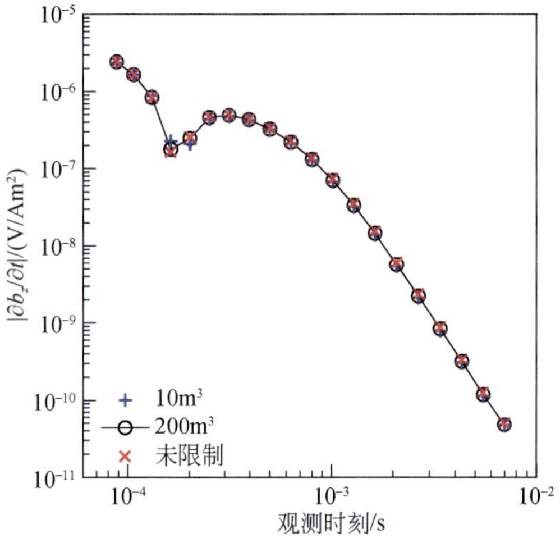

图 5.9　块状高导体模型的磁感应强度异常场脉冲响应

5.4.2　垂直接触带模型

这一模型最早由 Commer 和 Newman（2004）利用时间域有限差分法开展接地线源三维正演时引入。地电模型如图 5.10（a）所示，厚 50m 的覆盖层电导率为 0.1S/m，覆盖层下介质又可分为两部分，左侧和右侧电导率分别为 0.01S/m 和 0.0033333S/m，其中右侧含有一形态复杂的高导体，用于表示沿接触面的矿化带，其电导率为 1S/m。这一高导体宽约 100m、沿走向延伸 400m，深度方向延伸约 500m。空气层电导率仍设置为 10^{-8}S/m。发射回线尺度为 100m×100m，其中心坐标为（0，50，0）m；四个接收点坐标为（0，50，0）m、（0，150，0）m、

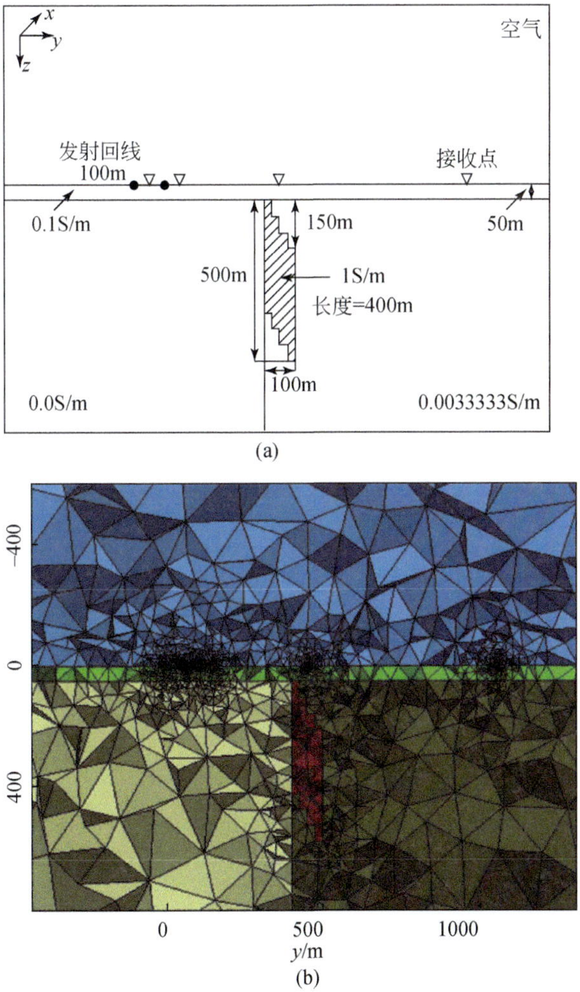

图 5.10　垂直接触带模型示意图和网格剖分图

（a）为模型断面图（$x=0$m）；（b）为网格剖分中心区域断面图（$x=0$m）

(0, 450, 0)m 和 (0, 1050, 0)m。计算区域设置为 12km×12km×12km，并被剖分为 1272687 个四面体和 1487263 条棱边。考虑到模型复杂性，本例未再约束用于剖分高导体的四面体最大体积，高导体被剖分为 1852 个四面体，网格剖分可见图 5. 10 (b)。

图 5. 11 展示了垂直接触带模型的矢量有限单元法解、时间域有限差分法解 (Li and Huang, 2015) 和时间域拟态有限体积法解 (周建美等, 2018)。由图 5. 11可看出，三种数值解吻合程度高，仅在脉冲响应符号由负转正处差异较大。

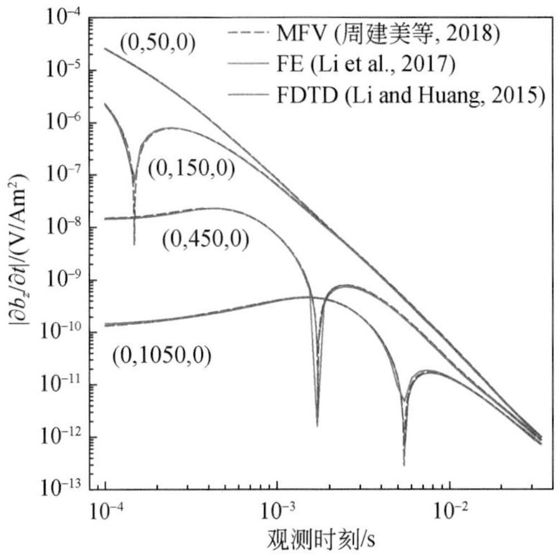

图 5. 11　垂直接触带模型的磁感应强度脉冲响应 $\partial b_z/\partial t$

5. 4. 3　简单地形模型

图 5. 12 为简单地形模型的示意图和网格剖分图。该模型地下介质存在一个 400m×400m×200m 的凹陷，其地面投影中心坐标为 (0, -400, 0)m；该模型还存在一个 400m×400m×200m 的凸起，其地面投影中心坐标为 (0, 400, 0)m。地下介质和空气层电导率分别设置为 0. 01S/m 和 10^{-5}S/m。100m×100m 的矩形发射回线铺设于地表，其中心与坐标原点重合。四个测点坐标分别为 (-400, 0, 200)m、(0, 0, 0)m、(400, 0, -200)m 和 (0, 200, 0)m。

图 5. 13 展示了简单地形模型的矢量有限单元法解与时间域有限差分法解 (Li and Huang, 2015)。由图 5. 13 可看出：两种数值解吻合程度高，仅在脉冲响应符号由负转正处差异较大。

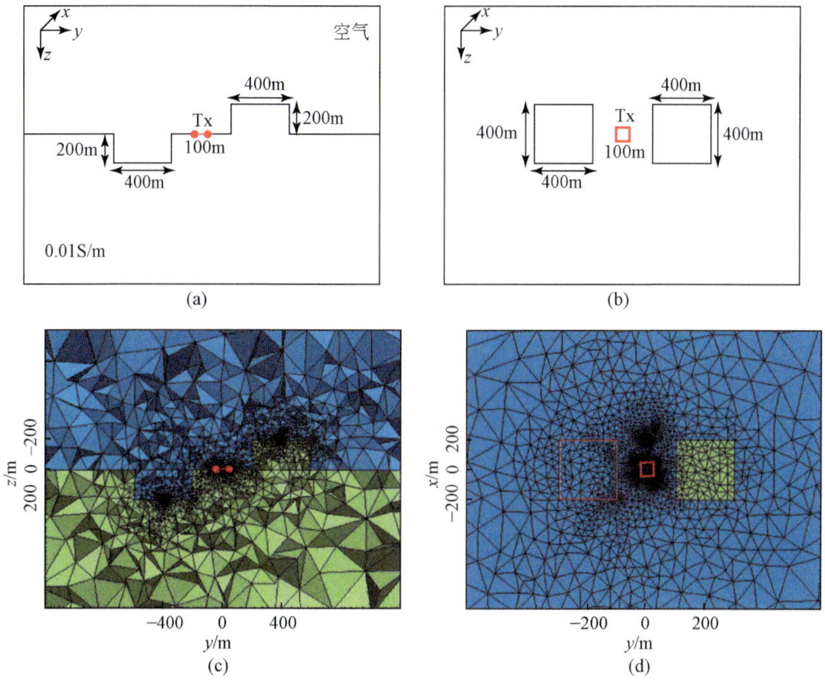

图 5.12 简单地形模型示意图和网格剖分图

（a）为模型断面图（$x=0$m）；（b）为平面图（$z=0$m）；（c）为网格剖分中心区域断面图（$x=0$m）；（d）为网格剖分中心区域平面图（$z=0$m）。红色线框表示 100m×100m 的发射回线

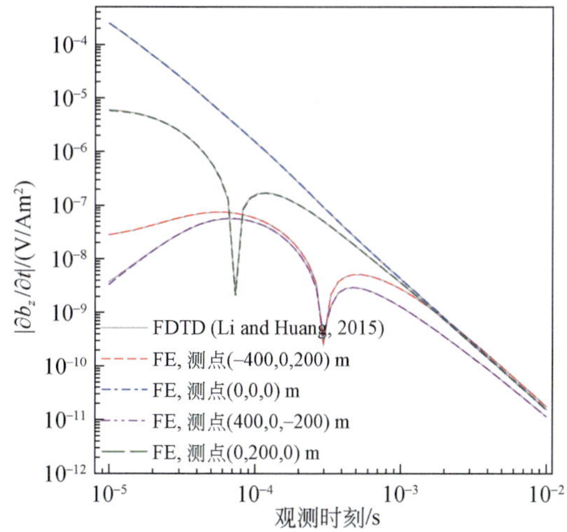

图 5.13 简单地形模型的磁感应强度脉冲响应 $\partial b_z/\partial t$

5.4.4 Ovoid 矿体模型

Ovoid 大规模硫化物矿体位于加拿大纽芬兰与拉布拉多省的 Voisey's 湾，其硫化物含量高达 70%。根据钻孔资料，该矿体长约 400m、宽约 300m、厚度约 115m。矿体形状详见图 5.14（a）、（b）和（c）。Jahandari 和 Farquharson（2014，2015）对该模型开展了航空频率域电磁法三维正演，矿体与围岩电导率分别被设置为 100S/m 和 0.001S/m。本研究中，我们将对该模型开展固定源回线瞬变电磁法的三维正演，电性参数保持不变。

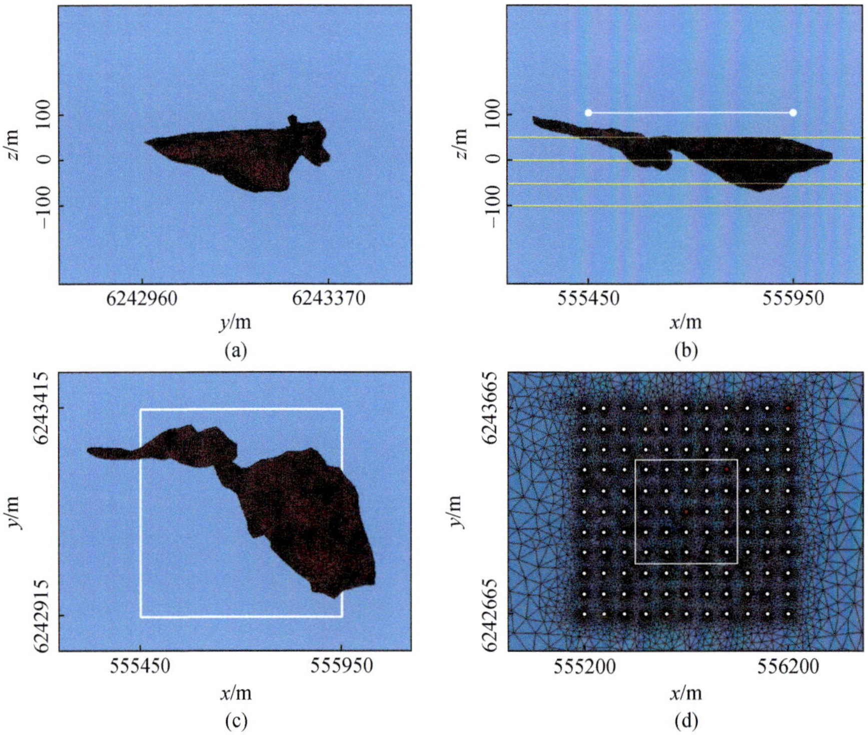

图 5.14　复杂形状高导体模型与发射回线和测点布置示意图

（a）和（b）分别为高导体在 y-z 和 x-z 平面的投影图；

（c）为矩形回线与矿体在海拔 110m 平面的位置关系；（d）为发射回线与测点的位置关系。

白色线框表示矩形回线，红色和白色实心点均表示测点，黄色虚线表示深度切片线

矩形发射回线的 x 坐标范围为［555450，555950］m，y 坐标范围为［6242915，6243415］m。121 个观测点分布于发射回线内外，详见图 5.14（d）。计算区域设置为 50km×50km×50km，并被剖分为 1235104 个四面体和 1436554 条棱边。采用这一网格，我们分别进行了均匀半空间模型（将矿体区域赋予围岩的电导率 0.001S/m）和高导矿体模型的三维正演。35 个观测时刻对数均匀地分布

于 0.01 ~ 32.9ms。

图 5.15 展示了均匀半空间模型和高导矿体模型的磁感应强度脉冲响应。对于均匀半空间模型，有限单元法解与解析解吻合良好，绝大多数相对误差均小于 5%。测点（0，0）m、（200，200）m 和（500，500）m 为相对于发射回线中心的局部坐标。对于测点（500，500）m，由于磁感应强度脉冲响应符号由负变正，0.085ms 时刻的相对误差较大。另外，测点（0，0）m 和（200，200）m 位于回线内侧，磁感应强度脉冲响应符号始终为正。对于高导矿体模型，磁感应强度脉冲响应符号出现了复杂变化。测点（0，0）m 处的磁感应强度脉冲响应符号始终为

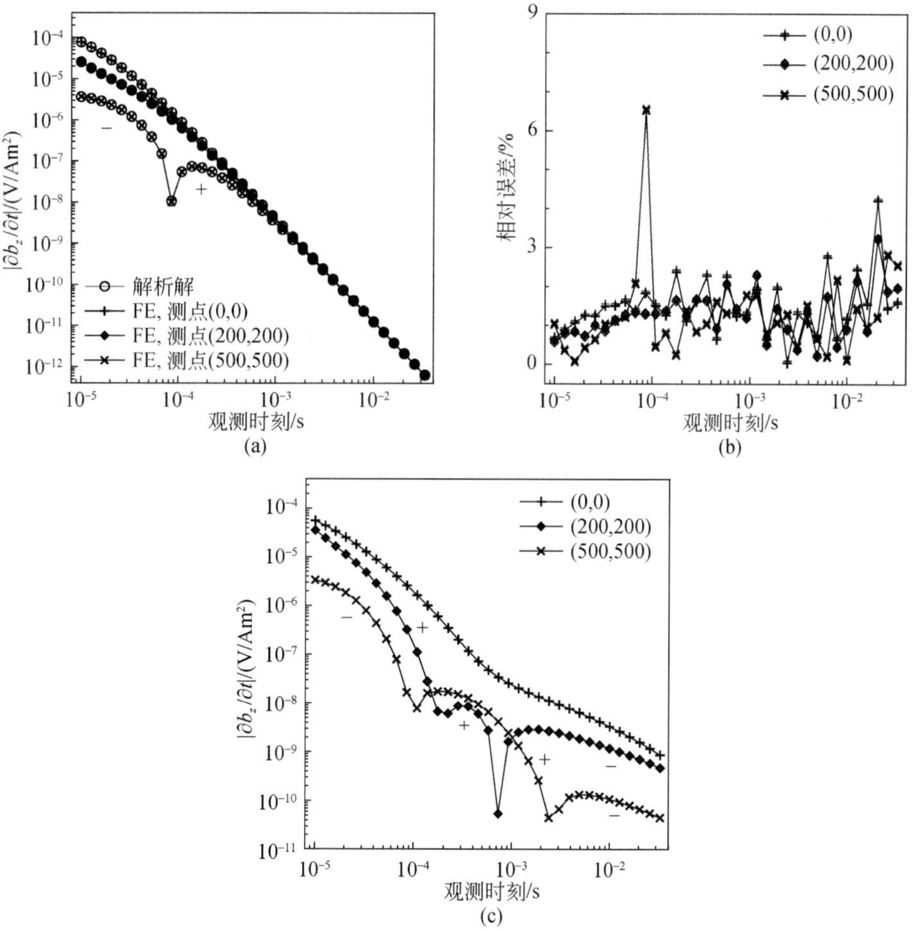

图 5.15　磁感应强度脉冲响应 $\partial b_z/\partial t$

（a）均匀半空间模型的脉冲响应；（b）均匀半空间模型解析解与有限单元法解的相对误差；（c）高导矿体模型的脉冲响应。“+”和“−”分别表示磁感应强度脉冲响应为正值和负值

正；测点（200，200）m 处的磁感应强度脉冲响应出现一次变号，即由正变负；测点（500，500）m 处的磁感应强度脉冲响应出现两次变号，即由负变正再变负。需要注意的是，测点（200，200）m 处磁感应强度脉冲响应在 0.2ms 时刻的拐点为一次未完成的符号转变。为了更好地理解磁感应强度脉冲响应的上述变化规律，我们绘制了不同时刻的磁感应强度脉冲响应等值线图，详见图 5.16 和图 5.17。

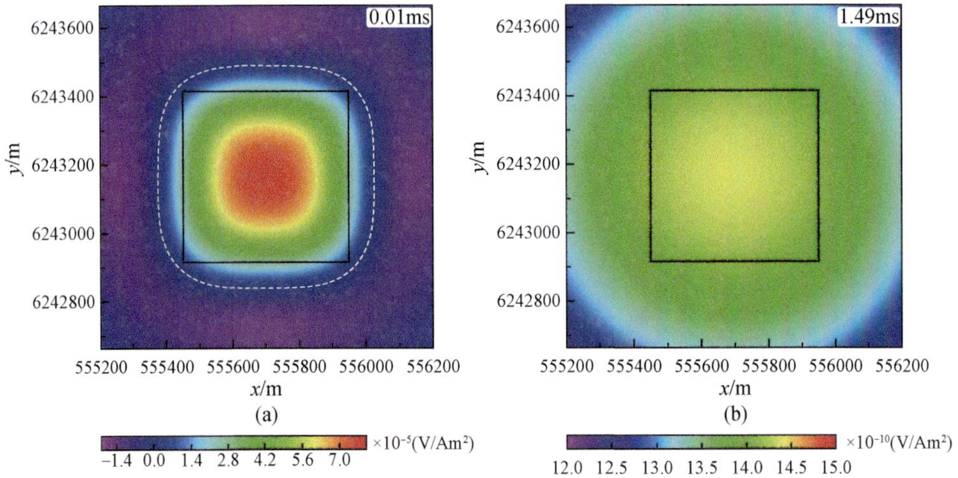

图 5.16　0.001S/m 均匀半空间模型的磁感应强度脉冲响应等值线图

(a) 0.01ms；(b) 1.49ms。

白色虚线表示磁感应强度脉冲响应正值与负值的分界线，黑色线框表示发射回线

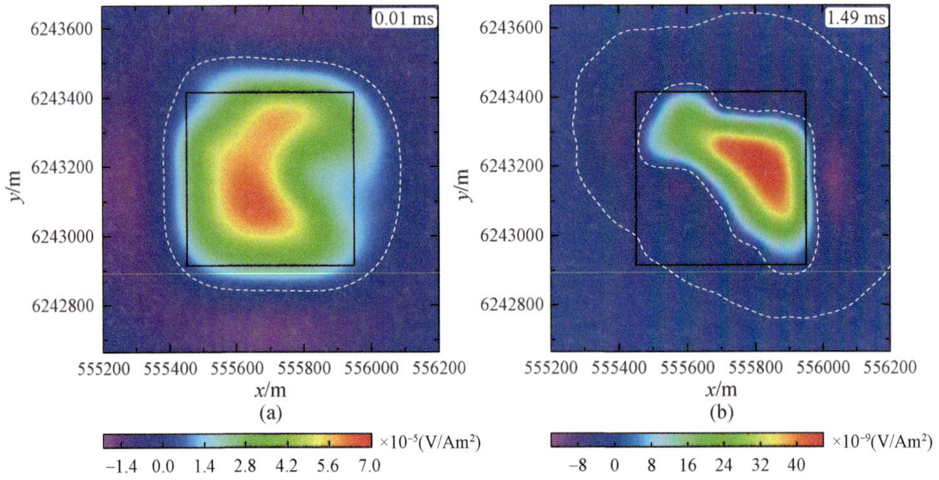

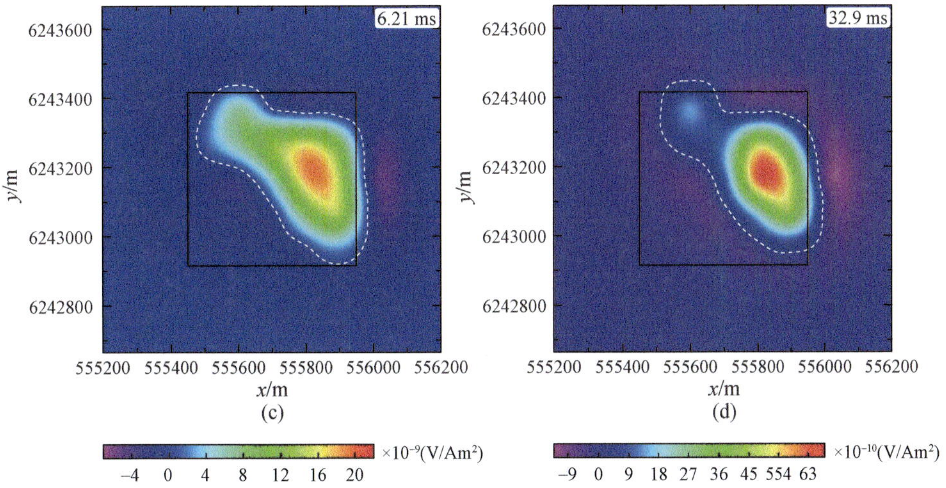

图 5.17　Ovoid 大规模硫化物矿床模型的磁感应强度脉冲响应等值线图

(a) 0.01ms；(b) 1.49ms；(c) 6.21ms；(d) 32.9ms。

白色虚线表示磁感应强度脉冲响应正值与负值的分界线，黑色线框表示发射回线

根据 Nabighian（1979）的“烟圈”理论（适用于均匀半空间介质）可知，磁场脉冲响应的衰减与地下介质中的涡流系统变化密切相关。当发射回线中的电流被关断时，一个感应涡流系统在地下介质中瞬间形成。随着观测时刻的增大，涡流系统的电流最大值从发射回线开始，不断向外、向下扩散。对于回线外的一特定观测点，当电流最大值通过该点瞬间后，其磁场脉冲响应改变符号（Ward and Hohmann，1988）。因此，回线内测点的磁场脉冲响应始终为正，而回线外测点的磁场脉冲响应经历一次变号，即由负变正，如图 5.16 所示。

由于 Ovoid 矿体与围岩电性差异巨大，图 5.17 揭示了一种更为复杂的电磁场扩散模式。如图 5.18 所示，外加电流刚关断时，涡流在浅层向外、向下扩散，其变化规律犹如均匀半空间介质，略受高导矿体影响。因此，早期磁感应强度脉冲响应正值主要出现在回线内，部分出现在紧邻回线外侧的区域［图 5.17（a）］。这也是图 5.15（c）中的测点（500，500）m 处磁感应强度脉冲响应变号的原因。随着观测时刻增大，由于矿体与围岩巨大的电性差异，大多数涡流集中于高导矿体分布区域，如图 5.19 所示。由图 5.14（c）可知，高导矿体在地面的大部分投影均在发射回线内部。因此，随着涡流被高导矿体吸引，回线内一些测点磁感应强度脉冲响应符号第一次改变，以及回线外一些测点磁感应强度脉冲响应符号第二次改变，详见图 5.15（c）和图 5.17（b）。

图 5.20 呈现了矿体模型在海拔 50m、0m、−50m 和 −100m 四个深度的形态切片。对比图 5.19 和图 5.20，我们可发现涡流形态（图 5.19）与矿体形态（图 5.20）非常吻合，这也验证了本研究涡流主要集中于矿体内的推断。

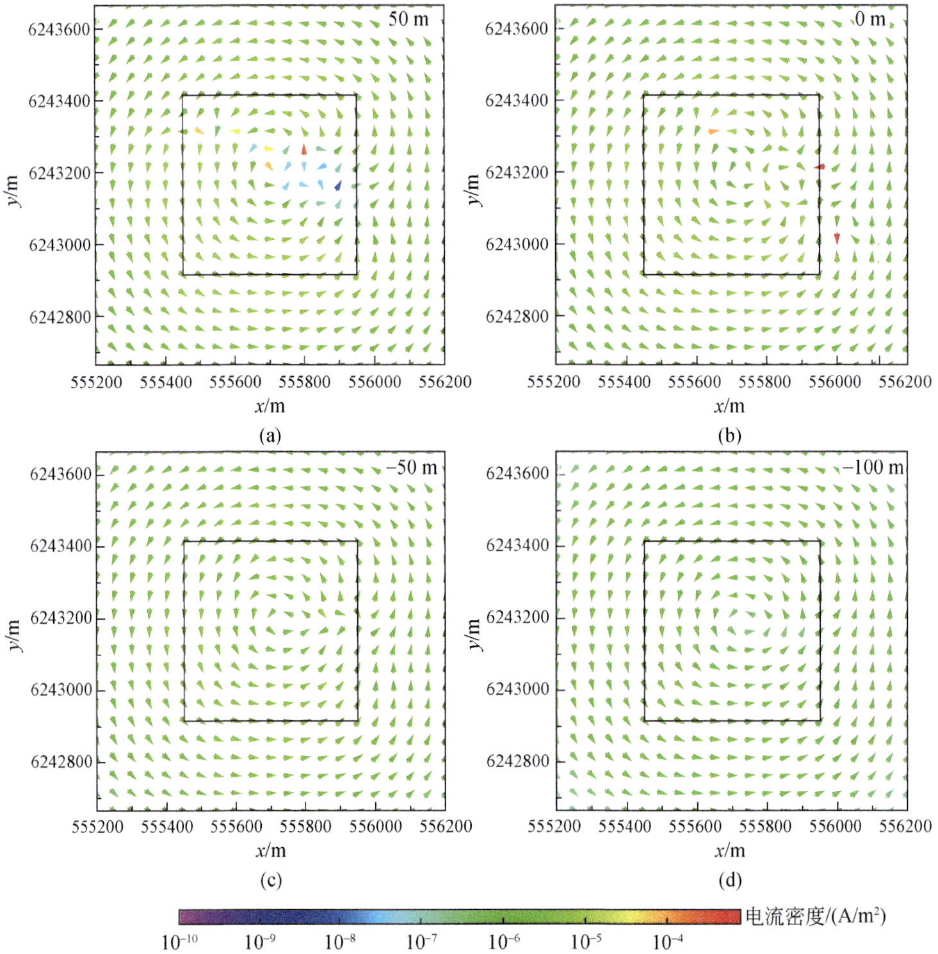

图 5.18　Ovoid 大规模硫化物矿床 0.01ms 时刻的涡流密度矢量切片图（黑色线框表示发射回线）

（a）海拔 50m；（b）海拔 0m；（c）海拔-50m；（d）海拔-100m

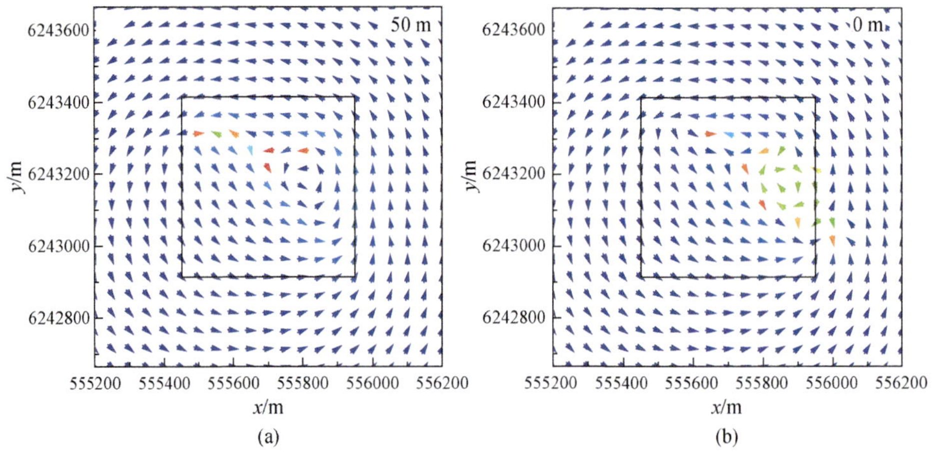

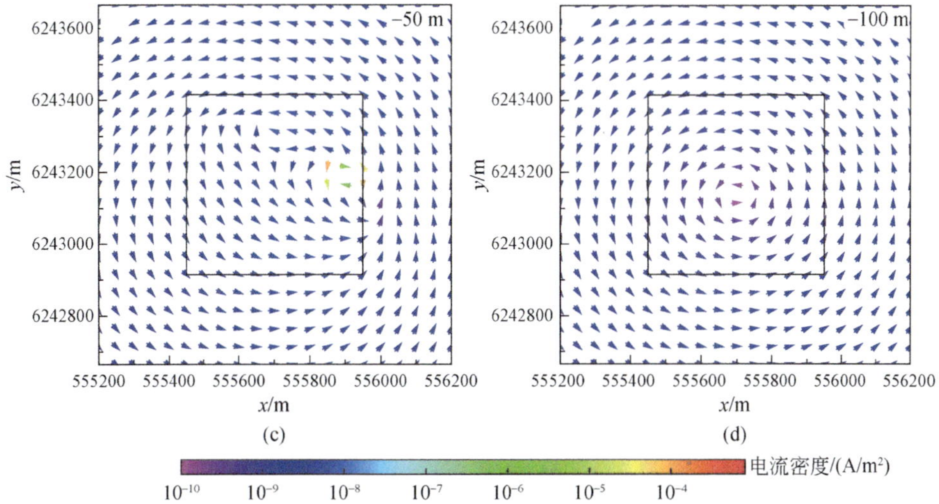

图 5.19　Ovoid 大规模硫化物矿床 1.49ms 时刻的涡流密度矢量切片图（黑色线框表示放射回线）

（a）海拔 50m；（b）海拔 0m；（c）海拔-50m；（d）海拔-100m

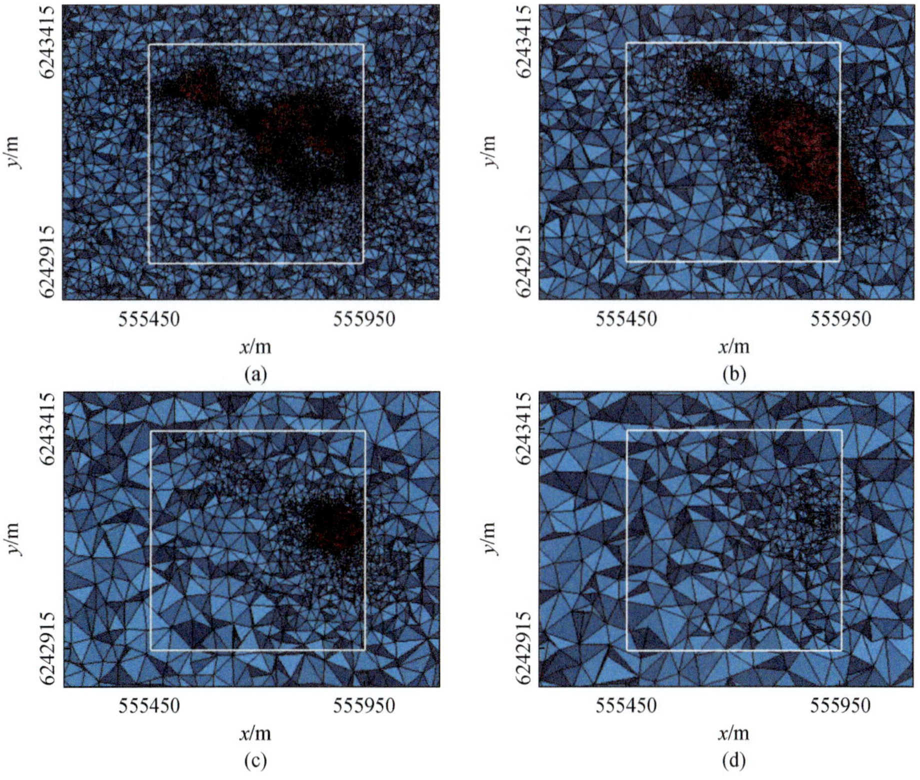

图 5.20　Ovoid 大规模硫化物矿床的四面体网格剖分深度切片图

（a）海拔 50m；（b）海拔 0m；（c）海拔-50m；（d）海拔-100m

5.5　复杂形态回线源瞬变电磁法

本节主要利用时间域矢量有限单元法（FETD）计算复杂回线激发下的时间域电磁场，包括以下三个模型：铺设于层状介质表面的圆形回线、铺设于倾斜界面的矩形回线和铺设于真实地形的复杂回线。

5.5.1　参数确定

本研究采用准下阶跃电流波形，即发射回线中电流瞬间减小至零。时间域矢量有限单元法中，可令电流密度项 $\boldsymbol{J}^s$ 在第一个时间步长内变为零，即只有第一个时间步长存在外加场源。另外，如 5.2 节所述，采用时间域矢量有限单元法时需首先确定初始时间步长 Δt、时间递增倍数 λ 和单个时间步长迭代次数 n。本小节采用铺设于均匀半空间表面的矩形回线模型确定这些参数。

首先确定初始时间步长 Δt。数值实验中，初始观测时间为 0s，初始时间步长设置为 10^{-6}s、10^{-7}s 和 10^{-8}s，时间步长递增策略为每 500 步递增 5 倍。为了保证最大观测时刻大于 50ms，时间迭代步数分别设置为 1800、2550 和 3200，其对应的初始时间步长依次为 10^{-6}s、10^{-7}s 和 10^{-8}s。均匀半空间电导率设置为 0.1S/m 和 0.001S/m。采用中心回线装置，发射回线为边长 100m 的方形回线。

图 5.21 和图 5.22 分别为 0.1S/m 和 0.001S/m 均匀半空间地电模型的时间域矢量有限单元解，以及其与解析解的相对误差。本例解析解的计算可参考 Li 等

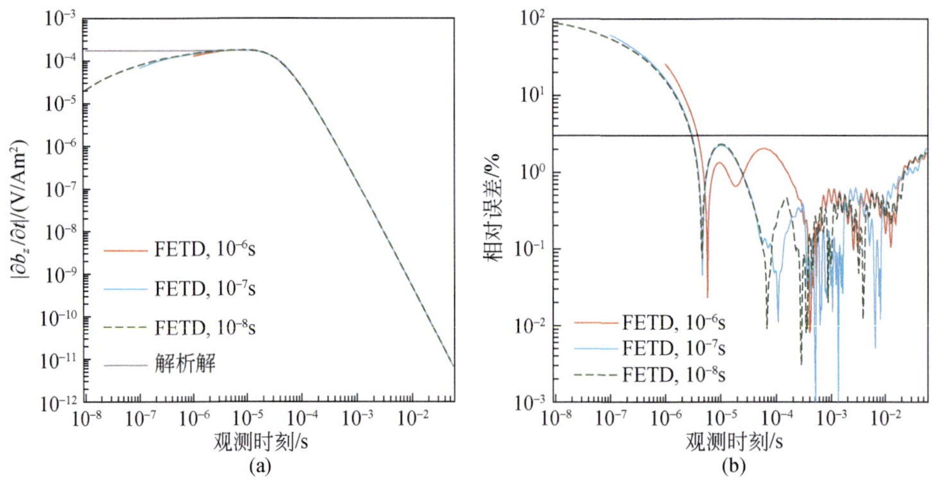

图 5.21　不同初始时间步长情况下，电导率为 0.1S/m 均匀半空间的时间域矢量有限单元解

（a）磁感应强度脉冲响应 $\partial b_z/\partial t$；（b）相对误差

(2016) 的文献。对于这两个地电模型，矢量有限单元法解与数值解在较早时刻（小于 10^{-5}s）差异较大，随着观测时刻增大，二者吻合良好。随着初始时间步长的减小，两个模型的矢量有限单元法解早期精度逐渐提高。电导率对早期数值解精度也有影响，即 0.001S/m 均匀半空间拥有更高的数值解精度。如果最早观测时间为 10^{-5}s，那么初始时间步长不应大于 10^{-7}s；对于小尺度的发射回线，初始时间步长选择 10^{-8}s 更为合适。

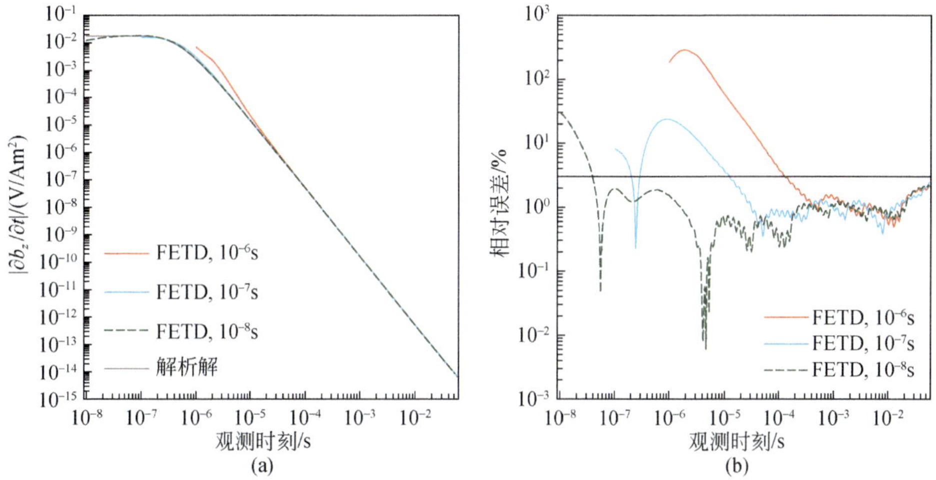

图 5.22　与图 5.21 类似，但模型为 0.001S/m 的均匀半空间

表 5.1　时间迭代方案及其耗时

时间迭代方案	时间递增倍数	每一时间步长的迭代次数	达到 50ms 所需的迭代次数	耗时/min	
				96701 条棱边	1046588 条棱边
方案 1	2	100	1223	≈7.0	≈218
方案 2	5	100	608	≈4.0	≈112
方案 3	5	200	1111	≈4.5 min	≈129
方案 4	5	500	2536	≈8.5 min	≈182
方案 5	10	100	439	≈2.5 min	≈88
方案 6	10	200	828	≈5.5 min	≈102
方案 7	10	500	1945	≈6.5 min	≈132

下面，我们再确定时间递增倍数和单个时间步长迭代次数。表 5.1 列出了七个时间迭代方案，图 5.23 为表 5.1 所列的时间迭代方案示意图。此处，地电模型为 0.001S/m 均匀半空间。对于该模型，我们采用 TetGen 生成了两个网格剖分方案，其四面体棱边数目分别为 96701 和 1046588。初始时间步长设置为 10^{-7}s。

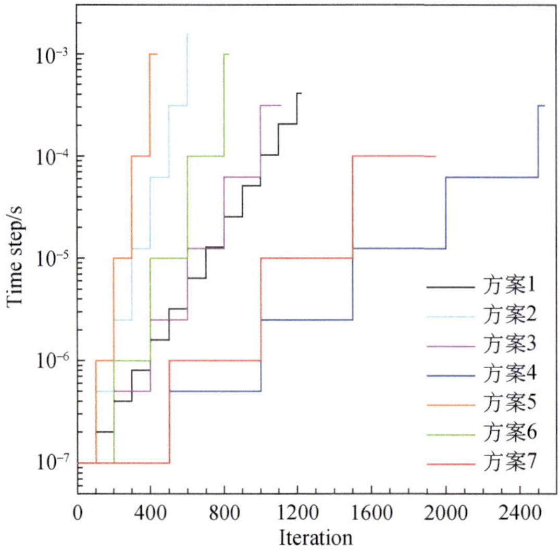

图 5.23　表 5.1 中的时间迭代方案示意图

图 5.24 为采用七个时间迭代方案下，时间域矢量有限单元解与解析解的相对误差曲线。如图 5.24 所示，采用时间迭代方案 1、3、4 和 7 时，时间域矢量有限单元解的精度更高。方案 2、3 和 4 中，时间递增倍数均为 5，单个时间步长迭代次数分别为 100、200 和 500，其中采用方案 4 的数值解精度最高，但效率最低。类似地，方案 5、6 和 7 中，采用方案 7 的数值解精度最高、效率最低。方

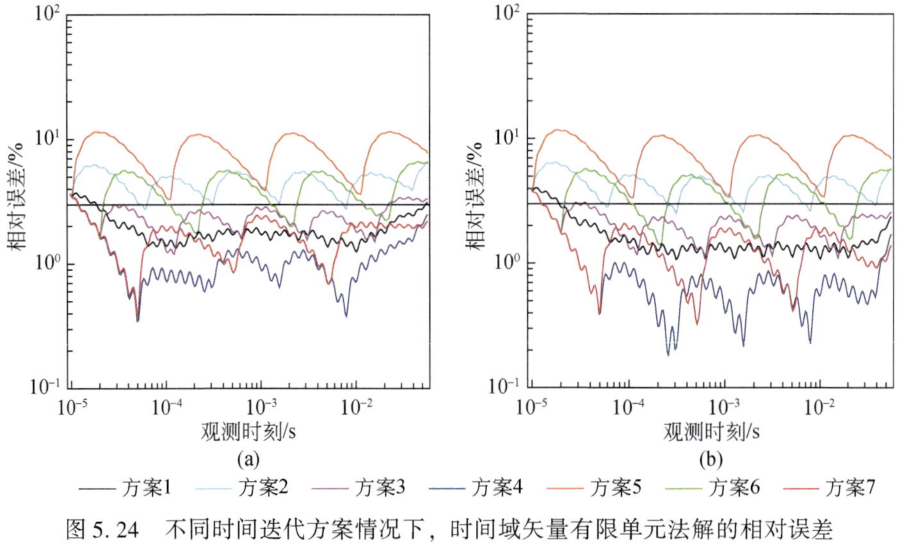

图 5.24　不同时间迭代方案情况下，时间域矢量有限单元法解的相对误差

（a）96701 条棱边的剖分方案；（b）1046588 条棱边的剖分方案

案 1、2 和 5 中，单个时间步长迭代次数均为 100，时间递增倍数分别为 2、5 和 10，其中采用方案 1 的数值解精度最高，但效率最低。类似现象也出现于方案 3 和 6，方案 4 和 7。综上所述，较大的单个时间步长迭代次数或较小的时间递增倍数有利于获取更高精度的数值解，但效率也相应降低。

5.5.2　铺设于层状介质表面的圆形回线

从矢量有限单元法加载场源的角度分析，圆形回线可看作复杂回线的一个特例；并且圆形回线激发的电磁场在其圆心处存在易于求解的解析解。因此，我们可通过计算圆形回线激发电磁场的解析解来验证上述场源加载方式的有效性。

用于本例的地电模型为两层介质模型，其中第一层介质电导率为 0.01S/m、厚度为 200m，第二层电导率为 0.002S/m。圆形回线铺设于两层介质表面，其半径为 200m。矢量有限单元法加载场源时，该回线依次被等分为 60 段、100 段和 200 段。该模型中，169 个测点分布于回线内外，并局部加密了测点周边网格。计算区域为 36km×36km×36km。当回线依次被等分为 60 段、100 段和 200 段时，剖分网格中棱边的数目依次为 2401177、2429733 和 2437301。网格中心区域的断面图和剖面图可见于图 5.25。时间域矢量有限单元法分析中，初始时间步长设置为 10^{-7}s，时间迭代方案选择为方案 1、3、4 和 7。四个方案采用相同的网格剖分方案。

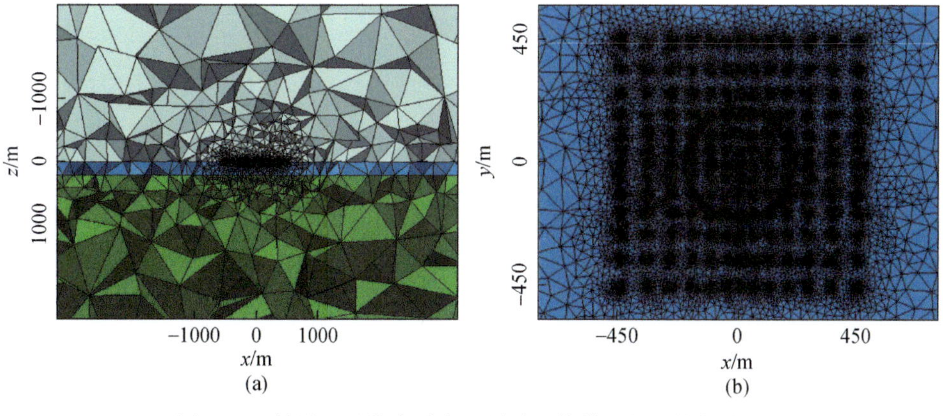

图 5.25　铺设于层状介质表面圆形回线模型的网格剖分图

（a）网格中心区域断面图；（b）网格中心区域平面图

由图 5.26 可见，该地电模型圆心处的解析解［式（3.36）］、准解析解［式（3.38）］和时间域矢量有限单元法解吻合良好，准解析解和时间域矢量有限单元法解相对于解析解的误差大多都小于 3%。当圆形回线被等分的数目增大时，准解析解精度逐渐提高，而时间域矢量有限单元法解精度几乎没有改变。这说明本例中圆形回线被等分为60段时，矢量有限单元法解精度不取决于圆形回线被等分的数目，而取决于矢量有限单元法本身。

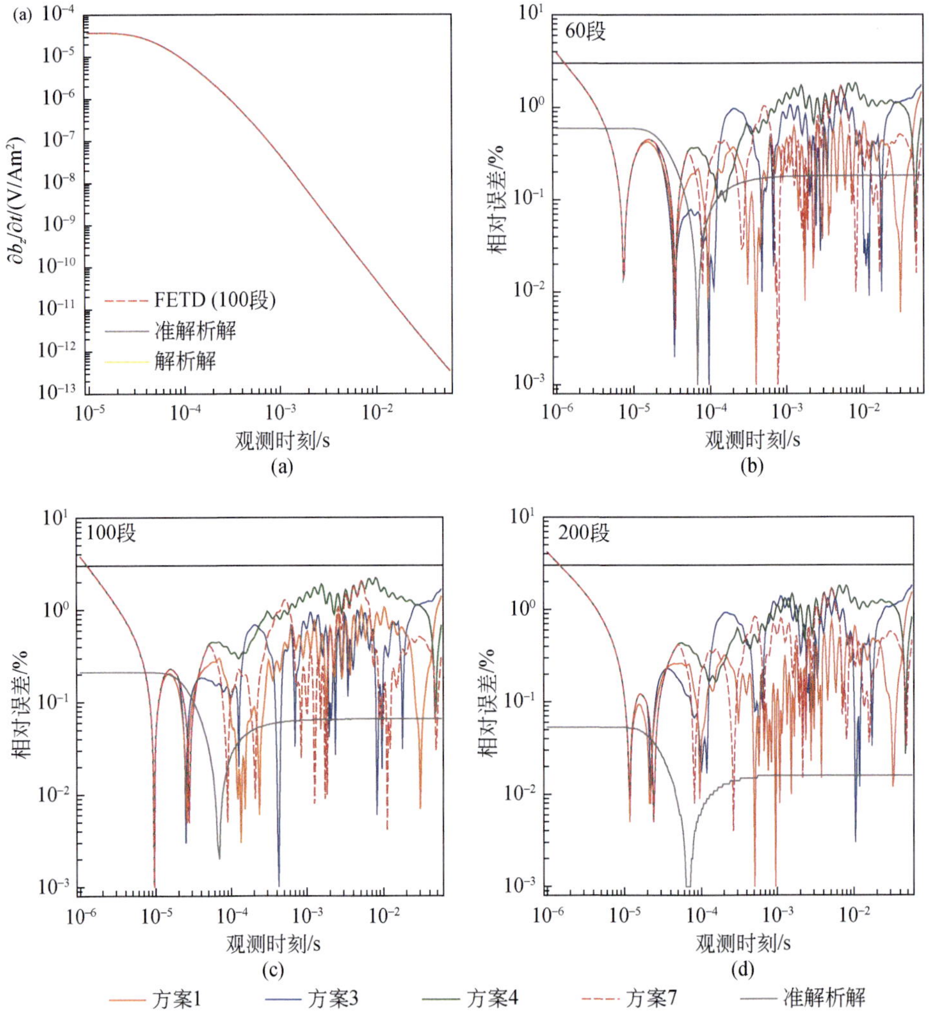

图5.26　多种近似方案条件下，铺设于层状介质表面圆形回线模型的计算结果

(a) 磁感应强度脉冲响应 $\partial b_z/\partial t$；(b)、(c) 和 (d) 相对误差

图5.27和图5.28分别为采用准解析法和时间域矢量有限单元法计算的磁感应强度脉冲响应 $\partial b_z/\partial t$ 等值线图。对比两图，我们发现采用两种方法计算的0.01ms、0.2ms和2.0ms等值线图形态一致、数值范围吻合；但20.0ms等值线图仅形态一致，时间域矢量有限单元法计算的脉冲响应大10%左右。

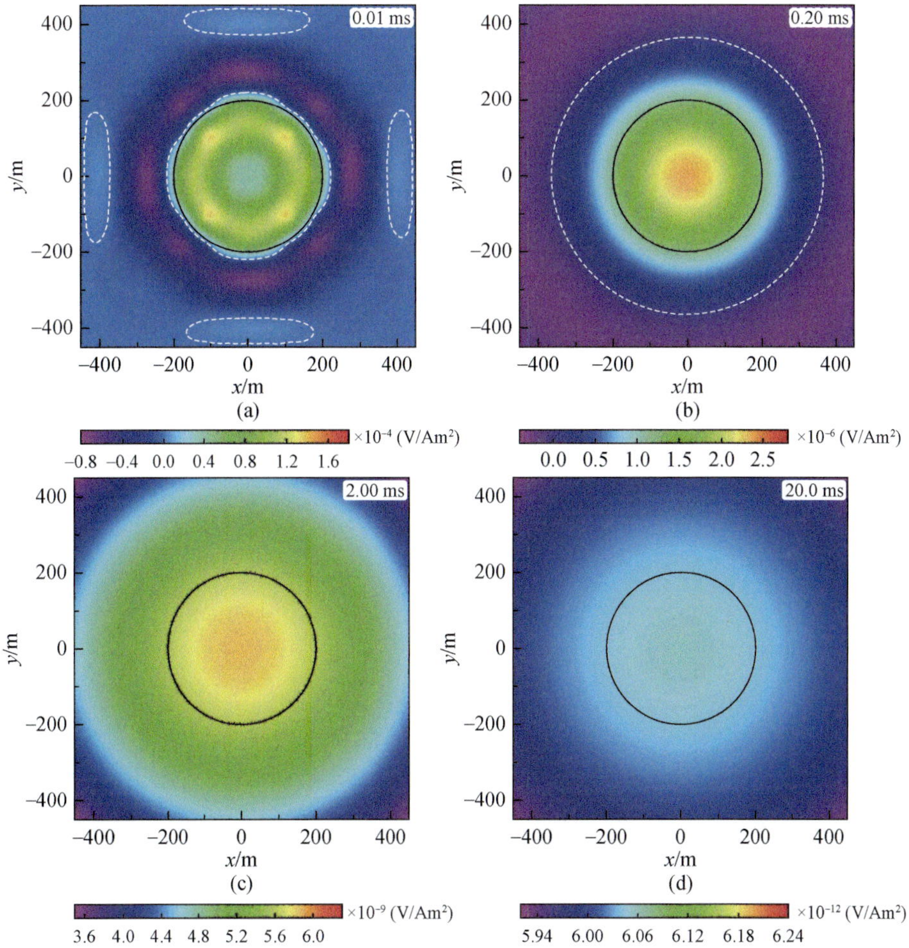

图 5.27　铺设于层状介质表面圆形回线激发的磁感应强度脉冲响应准解析解等值线图

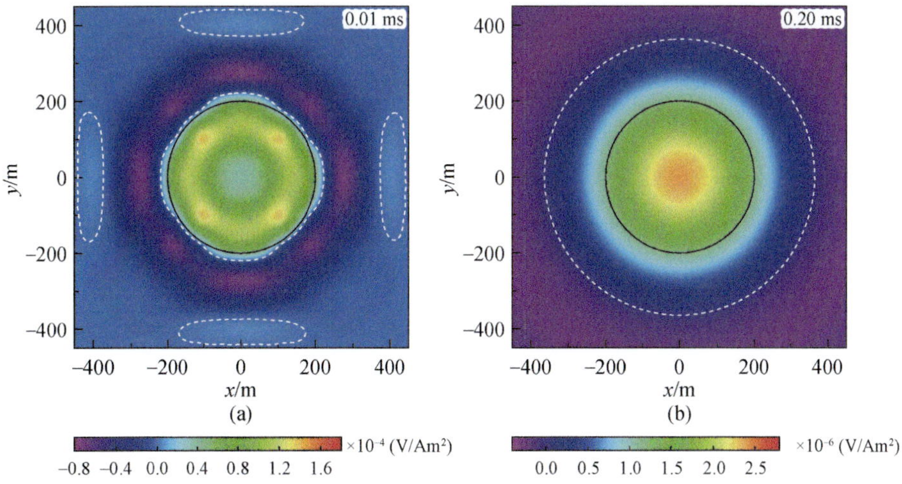

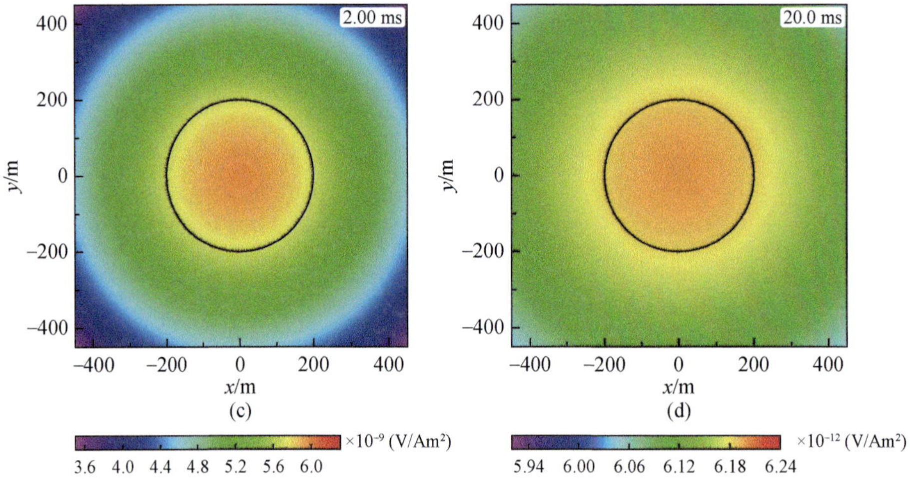

图 5.28　铺设于层状介质表面圆形回线激发的磁感应强度脉冲响应时间域矢量有限单元法解等值线图

图 5.29 为采用时间域矢量有限单元法计算的水平电场矢量图。由该图可见，

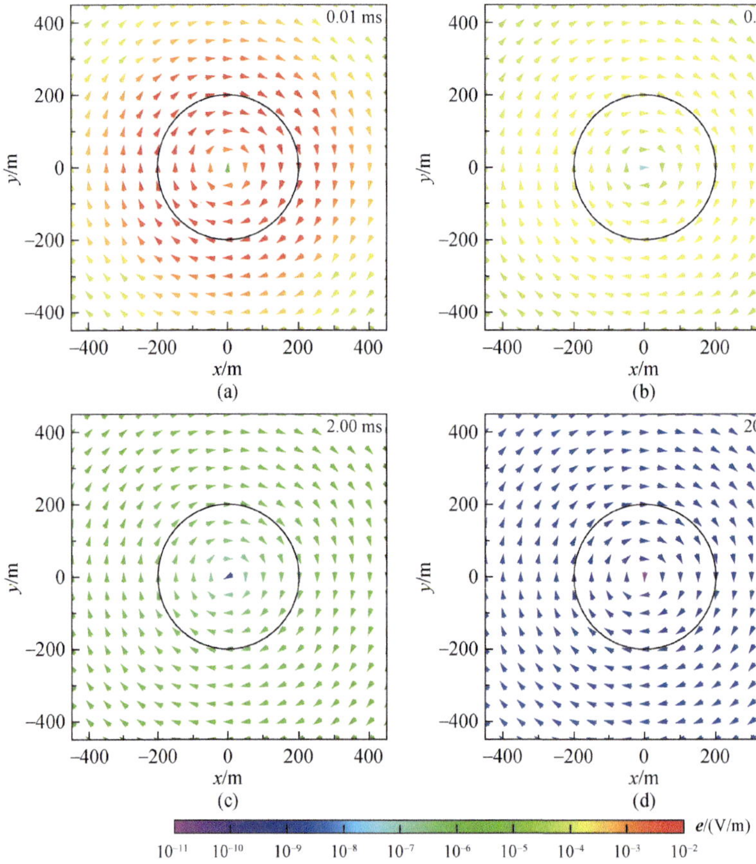

图 5.29　铺设于层状介质表面圆形回线激发的水平电场矢量图

不同时刻的电场矢量图形状均与发射回线本身形状类似；电场随着时间增大而逐渐衰减。同时，这些矢量图也反映了电磁场的扩散过程，即从发射回线开始向内、向外同时扩散。

5.5.3 铺设于倾斜界面的矩形回线

假设有一矩形回线铺设于均匀半空间表面，其四个顶点坐标依次为（25，25，0)m、(−25，25，0)m、(−25，−25，0)m 和（25，−25，0)m，而测点位于回线中心。本例解析解的计算可参考相关文献（Li et al.，2016)。

令整个模型按 y 轴旋转。根据 Yin 和 Fraser（2004）提出的方法，旋转后 V_a 可按式（5.17）计算：

$$V_a = \boldsymbol{D}_y V_b \tag{5.17}$$

式中，V_b 为旋转前坐标。系数矩阵 $\boldsymbol{D}_y$ 由式（5.18）确定：

$$\boldsymbol{D}_y = \begin{bmatrix} \cos\theta & 0 & -\sin\theta \\ 0 & 1 & 0 \\ \sin\theta & 0 & \cos\theta \end{bmatrix} \tag{5.18}$$

本例中，θ 设定为20°。经过上述旋转获得的新模型仍为均匀半空间模型，但发射回线已铺设于倾角为20°的倾斜界面之上（图5.30)。新模型中，矩形回线四个顶点坐标依次为（23.492，25，8.551)m、(−23.492，25，−8.551)m、(−23.492，−25，−8.551)m和（23.492，−25，8.551)m。采用矢量有限单元法对上述旋转模型开展数值模拟时，获取的脉冲响应如同将水平界面均匀半空间模型的电磁响

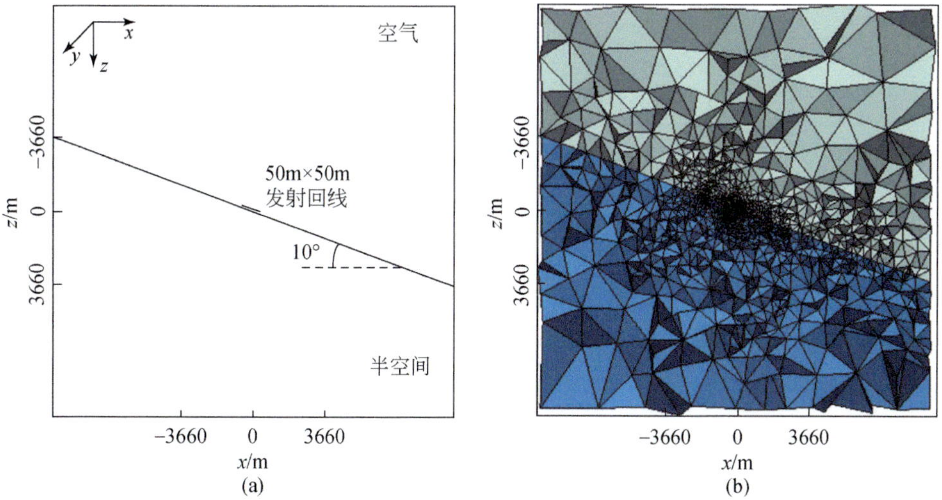

图5.30 铺设于倾斜界面的矩形回线情况下，均匀半空间模型示意图

（a）x-z 平面断面图（y=0m)；（b）与（a）相应的网格剖分图

应旋转 20°。那么，为了与水平界面均匀半空间的解析解对比分析，需将倾斜界面模型的矢量有限单元法解 F_b 转换至水平界面模型情形下，可按下式完成这一转换：

$$F_a = D_y^{-1} F_b \tag{5.19}$$

式中，F_a 为旋转后电磁响应。

本例中，我们仍采用时间迭代方案 1、3、4 和 7。由于发射回线尺度较小，初始时间步长设置为 10^{-8} s。均匀半空间电导率为 0.01S/m 和 0.001S/m。如图 5.31所示，对于不同电导率均匀半空间模型，解析解与经式（5.22）转换的矢量有限单元法解吻合良好，相对误差均小于 3%。其中，采用时间迭代方案 4 获取的数值解精度最好。

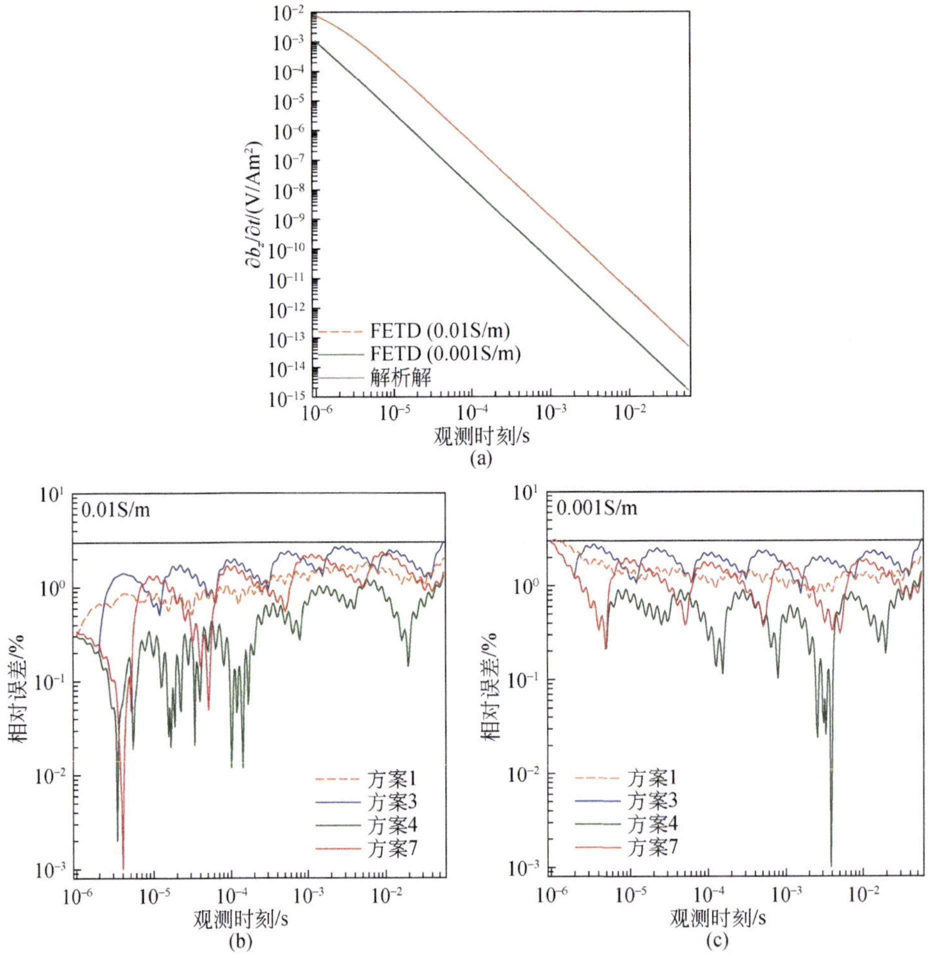

图 5.31 铺设于倾斜界面的矩形回线情况下，均匀半空间模型计算结果

（a）磁感应强度脉冲响应 $\partial b_z/\partial t$；（b）0.01S/m 均匀半空间的相对误差；

（c）0.001S/m 均匀半空间的相对误差

然后，我们将时间域矢量有限单元法应用于块状高导体模型。该模型中，均匀半空间电导率为 0.01S/m，块状高导体电导率为 1S/m；高导体尺度为 50m×50m×50m，顶部距地表 30m［图 5.32（a）和（b）］。计算区域在 x 轴、y 轴和 z 轴三个方向尺度均为20120m。这一区域被剖分为363161 个四面体和423006 条棱边［图 5.32（c）和（d）］。

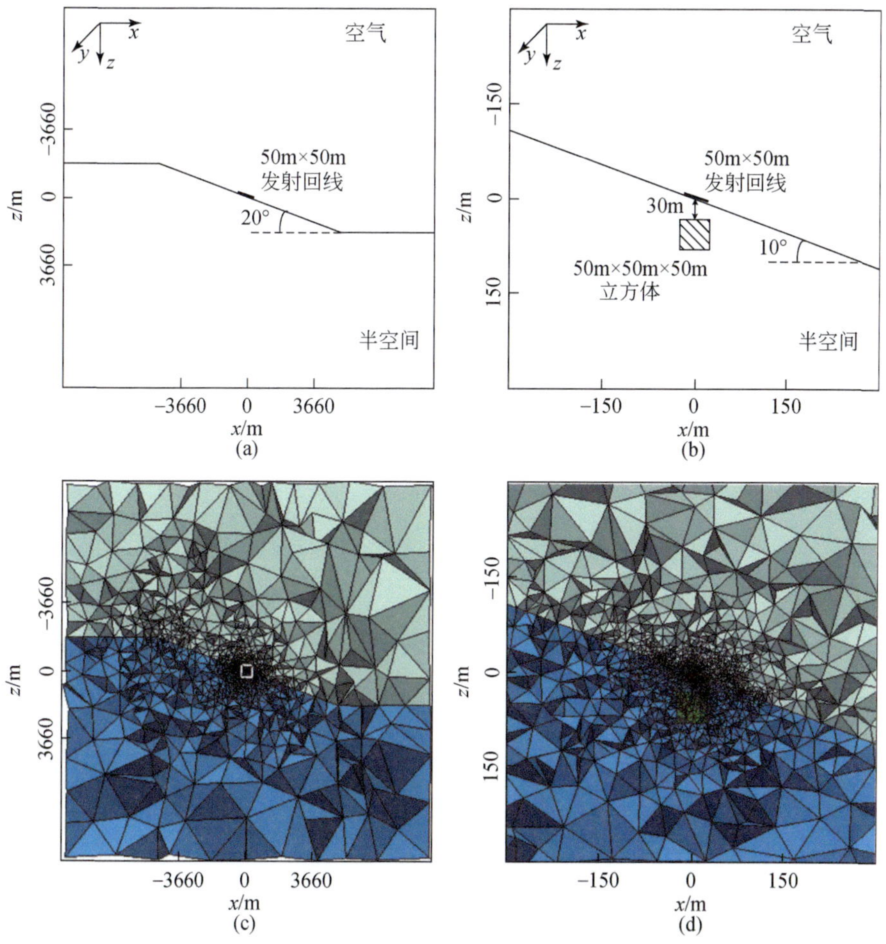

图 5.32　铺设于倾斜界面的矩形回线情况下，块状高导体模型示意图

（a）和（b）为 x-z 平面断面图（y=0m）；（c）和（d）为与（a）和（b）相应的网格剖分图

本例中，时间域矢量有限单元法采用了时间迭代方案 3，基于矢量有限单元法的频谱法采用了 787 系数的余弦变换。二者的计算时间分别为 33min 和 370min。频谱法中，采用矢量有限单元法直接计算了 81 个频点的电磁响应，频率范围为 10^{-1} ~ 10^{7} Hz，且每个数量级含 10 个频点。如图 5.33 所示，两种方法计算的总场和背景场吻合良好，异常场仅在 2ms 以内吻合程度良好。在 2ms 以

后，时间域矢量有限单元法获取的异常场仍保持了既有的衰减趋势，而频谱法计算的异常场则波动较大、精度较差。

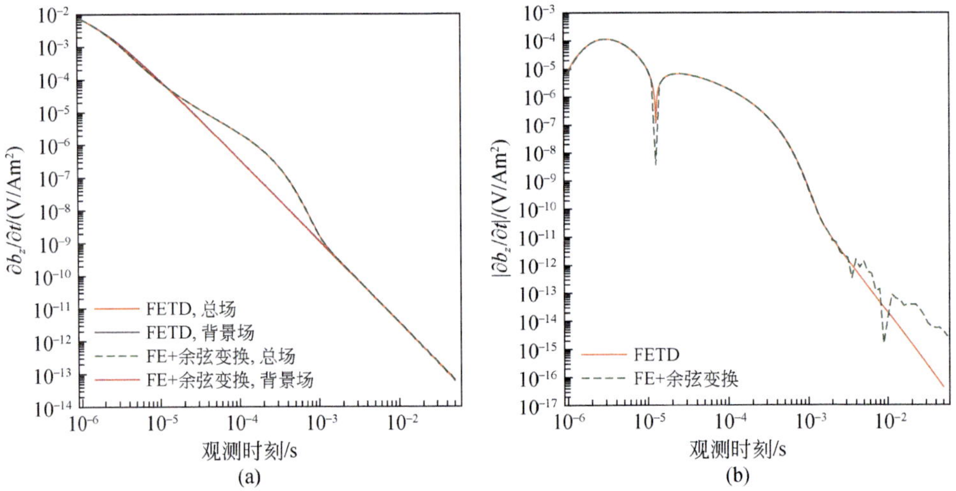

图 5.33　铺设于倾斜界面的矩形回线情况下，块状高导体模型的磁感应强度脉冲响应

（a）总场和背景场；（b）异常场

5.5.4　铺设于真实地形的复杂回线

本节，我们以考虑真实地形的 Ovoid 矿体模型为例，研究复杂回线激发的电磁场。计算区域仍设置为 50km×50km×50km，并分别被剖分为 1436554 条（不考虑地形）和 1873344 条（考虑地形）棱边。图 5.34 为模型中心区域真实地形示意图，红色线段表示发射回线。

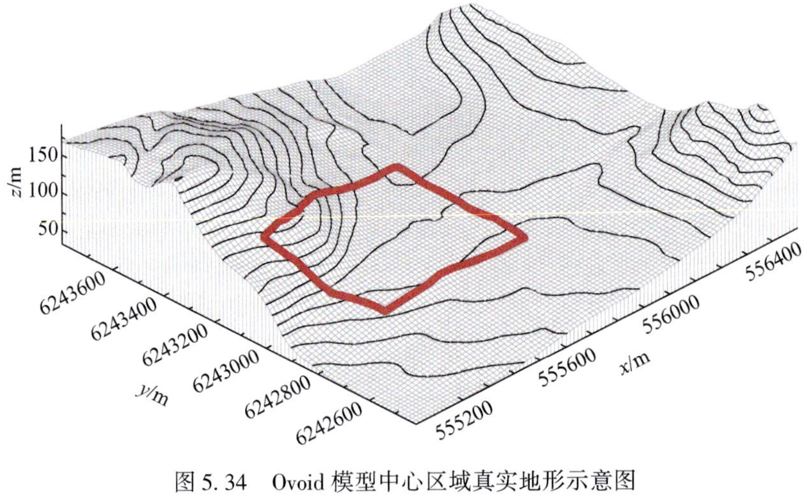

图 5.34　Ovoid 模型中心区域真实地形示意图

本例首先采用频谱法和时间域矢量有限单元法分别计算不考虑真实地形情况下 Ovoid 矿体引起的电磁响应。频谱法中，采用矢量有限单元法直接计算了 43 个频点的电磁响应，频率范围为 1 ~ 10^7 Hz，且每个数量级含 6 个频点。时间域矢量有限单元法中，时间迭代选择方案 3，初始时间步长设置为 10^{-7} s。如图 5.35 所示，上述两种方法计算的磁感应强度脉冲响应垂直分量吻合良好。观测时刻大于 20ms 时，时间域矢量有限单元法求取的电磁响应略大于频谱法获取的电磁响应。

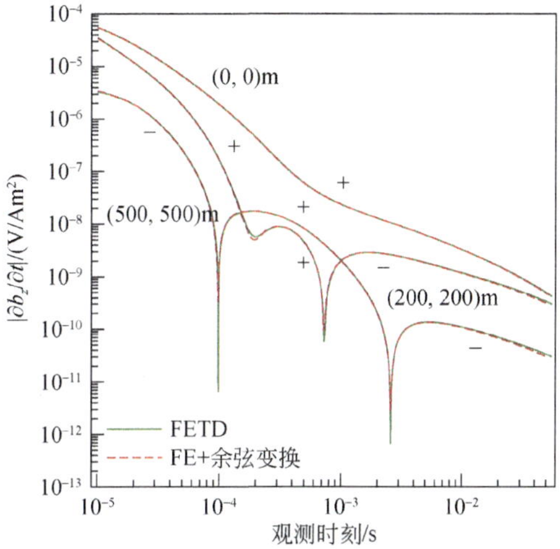

图 5.35　不考虑真实地形情况下，Ovoid 模型的磁感应强度脉冲响应 $\partial b_z/\partial t$

图中“+”“−”表示 $\partial b_z/\partial t$ 的正负

图 5.36 为考虑真实地形情况下，Ovoid 模型的时间域矢量有限单元法计算结果。在此，我们不再叙述大规模高导矿体引起的磁感应强度脉冲响应变号现象，而重点叙述地形对电磁响应的影响。例如，当仅考虑地形影响时，复杂回线激发的脉冲响应在测点（0，0)m 处一直未改变符号［图 5.36（a)］；而同时考虑地形和高导矿体时，该测点的脉冲响应约在 1.68ms 出现由正转负的变号现象［图 5.36（c)］。

如 5.1 节所述，为了在矢量有限单元分析中有效加载场源，复杂回线需分解为许多沿 x 轴、y 轴和 z 轴方向的电偶源。这为我们单独研究复杂回线 z 分量激发的电磁响应提供了可能性。当只考虑地形影响时，整个复杂回线与复杂回线 x 和 y 分量在三个测点处激发的早期脉冲响应吻合良好，但在晚期测点（0，0)m 和（200，200)m 处的脉冲响应出现了由正转负的变号现象［图 5.36（a)］。图 5.36（b)进一步显示了复杂回线 z 分量在晚期激发的脉冲响应更强，因而其对整个复杂回线激发的脉冲响应的影响主要体现在晚期。同时考虑地形和高导矿体时，整个复杂回线与复杂回线 x 和 y 分量在三个测点处激发的脉冲响应基本吻合，仅在早期变号处略有不同［图 5.36（c)］。图 5.36（d）显示了复杂回线 z 分量激发的脉冲响应明显弱于整个复杂回线激发的脉冲响应。

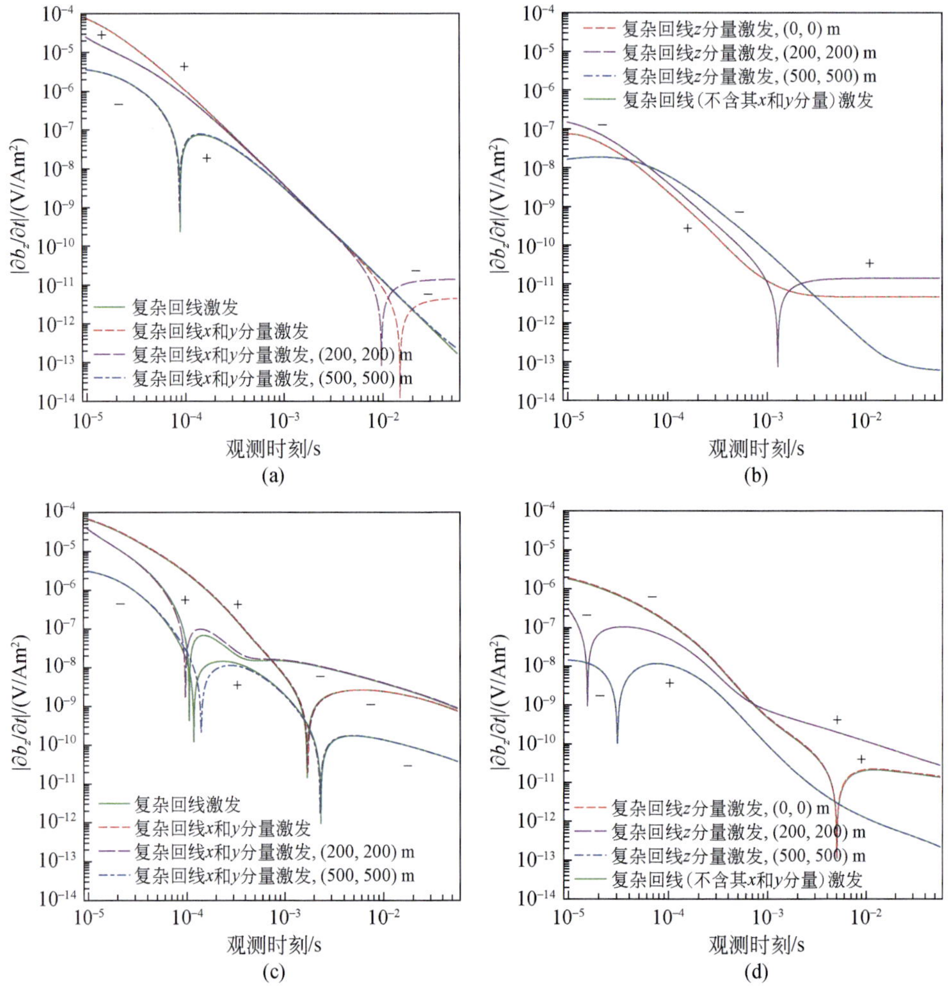

图 5.36　考虑真实地形情况下，Ovoid 模型引起的磁感应强度脉冲响应 $\partial b_z/\partial t$

（a）不含矿体情况下，复杂回线激发；（b）不含矿体情况下，复杂回线 z 分量激发；（c）含矿体情况下，复杂回线激发；（d）含矿体情况下，复杂回线 z 分量激发

图中“+”“-”表示 $\partial b_z/\partial t$ 的正负

图 5.37 和图 5.38 分别为考虑和未考虑真实地形情况下，整个复杂回线激发磁感应强度脉冲响应 $\partial b_z/\partial t$ 的等值线图。二者之间最明显的区别在于考虑真实地形情况下的脉冲响应更强，这一现象是由发射回线距离高导体更近引起的。二者的另一差别是正、负脉冲响应的界限不同，这很可能是由地形和复杂回线共同引起的。图 5.38 和图 5.39 分别为整个复杂回线与复杂回线 x 和 y 分量激发的脉冲响应等值线图，如图所示，两者所有时刻的脉冲响应范围几乎相同，仅正、负脉冲响应的界限略有不同。

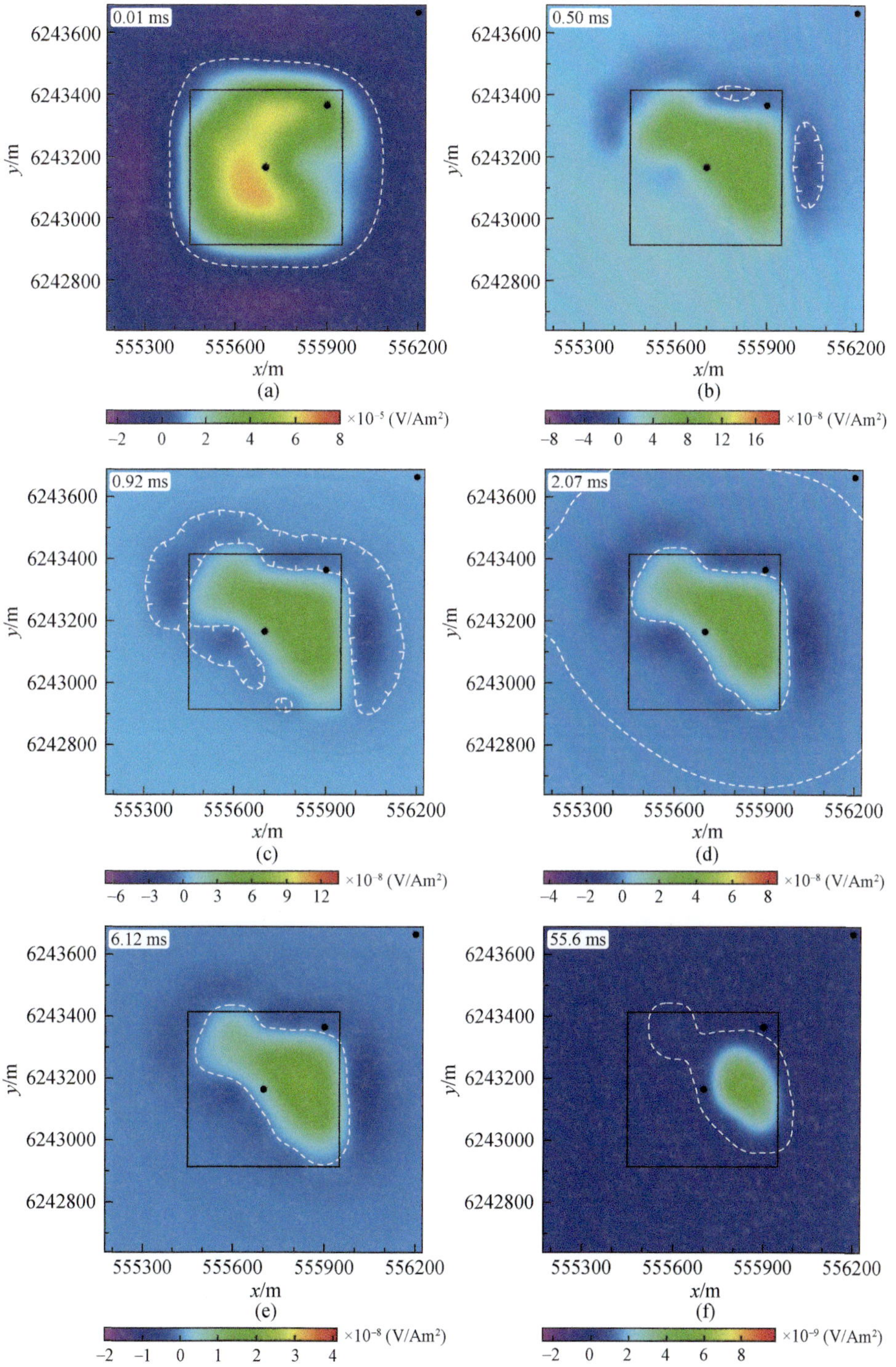

图 5.37　不考虑真实地形情况下，Ovoid 模型的磁感应强度脉冲响应 $\partial b_z/\partial t$ 等值线图

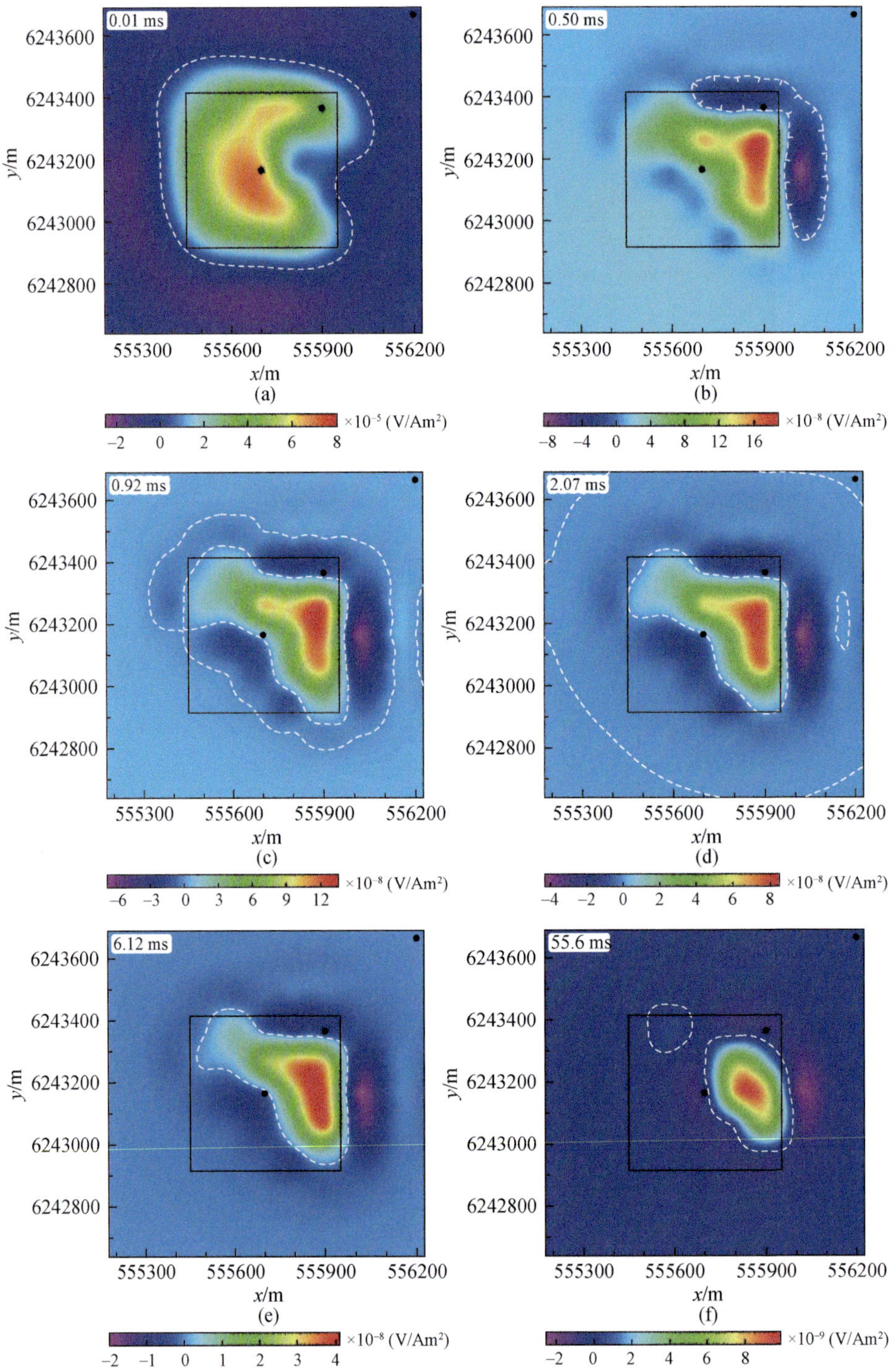

图 5.38　复杂回线激发下，含真实地形的 Ovoid 模型的磁感应强度脉冲响应 $\partial b_z/\partial t$ 等值线图

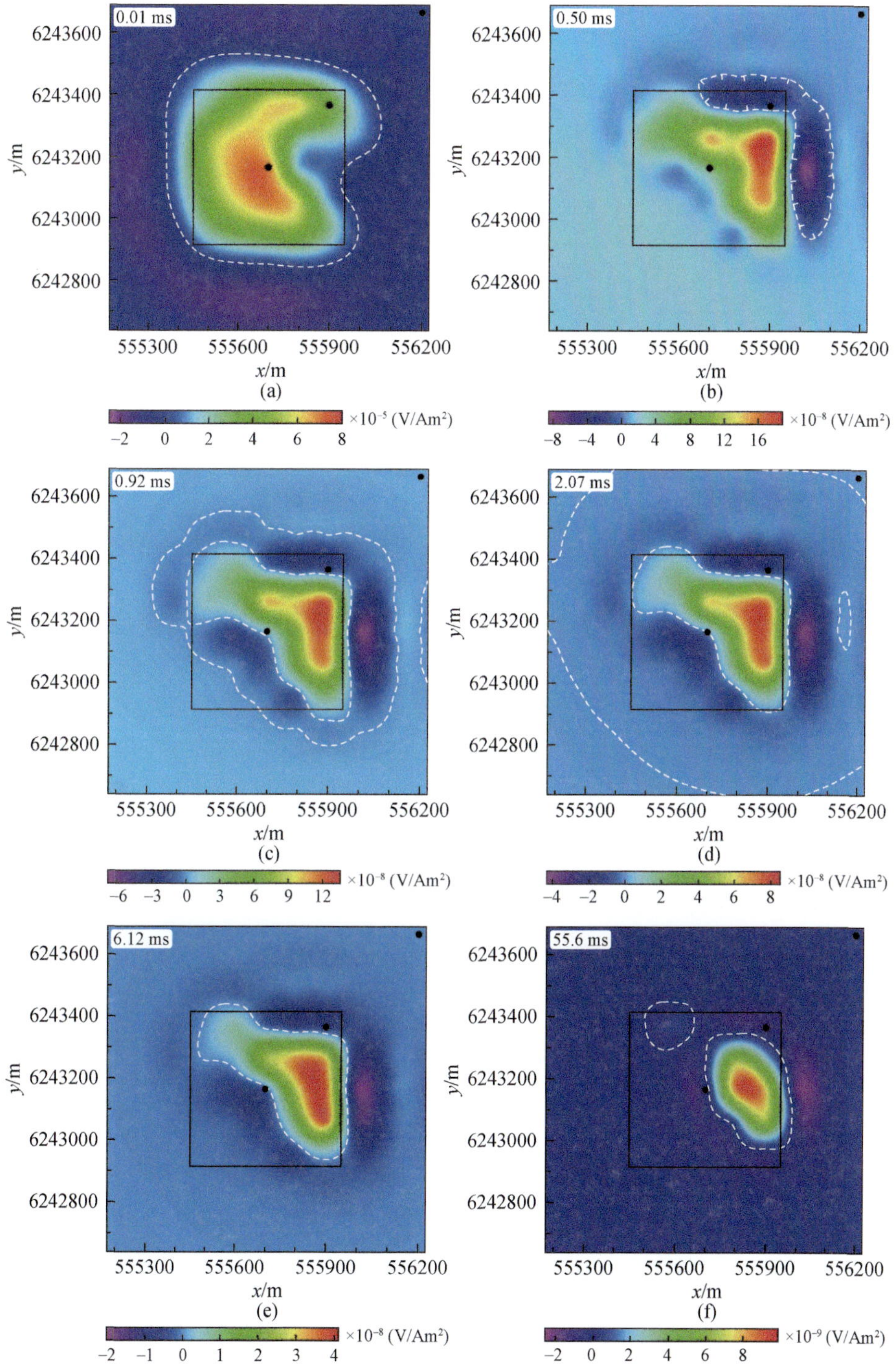

图 5.39　复杂回线 x 和 y 分量激发下，含真实地形 Ovoid 模型的磁感应强度脉冲响应 $\partial b_z/\partial t$ 等值线图

5.6　移动回线装置

对于移动回线装置，一对发射-接收装置沿着测线多次移动，直至完成测量。矢量有限单元法三维正演中，为了使用同一网格获取所有测站的精确数值解，需局部加密所有发射和接收线圈区域附近网格。

5.6.1　均匀半空间模型

首先，我们使用 0.01S/m 均匀半空间开展算法验证。发射回线尺度为 30m×30m，测点位于回线中心。测线 x 坐标为 0m，y 坐标为 -210 ~ 210m，点距为 30m，共 15 个测点。计算区域尺度为 16km×16km×16km。TetGen 中，四面体外接圆半径与其最短棱边的最大比值设置为 1.4，二面角最小值设置为 15°。我们仅对每个发射回线的 4 个顶点和测点附近网格局部加密。

我们分别使用单场源算法和多场源算法开展数值模拟。采用多场源算法时，三维正演只采用一套网格剖分方案，因此正演开始前需局部加密所有发射和接收线圈附近网格。采用单场源算法时，仅需局部加密单个发射和接收线圈附近网格。因此，用于多场源算法的非结构化四面体网格更为复杂(图 5.40)，本例中四面体单元和棱边数目分别为 515624 和 599962。对于单场源算法，四面体单元和棱边的最大数目分别为 59494 和 69486（表 5.2）。采用单场源算法时，计算 15 个测点的磁场脉冲响应一共耗时 108min，比采用多场源算法少了 27min。

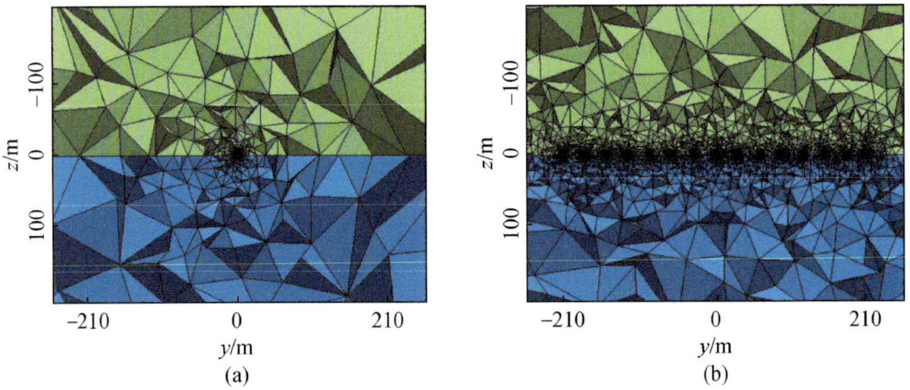

图 5.40　采用移动中心回线装置（30m×30m）的均匀半空间模型网格剖分图

（a）单场源；（b）多场源

表 5.2　采用单场源技术开展移动回线正演时，均匀半空间模型的各测站网格参数和计算时间

y 坐标/m	单元数目	棱边数目	计算时间/min
-210	59494	69486	≈8
-180	53323	62293	≈7
-150	51980	60719	≈7
-120	54614	63803	≈7
-90	53265	62276	≈7
-60	57810	67543	≈8
-30	53605	62633	≈7
0	51776	60553	≈7
30	53079	62049	≈7
60	52825	61700	≈7
90	56658	66191	≈8
120	54009	63113	≈7
150	53989	63043	≈7
180	53821	62907	≈7
210	54247	63367	≈7

图 5.41 展示了 0.01S/m 均匀半空间模型的解析解、矢量有限单元法解及其相对误差。由图可看出，每个时刻、每个测点的有限单元法解与解析解吻合良好。采用单场源和多场源算法计算的数值解相对误差范围相同，但表现方式不同。对于单场源算法，不同测点的相对误差振荡较大；而对于多场源算法，同一时刻、不同测点的相对误差属于同一误差水平。例如，在 0.6543ms、1.349ms 和 2.972ms 时刻，相对误差略大，范围在 2.5% ~4.5%，而其他时刻的相对误差均小于 2%。

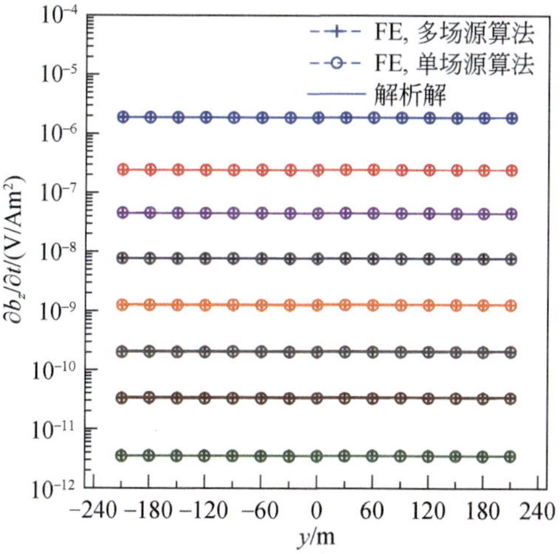

(a)

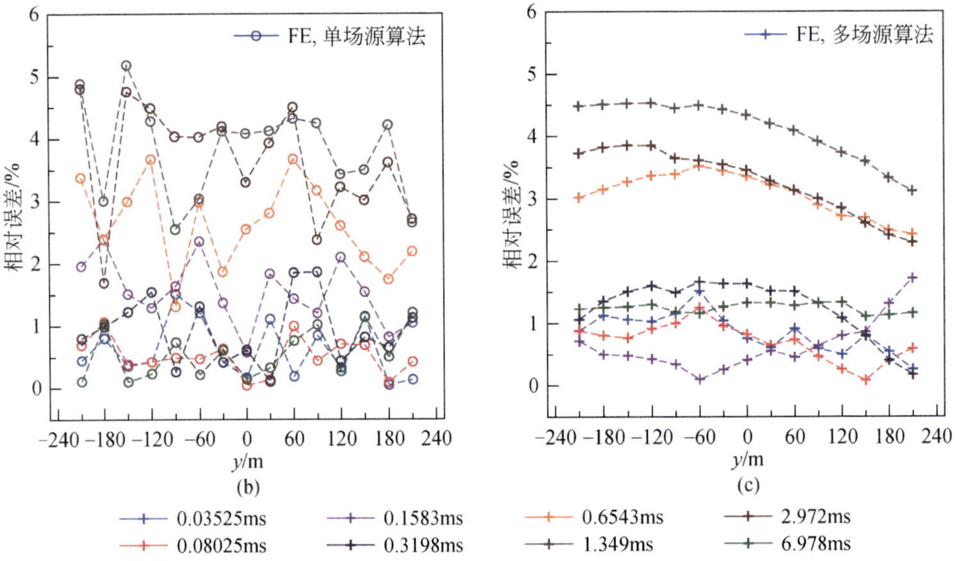

图 5.41　移动中心回线装置下，0.01S/m 均匀半空间模型的磁场响应和相对误差

（a）磁感应强度脉冲响应 $\partial b_z/\partial t$ 的解析与有限单元法解；

（b）和（c）分别为采用单场源和多场源算法计算的磁场脉冲响应相对误差

5.6.2　Ovoid 矿体模型

一个发射回线尺度为 50m×50m 的中心回线装置沿测线向北（y 轴方向）移动测量，y 坐标在 6242840～6243490m，x 坐标为 555837.5m。该测线共有 14 个测点，点距为 50m。计算区域尺度为 50km×50km×50km。采用多场源算法时，计算区域被剖分为 912320 个四面体单元和 1061094 条棱边，见图 5.42。采用单场源算法时，每个测站均需重新剖分网格，相关参数详见表 5.3。计算时间方面，采用单场源算法需要 1050min，而采用多场源算法仅需 300min。

表 5.3　采用单场源技术开展移动回线正演时，Ovoid 矿体模型的各测站网格参数和计算时间

y 坐标/m	单元数目	棱边数目	计算时间/min
6242840	275471	320510	≈75
6242890	276414	321585	≈75
6242940	273464	318206	≈75
6242990	268306	312207	≈75
6243040	276251	321428	≈75
6243090	267074	310691	≈75

续表

y 坐标/m	单元数目	棱边数目	计算时间/min
6243140	262441	305346	≈75
6243190	267324	311008	≈75
6243240	271028	315297	≈75
6243290	278166	323635	≈75
6243340	263129	306140	≈75
6243390	269797	313915	≈75
6243440	279409	325052	≈75
6243490	271846	316 314	≈75

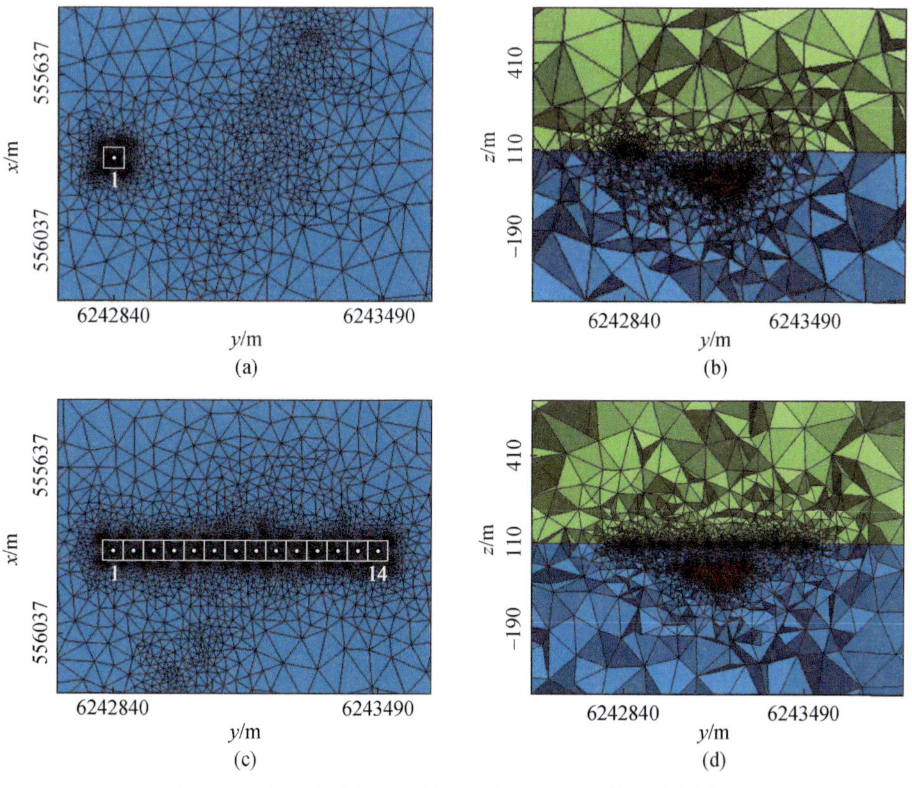

图 5.42　采用移动中心回线装置的 Ovoid 矿体网格剖分图

(a) 和 (c) 分别为采用单场源和多场源算法的网格剖分中心部分平面图 (z 为 110m)；(b) 和 (d) 分别为 (a) 和 (c) 的剖面图 (x 为 555837.5m)

图 5.43 展示了利用单场源和多场源算法获取的 Ovoid 矿体模型磁场脉冲响

应。由图可看出，两种算法的计算结果吻合良好，仅第 8 个测点的早期响应略有差别。

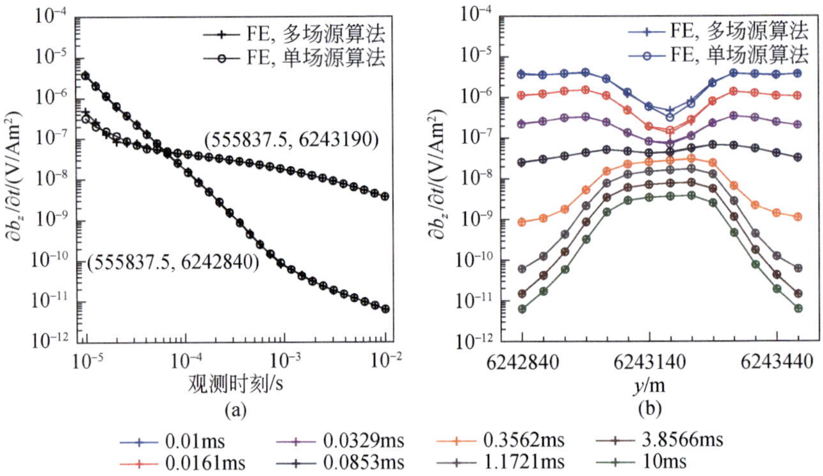

图 5.43　分别采用单场源和多场源算法计算的 Ovoid 矿体磁感应强度脉冲响应 $\partial b_z/\partial t$

（a）测点（555837.5，6242840.0）m 和（555837.5，6243190.0）m 的衰减曲线；（b）多测道曲线

接下来，我们分析单场源算法和多场源算法的计算效率。对于均匀半空间模型，单场源算法的计算效率略高；而对于 Ovoid 矿体模型，多场源算法的计算效率远高于单场源算法。对比表 5.2 和表 5.3：对于均匀半空间模型，采用单场源和多场源算法生成的网格四面体数目相差了近 10 倍，而对于 Ovoid 矿体模型，二者仅相差不足 3.5 倍。这种差异说明：对于多场源算法，对简单模型的剖分网格进行局部加密易造成四面体数目激增，进而导致利用 MUMPS 求解方程组时需要更多的时间。因此，如果采用非结构化四面体网格，那么多场源算法不适用于简单模型的三维正演。反之，剖分复杂模型本身需要大量四面体，局部加密不会引起四面体数目的激增。

5.6.3　板状体模型

下面，我们利用多场源算法开展板状体模型的三维正演。发射回线尺度为 30m×30m，测点位于回线中心。测线 x 坐标为 0m，y 坐标为 −210 ~ 210m，点距为 30m，共 15 个测点。计算区域尺度为 16km×16km×16km。如图 5.44（a）所示，我们设置了直立、左倾和右倾板状体三个模型。板状体埋深 20m、宽 20m、长 200m 和高 100m。板状体和均匀半空间电导率分别为 1S/m 和 0.01S/m。网格剖分详见图 5.44（b）~（d）。

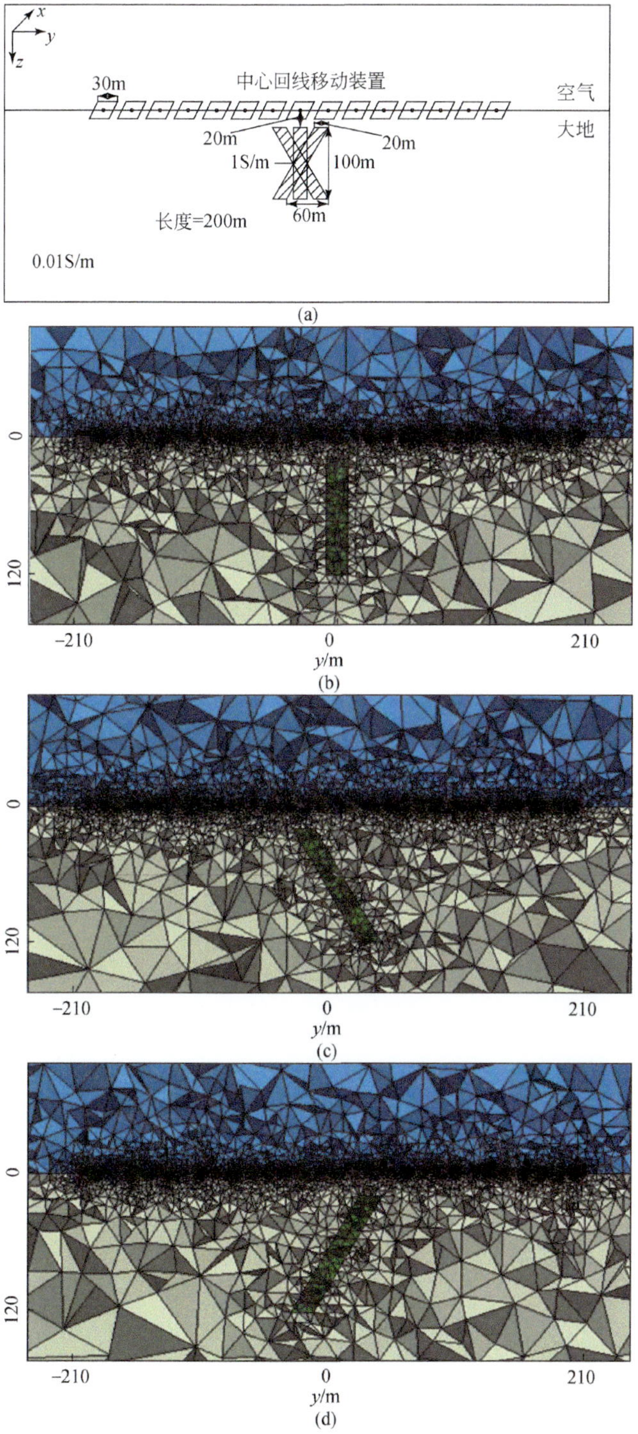

图 5.44　板状体模型示意图和网格剖分图

(a) 为模型断面图 (x=0m)；(b)、(c) 和 (d) 分别为直立、右倾和左倾板状体网格剖分中心区域断面图

图 5.45 为三种板状体模型的磁场脉冲响应。对于直立板状体模型，不同时刻的多测点曲线关于板状体对称；而对于左倾和右倾板状体模型，两者曲线关于坐标原点对称。这样验证了本研究算法的稳定性和精确性。

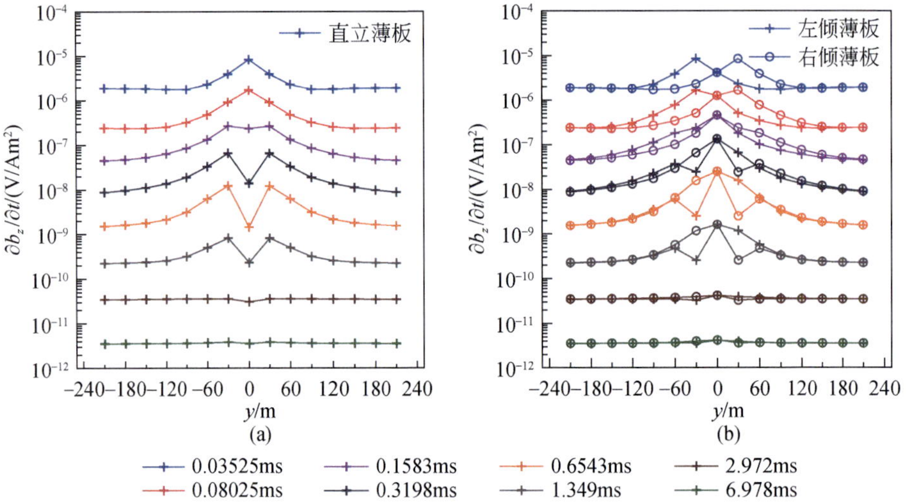

图 5.45　采用多场源算法计算的板状体模型磁感应强度脉冲响应 $\partial b_z/\partial t$

（a）为直立板状体；（b）为右倾和左倾板状体

第 6 章　总　　结

本书针对时间域电磁法一维和三维正演问题，取得了如下进展：

(1) Gaver-Stehfest 算法易受舍入误差影响，尤其是待计算的电磁响应微弱时，计算结果往往精度较差。本研究借助于 MATLAB 可变精度计算工具箱实现了高精度的 Gaver-Stehfest 算法，并分析了舍入误差对瞬变电磁法一维正演计算精度的影响。Euler 和 Talbot 算法是拉普拉斯逆变换的另两种快速算法，主要优点是不易受舍入误差影响、计算结果稳定精确。本书研究首次将 Euler 和 Talbot 算法应用于时间域电磁法勘探的一维正演领域，并发现这两种算法获取的瞬变电磁响应精度远高于 Gaver-Stehfest 算法，其中 Euler 算法更适用于垂直磁偶源和回线源瞬变电磁法，而 Talbot 算法更适用于基于水平电偶源的海洋可控源电磁法。

(2) 基于电磁场正演计算的背景场/异常场算法，采用频谱法实现了地面和地-井瞬变电磁法三维正演。该算法采用基于结构化矩形块网格的交错网格有限差分法、有限体积法和矢量有限单元法在空间域离散了频率域或拉普拉斯域电场异常场 Helmholtz 方程，并获得频率域或拉普拉斯域电磁响应；之后，再采用正弦变换、Gaver-Stehfest 算法或 Euler 算法获取了时间域电磁响应。以水平高导板状体和块状高导体模型为例验证了算法的正确性，并分析了瞬变电磁场扩散规律。

(3) 基于电磁场正演计算的总场算法，采用频谱法和时步法实现了铺设于起伏地表复杂形态回线源的瞬变电磁法三维正演。该算法采用基于非结构化四面体网格的矢量有限单元法在空间域离散电场总场 Helmholtz 方程，如果基于时步法还需采用后退欧拉法在时间域离散控制方程。复杂形态场源加载技术是该算法实现的关键：首先将其分解为一系列首尾相接、方向不尽相同的电偶源，再将这些电偶源进一步分解为与坐标轴平行的三个子电偶源，进而实现复杂形态场源以电偶源形式的逐个、逐向加载。这种场源加载方式不仅适用于复杂形态回线源，也适用于复杂形态接地线源。

通过与层状介质模型的解析解、复杂块状高导体模型的有限差分法和有限体积法数值解对比，验证了本书研究算法的正确性。这些实例也说明了采用总场算法结合非结构化网格剖分技术不仅可以获取精确数值解，而且还能对复杂形态场源和地电模型开展三维正演，拓展了三维正演的实用性。

参考文献

包乃利，刘鸿福，余传涛，等. 2013. 纳米瞬变电磁法在探测浅层铁矿采空区的实验研究. 地球物理学进展，28（2）：952-957.

陈卫营，薛国强. 2013. 瞬变电磁法多装置探测技术在煤矿采空区调查中的应用. 地球物理学进展，28（5）：2709-2717.

陈小斌，胡文宝. 2002. 有限元直接迭代算法及其在线源频率域电磁响应计算中的应用. 地球物理学报，45（1）：119-130.

戴前伟，侯智超，柴新朝. 2013. 瞬变电磁法及 EH4 在钼矿采空区探测中的应用. 地球物理学进展，28（3）：1541-1546.

底青云，Unsworth M，王妙月，等. 2004. 复杂介质有限元法 2.5 维可控源音频大地电磁法数值模拟. 地球物理学报，47（4）：723-730.

韩波，胡祥云，Schultz A，等. 2015. 复杂场源形态的海洋可控源电磁三维正演. 地球物理学报，58（3）：1059-1071.

何继善. 2010. 广域电磁测深法研究. 中南大学学报（自然科学版），41（3）：1065-1072.

侯增谦. 2004. 斑岩 Cu-Mo-Au 矿床：新认识与新进展. 地学前缘，11（1）：131-134.

嵇艳鞠，林君，朱凯光，等. 2005. 利用瞬变电磁技术进行地下水资源勘察. 地球物理学进展，20（3）：828-833.

姜志海，岳建华，刘志新. 2007. 矿井瞬变电磁法在老窑水超前探测中的应用. 工程地球物理学报，4（4）：291-294.

李建慧，朱自强，鲁光银，等. 2013a. 回线源瞬变电磁法的三维正演研究. 地球物理学进展，28（2）：754-765.

李建慧，胡祥云，曾思红，等. 2013b. 基于电场 Helmholtz 方程的回线源瞬变电磁法三维正演. 地球物理学报，56（12）：4256-4267.

李建慧，刘树才，焦险峰，等. 2015. 地—井瞬变电磁法三维正演研究. 石油地球物理勘探，50（3）：556-564.

李建慧，曹晓峰，凌成鹏，等. 2016a. 瞬变电磁法勘探的地电模型及其成功案例分析. 地球物理学进展，31（1）：232-250.

李建慧，Farquharson C G，等. 2016b. 基于电场总场矢量有限元法的接地长导线源三维正演. 地球物理学报，59（4）：1521-1534.

李建慧，胡祥云，陈斌，等. 2017. 复杂形态回线源激发电磁场的矢量有限元解. 石油地球物理勘探，52（6）：1324-1332.

李勇，吴小平，林品荣. 2015. 基于二次场电导率分块连续变化的三维可控源电磁有限元数值模拟. 地球物理学报，58（3）：1072-1087.

李予国，段双敏. 2014. 海洋可控源电磁数据预处理方法研究. 中国海洋大学学报，44（10）：106-112.

刘树才，刘志新，姜志海. 2005. 瞬变电磁法在煤矿采区水文勘探中的应用. 中国矿业大学学报，34（4）：414-417.

刘兆平，杨进，罗水余. 2010. 地球物理方法对垃圾填埋场探测的有效性试验研究. 地学前缘，

17（3）：250-259.
彭荣华，胡祥云，韩波，等.2016. 基于拟态有限体积法的频率域可控源三维正演计算. 地球物理学报，59（10）：3927-3939.
邱稚鹏，李展辉，李墩柱，等.2013. 基于非正交网格的带地形三维瞬变电磁场模拟. 地球物理学报，56（12）：4245-4255.
孙怀凤，李貅，李术才，等. 2013. 考虑关断时间的回线源激发 TEM 三维时域有限差分正演. 地球物理学报，56（3）：1049-1064.
王华军，罗延钟. 2003. 中心回线瞬变电磁法 2.5 维有限单元算法. 地球物理学报，46（6）：855-862.
王若，王妙月，底青云，等.2006. 频率域线源大地电磁法有限元正演模拟. 地球物理学报，49（6）：1858-1866.
熊彬，罗延钟. 2006. 电导率分块均匀的瞬变电磁 2.5 维有限元数值模拟. 地球物理学报，49（2）：590-597.
徐志锋，吴小平.2010. 可控源电磁三维频率域有限元模拟. 地球物理学报，53（8）：1931-1939.
薛国强，李貅.2008. 瞬变电磁隧道超前预报成像技术. 地球物理学报，51（3）：894-900.
薛国强，秦克章，李貅，等.2011. 西藏沙让特大型钼矿的发现与瞬变电磁法探查. 地球物理学进展，26（3）：954-960.
薛国强，陈卫营，周楠楠，等.2013. 接地源瞬变电磁短偏移深部探测技术. 地球物理学报，56（1）：255-261.
薛国强，闫述，陈卫营.2014. 接地源短偏移瞬变电磁法研究展望. 地球物理学进展，29（1）：177-181.
阎述，陈明生.1999a. 线源频率电磁测深二维正演（一）. 煤田地质与勘探，27（5）：60-62.
阎述，陈明生.1999b. 线源频率电磁测深二维正演（二）. 煤田地质与勘探，27（6）：56-59.
阎述，陈明生.2000. 电偶源频率电场测深三维地电模型有限元正演. 煤田地质与勘探，28（3）：50-56.
殷长春，任秀艳，刘云鹤，等.2015. 航空瞬变电磁法对地下典型目标体的探测能力研究. 地球物理学报，58（9）：3370-3379.
于景邨，刘志新，汤金云，等.2007. 用瞬变电磁法探查综放工作面顶板水体的研究. 中国矿业大学学报，36（4）：542-546.
曾昭发，陈雄，李静，等.2012. 地热地球物理勘探新进展. 地球物理学进展，27（1）：168-171.
张保祥，刘春华.2004. 瞬变电磁法在地下水勘查中的应用综述. 地球物理学进展，19（3）：537-542.
张博，殷长春，刘云鹤等.2016. 起伏地表频域/时域航空电磁系统三维正演模拟研究. 地球物理学报，59（4）：1506-1520.
张继锋，汤井田，喻言等.2009. 基于电场矢量波动方程的三维可控源电磁法有限单元法数值模拟. 地球物理学报，52（12）：3132-3141.
周建美，刘文韬，李貅等.2018. 双轴各向异性介质中回线源瞬变电磁三维拟态有限体积正演算法. 地球物理学报，61（1）：367-378.

周楠楠，薛国强，陈卫营，等 . 2011. 铁矿采空区的地球物理探测 . 地球物理学进展，26（2）：669-674.

Abate J，Whitt W. 1992. The Fourier-series method for inverting transforms of probability distributions. Queueing Systems，10：5-88.

Abate J，Valkó P P. 2004. Multi-precision laplace transform inversion. International Journal for Numerical Methods in Engineering，60：979-993.

Abate J，Whitt W. 2006. A unified framework for numerically inverting Laplace transforms. INFORMS Journal on Computing，18：408-421.

Abate J，Choudhury G L，Whitt W. 1996. On the Laguerre method for numerically inverting Laplace transforms. INFORMS Journal on Computing，8：413-427.

Abate J，Choudhury G L，Whitt W. 1999. An introduction to numerical transform inversion and its application to probability models. In：Grassman W K（ed.）. Computational Probability. New York：Springer.

Aktarakci H K，Harthill N，Blohm M W. 1997. Time-domain electromagnetic survey for gold exploration，Nevada. Geophysics，62（5）：1409-1418.

Amestoy P R，Guermouche A，L'Excellent J Y，et al. 2006. Hybrid scheduling for the parallel solution of linear systems. Parallel Computing，32（2）：136-156.

Anderson W L. 1983. Fourier cosine and sine transforms using lagged convolutions in double-precision（subprograms DLAGF0/DLAGF1）：Technical Report 83-320，U. S. Geological Survey.

Ansari SM，Farquharson C G. 2014. 3D finite-element forward modeling of electromagnetic data using vector and scalar potentials and unstructured grids. Geophysics，79（4）：E149-E165. doi：10. 1190/GEO2013-0172. 1.

Arango C，Marcuello A，Ledo J，et al. 2009. 3D magnetotelluric characterization of the geothermal anomaly in the Llucmajor aquifer system（Majorca，Spain）. Journal of Applied Geophysics，68（4）：479-488.

Asaue H，Koike K，Yoshinaga T，et al. 2006. Magnetotelluric resistivity modeling for 3D characterization of geothermal reservoirs in the Western side of Mt. Aso，SW Japan. Journal of Applied Geophysics，58（4）：296-312.

Auken E，Pellerin L，Christensen N B，et al. 2006. A survey of current trends in near-surface electrical and electromagnetic methods. Geophysics，71（5）：G249-G260.

Auken E，Violette S，d'Ozouville N，et al. 2009. An integrated study of the hydrogeology of volcanic islands using helicopter borne transient electromagnetic：Application in the Galápagos Archipelago. Comptes Rendus Geoscience，341（10-11）：899-907.

Ayachit U. 2015. The ParaView Guide：A Parallel Visualization Application. New York：Kitware，Inc.

Barrett R，Berry M，Chan T F，et al. 1994. Templates for the solution of linear systems：building blocks for iterative methods（2nd edition）. Philadelphia，PA：SIAM.

Barsukov P S，Fainberg E B. 2014. Transient marine electromagnetics in shallow water：A sensitivity and resolution study of the vertical electric field at short ranges. Geophysics，79（1）：E39-E49.

Bauer-Gottwein P，Gondwe B N，Christiansen L，et al. 2010. Hydrogeophysical exploration of three-dimensional salinity anomalies with the time-domain electromagnetic method（TDEM）. Journal of

Hydrology, 380 (3-4): 318-329.

Beran L S. 2005. Classification of Unexploded Ordnance. Victoria: The University of Victoria.

Beran L, Zelt B, Pasion L, et al. 2013. Practical strategies for classification of unexploded ordnance. Geophysics, 78 (1): E41-E46.

Bibby H M, Risk G F, Caldwell T G, et al. 2009. Investigations of deep resistivity structures at the Wairakei geothermal field. Geothermics, 38 (1): 98-107.

Billings S D, Pasion L R, Beran Laurens, et al. 2010. Unexploded ordnance discrimination using magnetic and electromagnetic sensors: Case study from a former military site. Geophysics, 75 (3): B103-B114.

Borgia A, Pruess K, Kneafsey T J, et al. 2012. Numerical simulation of salt precipitation in the fractures of a CO_2-enhanced geothermal system. Geothermics, 44: 13-22.

Börner R U, Ernst O G, Spitzer K. 2008. Fast 3-D simulation of transient electromagnetic fields by model reduction in the frequency domain using Krylov subspace projection. Geophysical Journal International, 173: 766-780.

Börner R U, Ernst O G, Güttel S. 2015. Three-dimensional transient electromagnetic modelling using rational Krylov methods. Geophysical Journal International, 202: 2025-2043.

Boucher M, Favreau G, Descloitres M, et al. 2009. Contribution of geophysical surveys to groundwater modelling of a porous aquifer in semiarid Niger: An overview. Comptes Rendus Geoscience, 341 (10-11): 800-809.

Cardador M H, Cuevas A L, Watanabe H. 2003. Experimental evaluation of hydrocarbon detection with the long-offset time-domain electromagnetic method in the Cretaceous carbonates of the Tampico-Misantla basin, Mexico. Journal of Applied Geophysics, 52 (2-3): 103-122.

Chen C S. 1998. Mapping plate boundaries using TEM method along the Longitudinal Valley, Taiwang. Geophysics, 63 (3): 868-879.

Chongo M, Wibroe J, Staal-Thomsen K, et al. 2011. The use of time domain electromagnetic method and continuous vertical electrical sounding to map groundwater salinity in the Barotse sub-basin, Zambia. Physics and Chemistry of the Earth, 36 (14-15): 798-805.

Chung Y, Son J S, Lee T J, et al. 2014. Three-dimensional modelling of controlled-source electromagnetic surveys using an edge finite-element method with a direct solver. Geophysical Prospecting, 62 (6): 1468-1483.

Collins J L, Everett M E, Johnson B. 2006. Detection of near-surface horizontal anisotropy in a weathered metamorphic schist at Llano Uplift (Texas) by transient electromagnetic induction. Physics of the Earth and Planetary Interiors, 158 (2-4): 159-173.

Commer M, Newman G A. 2004. A parallel finite-difference approach for 3D transient electromagnetic modeling with galvanic sources. Geophysics, 69 (5): 1192-1202.

Commer M, Helwig S L, Hördt A, et al. 2006. New results on the resistivity structure of Merapi Volcano (Indonesia), derived from three-dimensional restricted inversion of long-offset transient electromagnetic data. Geophysical Journal International, 167 (3): 1172-1187.

Commer M, Hoversten G M, Um E S. 2015. Transient-electromagnetic finite-difference time-domain earth modeling over steel infrastructure. Geophysics, 80 (2): E147-E162.

Connell D, Key K. 2013. A numerical comparison of time and frequency- domain marine electromagnetic methods for hydrocarbon exploration in shallow water. Geophysical Prospecting, 61: 187-199.

Constable S. 2010. Ten years of marine CSEM for hydrocarbon exploration. Geophysics, 75 (5): 75A67-75A81.

Constable S, Weiss C J. 2006. Mapping thin resistors and hydrocarbons with marine EM methods: Insights from 1D modeling. Geophysics, 71 (2): G43-G51.

Cooper N J, Swift R. 1994. The application of TEM to Cyprus- type massive sulfide exploration in Cyprus. Geophysics, 59 (2): 202-214.

Cumming W. 2009. A conceptual model approach to the geophysical exploration of permeable geothermal reservoirs that considers context and uncertainty. SEG Technical Program Expanded Abstracts 2009: 4326-4330.

d'Ozouville N, Auken E, Sorensen K, et al. 2008. Extensive perched aquifer and structural implications revealed by 3D resistivity mapping in a Galápagos volcano. Earth and Planetary Science Letters, 269 (3-4): 518-522.

Danielsen J E, Auken E, Jørgensen F, et al. 2003. The application of the transient electromagnetic method in hydrogeophysical surveys. Journal of Applied Geophysics, 53 (4): 181-198.

Dentith M, Mudge S T. 2014. Geophysics for the Mineral Exploration Geoscientist. Cambridge: Cambridge University Press.

Dickinson J E, Pool D R, Groom R W, et al. 2010. Inference of lithologic distributions in an alluvial aquifer using airborne transient electromagnetic surveys. Geophysics, 75 (4): WA149-WA161.

Druskin V L, Knizhnerman L A. 1988. Spectral differential- difference method for numeric solution of three- dimensional nonstationary problems of electric prospecting. Izvestiya: Earth Phys. , 24: 641-648.

Druskin V L, Knizhnerman L A. 1994. Spectral approach to solving three- dimensional Maxwell's equations in the time and frequencydomains. Radio Science, 29 (4): 937-648.

Druskin V L, Knizhnerman L A, Lee P. 1999. New spectral Lanczos decomposition method for induction modeling in arbitrary 3-D geometry. Geophysics, 64 (3): 701-706.

Druskin V L, Knizhnerman L A, Zaslavsky M. 2009. Solution of large scale evolutionary problems using rational Krylov subspaces with optimized shifts. SIAM Journal on Scientific Computing, 31 (5): 3760-3780.

Druskin V L, Lieberman C, Zaslavsky M. 2010. On adaptive choice of shifts in rational Krylov subspace reduction of evolutionary problems. SIAM Journal on Scientific Computing, 32 (5): 2485-2496.

Effersø F, Auken E, Sørensen K I. 1999. Inversion of band-limited TEM responses. Geophysical Prospecting, 47: 551-564.

Emond A M, Zhdanov M S, Petersen U. 2006. Electromagnetic modeling based on the rock physics description of the true complexity of rocks: Applications to study of the IP effect in porphyry copper deposits. SEG Technical Program Expanded Abstracts 2006: 1313-1317.

Endo M, Noguchi K. 2002. Chapter 6 Three-dimensional modeling considering the topography for the case of the time-domain electromagnetic method. Methods in Geochemistry and Geophysics, 35: 85-107.

Everett M E. 2009. Transient electromagnetic response of a loop source over a rough geological medium. Geophysical Journal International, 177 (2): 421-429.

Everett M E. 2013. Near-Surface Applied Geophysics. Cambridge: Cambridge University Press.

Everett M E, Edwards R N. 1993. Transient marine electromagnetics: the 2.5-D forward problem. Geophysical Journal International, 113 (3): 545-561.

Ezersky M, Legchenko A, Al-Zoubi A, et al. 2011. TEM study of the geoelectrical structure and groundwater salinity of the Nahal Hever sinkhole site, Dead Sea shore, Israel. Journal of Applied Geophysics, 75 (1): 99-112.

Farquharson C G, Oldenburg D W. 1993. Inversion of time-domain electromagnetic data for a horizontally layered earth. Geophysical Journal International, 114 (3): 433-442.

Farquharson C G, Oldenburg D W. 2002. An integral equation solution to the geophysical electromagnetic forward-modelling problems. In: Zhdanov M S, Wannamaker P E (eds.). Three-dimensional electromagnetics. Amsterdam: Elsevier, Inc.

Farquharson C G, Miensopust M P. 2011. Three-dimensional finite-element modelling of magnetotelluric data with a divergence correction. Journal of Applied Geophysics, 75: 699-710.

Flis M F, Newman G A, Hohmann G W. 1989. Induced-polarization effects in time-domain electromagnetic measurements. Geophysics, 54 (4): 514-523.

Flores C, Peralta-Ortega S A. 2009. Induced polarization with in-loop transient electromagnetic soundings: A case study of mineral discrimination at El Arco porphyry copper, Mexico. Journal of Applied Geophysics, 68 (3): 423-436.

Frumkin A, Ezersky M, Al-Zoubi A, et al. 2011. The Dead Sea sinkhole hazard: Geophysical assessment of salt dissolution and collapse. Geomorphology, 134 (1-2): 102-117.

Fu H, Wang Y, Um E S et al. 2015. A parallel finite element time-domain method for transient electromagnetic simulation. Geophysics, 80 (4): E213-E224.

Ghaedrahmati R, Moradzadeh A, Fathianpour N, et al. 2013. 3-D inversion of MT data from the Sabalan geothermal field, Ardabil, Iran. Journal of Applied Geophysics, 93: 12-24.

Goldman M M, Fitterman D V. 1987. Direct time-domain calculation of the transient response for a rectangular loop over a two-layer medium. Geophysics, 52 (7): 997-1006.

Grayver A V, Bürg M. 2014. Robust and scalable 3-D geo-electromagnetic modelling approach using the finite element method. Geophysical Journal International, 198 (2): 110-125.

Grayver A V, Streich R, Ritter O. 2014. 3D inversion and resolution analysis of land-based CSEM data from the Ketzin CO_2 storage formation. Geophysics, 79 (2): E101-E114.

Gupta P K, Raiche A P, Sugeng F. 1989. Three-dimensional time-domain electromagnetic modelling using a compact finite-element frequency-stepping method. Geophysical Journal International, 96 (3): 457-468.

Guptasarma D, Singh B. 1997. New digital linear filters for Hankel J_0 and J_1 transforms. Geophysical Prospecting, 45 (5): 745-762.

Haber E, Ascher U M, Aruliah D A, et al. 2000. Fast simulation of 3D electromagnetic problems using potentials. Journal of Computational Physics, 163 (1): 150-171.

Haber E, Ascher U M, Oldenburg D W. 2004. Inversion of 3D electromagnetic data in frequency and time domain using an inexact all-at-once approach. Geophysics, 69 (5): 1216-1228.

Haber E, Oldenburg D W, Shekhtman R. 2007. Inversion of time domain three-dimensional electromagnetic data. Geophysical Journal International, 171 (2): 550-564.

Hohmann G W. 1983. Three-dimensional EM modeling. Geophysical Surveys, 6 (1): 27-53.

Hördt A, Dautel S, Tezkan B, et al. 2000. Interpretation of long-offset transient electromagnetic data from the Odenwald area, Germany, using two-dimensional modelling. Geophysical Journal International, 140 (3): 577-586.

Hoversten G M, Commer M, Haber E, et al. 2015. Hydro-frac monitoring using ground time-domain electromagnetics. Geophysical Prospecting, 63 (6): 1508-1526.

Jahandari H, Farquharson C G. 2014. A finite-volume solution to the geophysical electromagnetic forward problem using unstructured grids. Geophysics, 79 (6): E287-E302.

Jahandari H, Farquharson C G. 2015. Finite-volume modelling of geophysical electromagnetic data on unstructured grids using potentials. Geophysical Journal International, 202 (3): 1859-1876.

Jang H, Jang H, Lee K H, et al. 2013. Step-off, vertical electromagnetic responses of a deep resistivity layer buried in marine sediments. Journal of Geophysics and Engineering, 10 (2): 025011.

Jeanne P, Rutqvist J, Vasco D. 2014. A 3D hydrogeological and geomechanical model of an enhanced geothermal system at the Geysers, California. Geothermics, 51: 240-252.

Jin J M. 2014. The finite element method in electromagnetics, 3rd. New York: John Wiley & Sons.

John D A. 2010. Porphyry Copper Deposit Model. U. S. Department of the Interior and U. S. Geological Survey.

Jørgensen F, Sandersen P, Auken E. 2003a. Imaging buried quaternary valleys using the transient electromagnetic method. Journal of Applied Geophysics, 53 (4): 199-213.

Jørgensen F, Lykke-Andersen H, Sandersen P B E, et al. 2003b. Geophysical investigations of buried Quaternary valleys in Denmark: an integrated application of transient electromagnetic soundings, reflection seismic surveys and exploratory drillings. Journal of Applied Geophysics, 53 (4): 215-228.

Kafri U, Goldman M. 2005. The use of the time domain electromagnetic method to delineate saline groundwater in granular and carbonate aquifers and to evaluate their porosity. Journal of Applied Geophysics, 57 (3): 167-178.

Kafri U, Goldman M, Lang B. 1997. Detection of subsurface brines, freshwater bodies and the interface configuration in-between by the time domain electromagnetic method in the Dead Sea Rift, Israel. Environmental Geology, 31 (1-2): 42-49.

Kafri U, Goldman M, Lyakhovsky V, et al. 2007. The configuration of the fresh-saline groundwater interface within the regional Judea Group carbonate aquifer in northern Israel between the Mediterranean and the Dead Sea base levels as delineated by deep geoelectromagnetic soundings. Journal of Hydrology, 344 (1-2): 123-134.

Kafri U, Goldman M, Levi E. 2008. The relationship between saline groundwater within the Arava Rift Valley in Israel and the present and ancient base levels as detected by deep geoelectromagnetic soundings. Environmental Geology, 54 (7): 1435-1445.

Kalscheuer T, Commer M, Helwig S L, et al. 2007. Electromagnetic evidence for an ancient avalanche caldera rim on the south flank of Mount Merapi, Indonesia. Journal of Volcanology and Geothermal Research, 162 (1-2): 81-97.

Kano P O, Brio M, Moloney J V. 2005. Application of weeks method for the numerical inversion of the laplace transform to the matrix exponential. Communications in Mathematical Sciences, 3: 335-372.

Key K. 2009. 1D inversion of multicomponent, multifrequency marine CSEM data: Methodology and synthetic studies for resolving thin resistive layers. Geophysics, 74 (2): F9-F20.

Key K. 2012. Is the fast Hankel transform faster than quadrature? Geophysics, 77 (3): F21-F30.

Khair H A, Cooke D, Hand M. 2015. Seismic mapping and geomechanical analyses of faults within deep hot granites, a workflow for enhanced geothermal system projects. Geothermics, 53: 46-56.

Knight J H, Raiche A P. 1982. Transient electromagnetic calculations using the Gaver-Stehfest inverse Laplace transform method. Geophysics, 47 (1): 47-50.

Kozhevnikov N, Tezkan B. 1998. The main structure and tectonic features of the Chernorud-Mukhor site on the western shore of Lake Baikal from TEM and SP measurements. Journal of Applied Geophysics, 39 (4): 237-250.

Kuhlman K L. 2013. Review of inverse Laplace transform algorithms for Laplace-space numerical approaches. Numerical Algorithms, 63: 339-355.

Lepper E, Elmore A C. 2005. Groundwater development in Lemoa, Guatemala. Environmental Geology, 48 (1): 49-56.

Li J H, Zhu Z Q, Liu S C, et al. 2011. 3D numerical simulation for the transient electromagnetic field excited by the central loop based on the vector finite-element method. Journal of Geophysics and Engineering, 8 (4): 560-567.

Li J H, Farquharson C G, Hu X. 2016. Three effective inverse Laplace transform algorithms for computing time-domain electromagnetic responses. Geophysics, 81 (2): E113-E128.

Li J H, Farquharson C G, Hu X. 2017. 3D vector finite-element electromagnetic forward modeling for large loop sources using a total-field algorithm and unstructured tetrahedral grids. Geophysics, 82 (1): E1-E16.

Li J H, Lu X, Farquharson C G, et al. 2018. A finite-element time-domain forward solver for electromagnetic methods with complex-shaped loop sources. Geophysics, 83 (3): E117-E132.

Li Y, Key K. 2007. 2D marine controlled-source electromagnetic modeling: Part 1—An adaptive finite-element algorithm. Geophysics, 72 (2): WA51-WA62.

Li Y G, Constable S. 2010. Transient electromagnetic in shallow water: insights from 1D modeling. Chinese Journal of Geophysics, 53 (4): 737-742.

Li Z, Huang Q. 2015. Three dimensional TEM forward modeling using FDTD accelerated by GPU. Presented at the Fall Meeting, AGU, Abstract NS31A-1957.

Lugão P P, LaTerra E F, Kriegshäuser B, et al. 2002. Magnetotelluric studies of the Caldas Novas geothermal reservoir, Brazil. Journal of Applied Geophysics, 49 (1-2): 33-46.

MacNeil R E, Sanford W E, Connor C B, et al. 2007. Investigation of the groundwater system at Masaya Caldera, Nicaragua, using transient electromagnetics and numerical simulation. Journal of

Volcanology and Geothermal Research, 166 (3-4): 217-232.

Maher M J. 1992. Transient electromagnetic surveys in the Okiep district. Geophysics, 57 (5): 736-745.

Massoud U, Santos F, Qady G E, et al. 2010. Identification of the shallow subsurface succession and investigation of the seawater invasion to the Quaternary aquifer at the northern part of El Qaa plain, Southern Sinai, Egypt by transient electromagnetic data. Geophysical Prospecting, 58 (2): 267-277.

Meier P, Kalscheuer T, Podgorski J E, et al. 2014. Hydrogeophysical investigations in the western and north-central Okavango Delta (Botswana) based on helicopter and ground-based transient electromagnetic data and electrical resistance tomography. Geophysics, 79 (5): B201-B211.

Meju M A, Fontes S L, Oliveira M F B, et al. 1999. Regional aquifer mapping using combined VES-TEM-AMT/EMAP methods in the semiarid eastern margin of Parnaiba Basin, Brazil. Geophysics, 64 (2): 337-356.

Meju M A, Fenning P J, Hawkins T R W. 2000. Evaluation of small-loop transient electromagnetic soundings to locate the Sherwood Sandstone aquifer and confining formations at well sites in the Vale of York, England. Journal of Applied Geophysics, 44 (2-3): 217-236.

Mitsuhata Y. 2000. 2-D electromagnetic modeling by finite-element method with a dipole source and topography. Geophysics, 65 (2): 465-475.

Mitsuhata Y, Uchida T, Amano H. 2002. 2. 5-D inversion of frequency-domain electromagnetic data generated by a grounded-wire source. Geophysics, 67 (6): 1753-1768.

Mitsuhata Y, Uchida T, Matsuo K, et al. 2006. Various-scale electromagnetic investigations of high-salinity zones in a coastal plain. Geophysics, 71 (6): B167-B173.

Mollidor L, Tezkan B, Bergers R, et al. 2013. Float-transient electromagnetic method: In-loop transient electromagnetic measurements on Lake Holzmaar, Germany. Geophysical Prospecting, 61 (5): 1056-1064.

Montella C, Michel R, Diard J P. 2007. Numerical inversion of Laplace transforms. A useful tool for evaluation of chemical diffusion coefficients in ion-insertion electrodes investigated by PITT. Journal of Electroanalytical Chemistry, 608: 37-46.

Napier S R. 2007. Practical inversion of 3D time domain electromagnetic data: Application to the San Nicolás deposit. Vancouver: The University of British Columbia.

Nenna V, Herckenrath D, Knight R, et al. 2013. Application and evaluation of electromagnetic methods for imaging saltwater intrusion in coastal aquifers: Seaside Groundwater Basin, California. Geophysics, 78 (2): B77-B88.

Newman G A. 1995. Frequency-domain modeling of airborne electromagnetic responses using staggered finite differences. Geophys Prosp, 43 (8): 1021-1042.

Newman G A, Hohmann G W, Anderson W L. 1986. Transient electromagnetic response of a 3D body in a layered earth. Geophysics, 51 (8): 1608-1627.

Newman G A, Gasperikova E, Hoversten G M, et al. 2008. Three-dimensional magnetotelluric characterization of the Coso geothermal field. Geothermics, 37 (4): 369-399.

Nielsen L, Jørgensen N O, Gelting P. 2007. Mapping of the freshwater lens in a coastal aquifer on the

Keta Barrier (Ghana) by transient electromagnetic soundings. Journal of Applied Geophysics, 62 (1): 1-15.

Oldenburg D W, Li Y, Ellis R G. 1997. Inversion of geophysical data over a copper gold porphyry deposit: A case history for Mt. Milligan. Geophysics, 62 (5): 1419-1431.

Oldenburg D W, Haber E, Shekhtman R. 2013. Three dimensional inversion of multisource time-domain electromagnetic data. Geophysics, 78 (1): E47-E57.

Oskooi B, Pedersen L B, Smirnov M, et al. 2005. The deep geothermal structure of the Mid-Atlantic Ridge deduced from MT data in SW Iceland. Physics of the Earth and Planetary Interiors, 150 (1-3): 183-195.

Pasion L R. 1999. Detection unexploded ordnance with time domain electromagnetic induction. Vancouver: The University of British Columbia.

Pasion L R. 2007. Inversion of time domain electromagnetic data for the detection of unexploded ordnance. Vancouver: The University of British Columbia.

Peacock J R, Thiel S, Heinson G S, et al. 2013. Time-lapse magnetotelluric monitoring of an enhanced geothermal system. Geophysics, 78 (3): B121-B130.

Pellerin L. 2002. Applications of electrical and electromagnetic methods for environmental and geotechnical investigations. Surveys in Geophysics, 23 (2-3): 101-132.

Pellerin L, Johnston J M, Hohmann G W. 1996. A numerical evaluation of electromagnetic methods in geothermal exploration. Geophysics, 61 (1): 121-130.

Phillips N D. 2001. Geophysical inversion in an integrated exploration program: Examples from the San Nicolás deposit. Vancouver: The University of British Columbia.

Porsani J L, Almeida E R, Bortolozo C A, et al. 2012a. TDEM survey in an area of seismicity induced by water wells in Paraná sedimentary basin, Northern São Paulo State, Brazil. Journal of Applied Geophysics, 82: 75-83.

Porsani J L, Bortolozo C A, Almeida E R, et al., 2012b. TDEM survey in urban environmental for hydrogeological study at USP campus in São Paulo city, Brazil. Journal of Applied Geophysics, 76: 102-108.

Raiche A P. 1987. Transient electromagnetic field computations for polygonal loops on layered earths. Geophysics, 52 (6): 785-793.

Raiche A P, Jupp D L B, Rutter H, et al. 1985. The joint use of coincident loop transient electromagnetic and Schlumberger sounding to resolve layered structures. Geophysics, 50 (10): 1618-1627.

Ren Z, Kalscheuer T, Greenhalgh S, et al. 2013. A goal-oriented adaptive finite-element approach for plane wave 3-D electromagnetic modelling. Geophysical Journal International, 194 (2): 700-718.

Risk G F, Caldwell T G, Bibby H M. 2003. Tensor time domain electromagnetic resistivity measurements at Ngatamariki geothermal field, New Zealand. Journal of Volcanology and Geothermal Research, 127 (1-2): 33-54.

Robineau B, Ritz Michel, Courteaud M, et al. 1997. Electromagnetic investigations of aquifers in the Grand Brulé Coastal area of Piton de la Fournaise volcano, Reunion island. Groundwater, 35 (4): 585-592.

Rödder A, Tezkan B. 2013. A 3D resistivity model derived from transient electromagnetic data observed on the Araba fault, Jordan. Journal of Applied Geophysics, 88: 42-51.

Rücker C, Günther T, Spitzer K. 2006. Three- dimensional modelling and inversion of dc resistivity data incorporating topography-I. Modelling. Geophysical Journal International, 166 (2): 495-505.

Saad Y. 2003. Iterative methods for sparse linear systems (2nd edition) . Philadelphia, PA: SIAM.

Sandersen P, Jørgensen F. 2003. Buried Quaternary valleys in the western part of Denmark—occurrence and implications for groundwater resources and vulnerability. Journal of Applied Geophysics, 53 (4), 229-248.

Sanfilipo W A, Hohmann G W. 1985. Integral equation solution for the transient electromagnetic response of a three-dimensional body in a conductive half-space. Geophysics, 50 (5): 798-809.

Sasaki Y, Meju M A. 2009. Useful characteristics of shallow and deep marine CSEM responses inferred from 3D finite-difference modeling. Geophysics, 74 (5): F67-F76.

Sasaki Y, Yi M J, Choi J, et al. 2015. Frequency and time domain three-dimensional inversion of electromagnetic data for a grounded-wire source. Journal of Applied Geophysics, 112: 106-114.

Schmutz M, Guérin R, Andrieux P, et al. 2009. Determination of the 3D structure of an earthflow by geophysical methods: The case of Super Sauze, in the French southern Alps. Journal of Applied Geophysics, 68 (4): 500-507.

Schwarzbach C, Börner R-U, Spitzer K. 2011. Three-dimensional adaptive higher order finite element simulation for geo- electromagnetics—a marine CSEM example. Geophysical Journal International, 187 (1): 63-74.

Si H. 2013. TetGen, A quality tetrahedral mesh generator and 3D Delaunay triangulator, Version 1.5 User's Manual. Technical Report 13, Weierstrass Institute for Applied Analysis and Stochastics.

Si H. 2015. TetGen, a Delaunay-based quality tetrahedral mesh generator. ACM Transactions on Mathematical Software, 41 (2): 1-36.

Smith R S, Annan A P, Lemieux, et al. 1996. Application of a modified GEOTEMT® system to reconnaissance exploration for kimberlites in the Point Lake area, NWT, Canada. Geophysics, 61 (1): 82-92.

Spichak V, Manzella A. 2009. Electromagnetic sounding of geothermal zones. Journal of Applied Geophysics, 68 (4): 459-478.

Srigutomo W, Kagiyama T, Kanda W, et al. 2008. Resistivity structure of Unzen Volcano derived from time domain electromagnetic (TDEM) survey. Journal of Volcanology and Geothermal Research, 175 (1-2): 231-240.

Stehfest H. 1970. Algorithm 368, numerical inversion of Laplace transforms. Communications of the ACM, 13: 47-49.

Strack K M, Lüschen E, Kötz A W. 1990. Long- offset transient electromagnetic (LOTEM) depth soundings applied to crustal studies in the Black Forest and Swabian Alb, Federal Republic of Germany. Geophysics, 55 (7): 834-842.

Streich R. 2009. 3D finite- difference frequency- domain modeling of controlled- source electromagnetic data: Direct solution and optimization for high accuracy. Geophysics, 74 (5): F95-F105.

Sugeng F. 1998. Modeling the 3D TDEM response using the 3D full- domain finite- element method based on the hexahedral edge-element technique. Exploration Geophysics, 29.

Sun H F, Li X, Li S C, et al. 2012. Multi-component and multi-array TEM detection in karst tunnels. Journal of Geophysics and Engineering, 9 (4): 359-373.

Swidinsky A, Edwards R N. 2009. The transient electromagnetic response of a resistive sheet: straightforward but not trivial. Geophysical Journal International, 179 (3): 1488-1498.

Swidinsky A, Hölz S, Jegen M. 2012. On mapping seafloor mineral deposits with central loop transient electromagnetics. Geophysics, 77 (3): E171-E184.

Swidinsky A, Edwards R N, Jegen M. 2013. The marine controlled source electromagnetic response of a steel borehole casing: applications for the NEPTUNE Canada gas hydrate observatory. Geophysical Prospecting, 61 (4): 842-856.

Talbot A. 1979. The accurate numerical inversion of Laplace transforms. IMA Journal of Applied Mathematics, 23: 97-120.

Taylor K, Widmer M, Chesley M. 1992. Use of transient electromagnetics to define local hydrogeology in an arid alluvial environment. Geophysics, 57 (2): 343-352.

Tezkan B, Goldman M, Greinwald S. 1996. A joint application of radiomagnetotellurics and transient electromagnetics to the investigation of a waste deposit in Cologne (Germany). Journal of Applied Geophysics, 34 (3): 199-212.

Todd B J, Dallimore S R. 1998. Electromagnetic and geological transect across permafrost terrain, Mackenzie River delta, Canada. Geophysics, 63 (6): 1914-1924.

Um E S, Harris J M, Alumbaugh D L. 2010. Three-dimensional time-domain simulation of electromagnetic diffusion phenomena: A finite-element electric-field approach. Geophysics, 75 (4): F115-F126.

Um E S, Harris J M, Alumbaugh D L. 2012a. An iterative finiteelement time-domain method for simulating electromagnetic diffusion in 3D earth. Geophysical Journal International, 190 (2): 871-886.

Um E S, Alumbaugh D L, Harris J M, et al. 2012b. Numerical modeling analysis of short-offset electric-field measurements with a vertical electric dipole source in complex offshore environments. Geophysics, 77 (5): E329-E341.

Um E S, Commer M, Newman G A. 2013. Efficient pre-conditioned iterative solution strategies for the electromagnetic diffusion in the Earth: Finite-element frequency-domain approach. Geophysical Journal International, 193 (3): 1460-1473.

Um E S, Commer M, Newman G A. 2015. Finite element modelling of transient electromagnetic fields near steel-cased wells. Geophysical Journal International, 202 (2): 901-913.

Unsworth M J, Travis B J, Chave A D. 1993. Electromagnetic induction by a finite electric dipole source over a 2-D earth. Geophysics, 58 (2): 198-214.

Utada H, Takahashi Y, Morita Y, et al. 2007. ACTIVE system for monitoring volcanic activity: A case study of the Izu-Oshima Volcano, Central Japan. Journal of Volcanology and Geothermal Research, 164 (4): 217-243.

Valkó P P, Abate J. 2004. Comparison of Sequence accelerators for the Gaver method of numerical Laplace transform inversion. Computers and Mathematics with Applications, 48 (3-4): 629-636.

Vallée M A, Smith R S, Keating P. 2010. Case history of combined airborne time- domain electromagnetics and power- line field survey in Chibougamau, Canada. Geophysics, 75 (2): B67-B72.

Vrbancich J. 2009. An investigation of seawater and sediment depth using a prototype airborne electromagnetic instrumentation system - a case study in Broken Bay, Australia. Geophysical Prospecting, 57 (4): 633-651.

Wang T, Hohmann G W. 1993. A finite-difference time-stepping solution for three-dimensional electromagnetic modeling. Geophysics, 58 (1): 1646.

Wang T, Tripp A C, Hohmann G W. 1995. Studying the TEM response of a 3-D conductor at a geological contact using the FDTD method. Geophysics, 60 (4): 1265-1269.

Ward S H, Hohmann G W. 1988. Electromagnetic theory for geophysical applications. In: Nabighian M N (ed.) . Electromagnetic methods in applied geophysics: Volume 1, Theory. SEG.

Weeks W T. 1966. Numerical inversion of Laplace transforms using Laguerre functions. Journal of the Association for Computing Machinery, 13: 419-426.

Weiss C J, Constable S. 2006. Mapping thin resistors and hydrocarbons with marine EM methods, Part II — Modeling and analysis in 3D. Geophysics, 71 (6): G321-G332.

Woods V W. 2006. Geophysical report on a fixed-loop and borehole transient EM survey, Grid area C, Red hill property. Avalon Ventures LTD.

Xue G Q, Bai C Y, Yan S, et al. 2012a. Deep sounding TEM investigation method based on a modified fixed central-loop system. Journal of Applied Geophysics, 76: 23-32.

Xue G Q, Qin K Z, Li X, et al. 2012b. Discovery of a large-scale porphyry molybdenum deposit in Tibet through a modified TEM exploration method. Journal of Environmental and Engineering Geophysics, 17 (1): 19-25.

Xue G Q, Gelius L J, Sakyi P A, et al. 2014. Discovery of a hidden BIF deposit in Anhui province, China by integrated geological and geophysical investigations. Ore Geology Reviews, 63 (1): 470-477.

Yang C H, Tong L T, Huang C F. 1999. Combined application of dc and TEM to sea-water intrusion mapping. Geophysics, 64 (2): 417-425.

Yang D, Oldenburg D W. 2012. Three-dimensional inversion of airborne time-domain electromagnetic data with applications to a porphyry deposit. Geophysics, 77 (2): B23-B34.

Yang D, Oldenburg D W, Haber E. 2014. 3-D inversion of airborne electromagnetic data parallelized and accelerated by local mesh and adaptive soundings. Geophysical Journal International, 196 (3): 1492-1507.

Yin C, Fraser D C. 2004. Attitude corrections of helicopter EM data using a superposed dipole model. Geophysics, 69 (2): 431-439.

Yin C, Qi Y, Liu Y. 2016. 3D time-domain airborne EM modeling for an arbitrarily anisotropic earth. Journal of Applied Geophysics, 131: 163-178.

Young M E, de Bruijn R G M, Al-Ismaily Q. 1998. Exploaration of an alluvial aquifer in Oman by time-doamin electromagnetic sounding. Hydrogeology Journal, 6 (3): 383-393.

Young M E, Macumber P G, Watts M D, et al. 2004. Electromagnetic detection of deep freshwater lenses in a hyper-arid limestone terrain. Journal of Applied Geophysics, 57 (1): 43-67.

Yu G, Strack K, Gunnarsson A, et al. 2008. Characterizing a geothermal reservoir using broadband 2-D MT surveys in Theistareykir, Iceland. SEG Technical Program Expanded Abstracts 2012: 1152-1155.

Zaslavsky M, Druskin V L, Knizhnerman L A. 2011. Solution of 3D time- domain electromagnetic problems using optimal subspace projection. Geophysics, 76 (6): F339-F351.

Zhang Z, Xiao J. 2001. Inversions of surface and borehole data from large-loop transient electromagnetic system over a 1-D earth. Geophysics, 66 (4): 1090-1096.

Zhdanov M S. 2010. Electromagnetic geophysics: Notes from the past and the road ahead. Geophysics, 75 (5): A49-A66.

Zhdanov M S, Endo M, Cox L H, et al. 2014. Three-dimensional inversion of towed streamer electromagnetic data. Geophysical Prospecting, 62 (3): 552-572.

附　　录

附录 A　基于矩形块单元的矢量有限单元法

本书研究采用 Whitney 型矢量插值型基函数。在矩形块单元中，x、y 和 z 三个方向上棱边长度分别为 l_x、l_y 和 l_z，几何中心点坐标为（x_e^c，y_e^c，z_e^c）。将电场切向分量分别赋予矩形块单元的各棱边上，我们可将一个矩形块单元内 x、y 和 z 三个方向的频率域电场异常场表示为

$$\begin{cases} E_e^{ax} = \sum_{i=1}^{4} E_e^{axi} N_e^{xi} \\ E_e^{ay} = \sum_{i=1}^{4} E_e^{ayi} N_e^{yi} \\ E_e^{az} = \sum_{i=1}^{4} E_e^{azi} N_e^{zi} \end{cases} \tag{A.1}$$

式中，E_e^{axi}、E_e^{ayi} 和 E_e^{azi} 分别为单元 e 内 x、y 和 z 三个方向各棱边上待求解的电场异常场值；N_e^{xi}、N_e^{yi} 和 N_e^{zi} 分别为单元内 x、y 和 z 三个方向上的矢量基函数，由以下三式确定：

$$\begin{cases} N_e^{x1} = \frac{1}{l_y l_z}\left(y_e^c + \frac{l_y}{2} - y\right)\left(z_e^c + \frac{l_z}{2} - z\right), \quad N_e^{x2} = \frac{1}{l_y l_z}\left(y - y_e^c + \frac{l_y}{2}\right)\left(z_e^c + \frac{l_z}{2} - z\right) \\ N_e^{x3} = \frac{1}{l_y l_z}\left(y_e^c + \frac{l_y}{2} - y\right)\left(z - z_e^c + \frac{l_z}{2}\right), \quad N_e^{x4} = \frac{1}{l_y l_z}\left(y - y_e^c + \frac{l_y}{2}\right)\left(z - z_e^c + \frac{l_z}{2}\right) \end{cases} \tag{A.2}$$

$$\begin{cases} N_e^{y1} = \frac{1}{l_z l_x}\left(z_e^c + \frac{l_z}{2} - z\right)\left(x_e^c + \frac{l_x}{2} - x\right), \quad N_e^{y2} = \frac{1}{l_z l_x}\left(z - z_e^c + \frac{l_z}{2}\right)\left(x_e^c + \frac{l_x}{2} - x\right) \\ N_e^{y3} = \frac{1}{l_z l_x}\left(z_e^c + \frac{l_z}{2} - z\right)\left(x - x_e^c + \frac{l_x}{2}\right), \quad N_e^{y4} = \frac{1}{l_z l_x}\left(z - z_e^c + \frac{l_z}{2}\right)\left(x - x_e^c + \frac{l_x}{2}\right) \end{cases} \tag{A.3}$$

$$\begin{cases} N_e^{z1} = \frac{1}{l_x l_y}\left(x_e^c + \frac{l_x}{2} - x\right)\left(y_e^c + \frac{l_y}{2} - y\right), \quad N_e^{z2} = \frac{1}{l_x l_y}\left(x - x_e^c + \frac{l_x}{2}\right)\left(y_e^c + \frac{l_y}{2} - y\right) \\ N_e^{z3} = \frac{1}{l_x l_y}\left(x_e^c + \frac{l_x}{2} - x\right)\left(y - y_e^c + \frac{l_y}{2}\right), \quad N_e^{z4} = \frac{1}{l_x l_y}\left(x - x_e^c + \frac{l_x}{2}\right)\left(y - y_e^c + \frac{l_y}{2}\right) \end{cases} \tag{A.4}$$

按照图 A.1 中的棱边编号，可将一个矩形块单元中的待求电场异常场 $\boldsymbol{E}_e^a$ 表示为

$$\boldsymbol{E}_e^a = \sum_{i=1}^{12} E_e^{ai} \boldsymbol{N}_e^i \tag{A.5}$$

式中，$\boldsymbol{N}_e^i = N_e^{xi}\boldsymbol{x}$、$\boldsymbol{N}_e^{i+4} = N_e^{yi}\boldsymbol{y}$ 和 $\boldsymbol{N}_e^{i+8} = N_e^{zi}\boldsymbol{z}$，其中 $i=1, 2, 3, 4$。

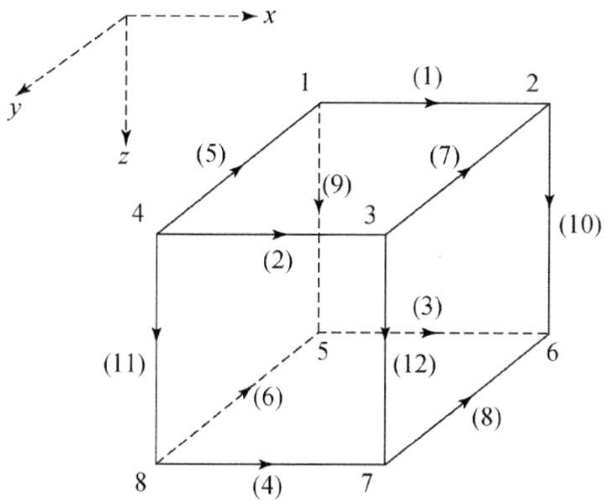

图 A.1　矩形块单元中棱边与节点编号示意图

对于 $\boldsymbol{A}_e$，其表达式为

$$\boldsymbol{A}_e = \int_{\Omega_e} (\nabla \times \boldsymbol{N}_k) \cdot (\nabla \times \boldsymbol{N}_j) \mathrm{d}\Omega_e \tag{A.6}$$

可用分块矩阵来表示：

$$\boldsymbol{A}_e = \begin{bmatrix} \boldsymbol{A}_e^{xx} & \boldsymbol{A}_e^{xy} & \boldsymbol{A}_e^{xz} \\ \boldsymbol{A}_e^{yx} & \boldsymbol{A}_e^{yy} & \boldsymbol{A}_e^{yz} \\ \boldsymbol{A}_e^{zx} & \boldsymbol{A}_e^{zy} & \boldsymbol{A}_e^{zz} \end{bmatrix} \tag{A.7}$$

式中，$\boldsymbol{A}_e^{xx}$，…，$\boldsymbol{A}_e^{zz}$ 为分块矩阵 $\boldsymbol{A}_e$ 的子矩阵，由下式确定：

$$\begin{cases} [\boldsymbol{A}_e^{xx}] = \int_{\Omega_e} \left(\dfrac{\partial \{N_e^x\}}{\partial y} \dfrac{\partial \{N_e^x\}^{\mathrm{T}}}{\partial y} + \dfrac{\partial \{N_e^x\}}{\partial z} \dfrac{\partial \{N_e^x\}^{\mathrm{T}}}{\partial z} \right) \mathrm{d}\Omega_e \\ [\boldsymbol{A}_e^{xy}] = [\boldsymbol{A}_e^{yx}]^{\mathrm{T}} = -\int_{\Omega_e} \dfrac{\partial \{N_e^x\}}{\partial y} \dfrac{\partial \{N_e^y\}^{\mathrm{T}}}{\partial x} \mathrm{d}\Omega_e \\ [\boldsymbol{A}_e^{yy}] = \int_{\Omega_e} \left(\dfrac{\partial \{N_e^y\}}{\partial z} \dfrac{\partial \{N_e^y\}^{\mathrm{T}}}{\partial z} + \dfrac{\partial \{N_e^y\}}{\partial x} \dfrac{\partial \{N_e^y\}^{\mathrm{T}}}{\partial x} \right) \mathrm{d}\Omega_e \\ [\boldsymbol{A}_e^{yz}] = [\boldsymbol{A}_e^{zy}]^{\mathrm{T}} = -\int_{\Omega_e} \dfrac{\partial \{N_e^y\}}{\partial z} \dfrac{\partial \{N_e^z\}^{\mathrm{T}}}{\partial y} \mathrm{d}\Omega_e \\ [\boldsymbol{A}_e^{zz}] = \int_{\Omega_e} \left(\dfrac{\partial \{N_e^z\}}{\partial x} \dfrac{\partial \{N_e^z\}^{\mathrm{T}}}{\partial x} + \dfrac{\partial \{N_e^z\}}{\partial y} \dfrac{\partial \{N_e^z\}^{\mathrm{T}}}{\partial y} \right) \mathrm{d}\Omega_e \\ [\boldsymbol{A}_e^{zx}] = [\boldsymbol{A}_e^{xz}]^{\mathrm{T}} = -\int_{\Omega_e} \dfrac{\partial \{N_e^x\}}{\partial z} \dfrac{\partial \{N_e^z\}^{\mathrm{T}}}{\partial x} \mathrm{d}\Omega_e \end{cases} \tag{A.8}$$

经积分运算，式（A.8）可化简为

$$\begin{cases} [\boldsymbol{A}_e^{xx}] = \dfrac{l_x l_z}{6l_y}[\boldsymbol{K}_1] + \dfrac{l_x l_y}{6l_z}[\boldsymbol{K}_2], \quad [\boldsymbol{A}_e^{xy}] = [\boldsymbol{A}_e^{yx}]^{\mathrm{T}} = -\dfrac{l_z}{6}[\boldsymbol{K}_3] \\ [\boldsymbol{A}_e^{yy}] = \dfrac{l_x l_y}{6l_z}[\boldsymbol{K}_1] + \dfrac{l_y l_z}{6l_x}[\boldsymbol{K}_2], \quad [\boldsymbol{A}_e^{zx}] = [\boldsymbol{A}_e^{xz}]^{\mathrm{T}} = -\dfrac{l_y}{6}[\boldsymbol{K}_3] \\ [\boldsymbol{A}_e^{zz}] = \dfrac{l_y l_z}{6l_x}[\boldsymbol{K}_1] + \dfrac{l_x l_z}{6l_y}[\boldsymbol{K}_2], \quad [\boldsymbol{A}_e^{yz}] = [\boldsymbol{A}_e^{zy}]^{\mathrm{T}} = -\dfrac{l_x}{6}[\boldsymbol{K}_3] \end{cases} \tag{A.9}$$

$[\boldsymbol{K}_1]$、$[\boldsymbol{K}_2]$ 和 $[\boldsymbol{K}_3]$ 分别为

$$[\boldsymbol{K}_1] = \begin{bmatrix} 2 & -2 & 1 & -1 \\ -2 & 2 & -1 & 1 \\ 1 & -1 & 2 & -2 \\ -1 & 1 & -2 & 2 \end{bmatrix}, \ [\boldsymbol{K}_2] = \begin{bmatrix} 2 & 1 & -2 & -1 \\ 1 & 2 & -1 & -2 \\ -2 & -1 & 2 & 1 \\ -1 & -2 & 1 & 2 \end{bmatrix} \text{和} \ [\boldsymbol{K}_3] = \begin{bmatrix} 2 & 1 & -2 & -1 \\ -2 & -1 & 2 & 1 \\ 1 & 2 & -1 & -2 \\ -1 & -2 & 1 & 2 \end{bmatrix}。$$

对于 $\boldsymbol{B}_e$，其表达式为

$$\boldsymbol{B}_e = \int_{\Omega_e} \boldsymbol{N}_k \cdot \boldsymbol{N}_j \mathrm{d}\Omega_e \tag{A.10}$$

按分块矩阵表示为

$$\boldsymbol{B}_e = \begin{bmatrix} \boldsymbol{B}_e^{xx} & 0 & 0 \\ 0 & \boldsymbol{B}_e^{yy} & 0 \\ 0 & 0 & \boldsymbol{B}_e^{zz} \end{bmatrix} \tag{A.11}$$

式中，$\boldsymbol{B}_e^{xx}$，$\boldsymbol{B}_e^{yy}$，$\boldsymbol{B}_e^{zz}$ 为分块矩阵 $\boldsymbol{B}_e$ 的子矩阵，其具体形式为

$$\boldsymbol{B}_e^{xx} = \boldsymbol{B}_e^{yy} = \boldsymbol{B}_e^{zz} = \int_{\Omega_e} \{N_e^x\}\{N_e^x\}^{\mathrm{T}} \mathrm{d}\Omega_e = \frac{l_x l_y l_z}{36} \begin{bmatrix} 4 & 2 & 2 & 1 \\ 2 & 4 & 1 & 2 \\ 2 & 1 & 4 & 2 \\ 1 & 2 & 2 & 4 \end{bmatrix} \tag{A.12}$$

附录 B　基于四面体单元的矢量有限单元法

四面体单元 e 中，节点编号、棱边编号及二者的对应关系详见图 B.1。棱边 k 的 Whitney 型矢量插值基函数 $\boldsymbol{N}_k$ 为

$$\boldsymbol{N}_k = (L_{k_1}^e \nabla L_{k_2}^e - L_{k_2}^e \nabla L_{k_1}^e) l_k^e \tag{B.1}$$

式中，l_k^e 为棱边 k 的长度，k_1 和 k_2 表示棱边 i 的顶点。$L_{k_1}^e$ 和 $L_{k_2}^e$ 为空间坐标函数，$L_{k_1}^e$ 函数在顶点 k_1 处为 1，沿棱边 k 逐渐衰减，顶点 k_1 时衰减至 0；$L_{k_2}^e$ 函数反之。

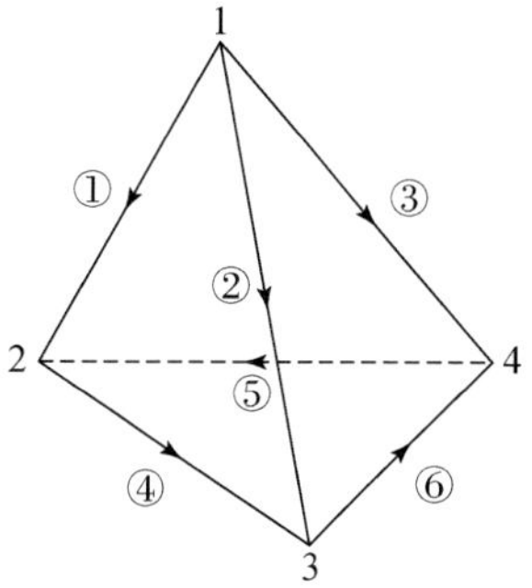

图 B.1　四面体单元中，节点及棱边编号

以四面体单元 e 为例，对 $\boldsymbol{A}_e=\int_{\Omega_e}(\nabla\times\boldsymbol{N}_k)\cdot(\nabla\times\boldsymbol{N}_j)\,\mathrm{d}\Omega_e$ 和 $\boldsymbol{B}_e=\int_{\Omega_e}\boldsymbol{N}_k\cdot\boldsymbol{N}_j\,\mathrm{d}\Omega_e$ 进行单元分析（Jin，2014）。对矢量基函数取旋度，有

$$
\begin{aligned}
\nabla\times\boldsymbol{N}_k &= 2l_k^e\,\nabla L_{k_1}^e\times\nabla L_{k_2}^e\\
&=\frac{l_k^e}{(6\Omega_e)^2}\left[\left(c_{k_1}^e d_{k_2}^e-d_{k_1}^e c_{k_2}^e\right)\boldsymbol{x}+\left(d_{k_1}^e b_{k_2}^e-b_{k_1}^e d_{k_2}^e\right)\boldsymbol{y}+\left(b_{k_1}^e c_{k_2}^e-c_{k_1}^e b_{k_2}^e\right)\boldsymbol{z}\right]
\end{aligned}
\tag{B.2}
$$

式中，Ω_e 为该四面体体积；b_k^e、c_k^e 和 d_k^e 均为关于四面体顶点坐标的函数。

假定坐标 (x_1, y_1, z_1)、(x_2, y_2, z_2)、(x_3, y_3, z_3) 和 (x_4, y_4, z_4) 为四面体单元 e 的 4 个节点坐标。四面体体积 Ω_e 可由下式确定：

$$
\Omega_e=\frac{1}{6}\times\begin{vmatrix}1&1&1&1\\x_1&x_2&x_3&x_4\\y_1&y_2&y_3&y_4\\z_1&z_2&z_3&z_4\end{vmatrix}
\tag{B.3}
$$

b_k^e、c_k^e 和 d_k^e 可由以下三式确定：

$$
b_1^e=-\begin{vmatrix}1&1&1\\y_2&y_3&y_4\\z_2&z_3&z_4\end{vmatrix}\quad
b_2^e=\begin{vmatrix}1&1&1\\y_1&y_3&y_4\\z_1&z_3&z_4\end{vmatrix}\quad
b_3^e=-\begin{vmatrix}1&1&1\\y_1&y_2&y_4\\z_1&z_2&z_4\end{vmatrix}\quad
b_4^e=\begin{vmatrix}1&1&1\\y_1&y_2&y_3\\z_1&z_2&z_3\end{vmatrix}
\tag{B.4}
$$

$$
c_1^e=\begin{vmatrix}1&1&1\\x_2&x_3&x_4\\z_2&z_3&z_4\end{vmatrix}\quad
c_2^e=-\begin{vmatrix}1&1&1\\x_1&x_3&x_4\\z_1&z_3&z_4\end{vmatrix}\quad
c_3^e=\begin{vmatrix}1&1&1\\x_1&x_2&x_4\\z_1&z_2&z_4\end{vmatrix}\quad
c_4^e=-\begin{vmatrix}1&1&1\\x_1&x_2&x_3\\z_1&z_2&z_3\end{vmatrix}
\tag{B.5}
$$

$$d_1^e=-\begin{vmatrix}1&1&1\\x_2&x_3&x_4\\y_2&y_3&y_4\end{vmatrix}\quad d_2^e=\begin{vmatrix}1&1&1\\x_1&x_3&x_4\\y_1&y_3&y_4\end{vmatrix}\quad d_3^e=-\begin{vmatrix}1&1&1\\x_1&x_2&x_4\\y_1&y_2&y_4\end{vmatrix}\quad d_4^e=\begin{vmatrix}1&1&1\\x_1&x_2&x_3\\y_1&y_2&y_3\end{vmatrix} \tag{B.6}$$

将上面各式代入式 $\boldsymbol{A}_e=\int_{\Omega_e}(\nabla\times\boldsymbol{N}_k)\cdot(\nabla\times\boldsymbol{N}_j)\mathrm{d}\Omega_e$，得 A_{kj}^e各元素：

$$A_{kj}^e=\frac{l_k^e l_j^e\Omega_e}{(6\Omega_e)^4}\begin{bmatrix}(c_{k_1}^e d_{k_2}^e-d_{k_1}^e c_{k_2}^e)\ (c_{j_1}^e d_{j_2}^e-d_{j_1}^e c_{j_2}^e)\\+\ (d_{k_1}^e b_{k_2}^e-b_{k_1}^e d_{k_2}^e)\ (d_{j_1}^e b_{j_2}^e-b_{j_1}^e d_{j_2}^e)\\+\ (b_{k_1}^e c_{k_2}^e-c_{k_1}^e b_{k_2}^e)\ (b_{j_1}^e c_{j_2}^e-c_{j_1}^e b_{j_2}^e)\end{bmatrix} \tag{B.7}$$

而 $\boldsymbol{N}_k\cdot\boldsymbol{N}_j$ 可表示为

$$\boldsymbol{N}_k\cdot\boldsymbol{N}_j=\frac{l_k^e l_j^e}{(6\Omega_e)^2}\left[L_{k_1}^e L_{j_1}^e f_{k_2j_2}-L_{k_1}^e L_{j_2}^e f_{k_2j_1}-L_{k_2}^e L_{j_1}^e f_{k_1j_2}+L_{k_2}^e L_{j_2}^e f_{k_1j_1}\right] \tag{B.8}$$

式中，$f_{k_1j_1}=b_{k_1}^e b_{j_1}^e+c_{k_1}^e c_{j_1}^e+d_{k_1}^e d_{j_1}^e$，$f_{k_1j_2}$、$f_{k_2j_1}$和$f_{k_2j_2}$以此类推。将式（B.8）代入 $\boldsymbol{B}_e=\int_{\Omega_e}\boldsymbol{N}_k\cdot\boldsymbol{N}_j\mathrm{d}\Omega_e$ 中，并利用如下积分表达式：

$$\int_{\Omega_e}(L_1^e)^h(L_2^e)^l(L_3^e)^m(L_4^e)^n\mathrm{d}\Omega_e=\frac{h!\ l!\ m!\ n!}{(h+l+m+n+3)!}6\Omega_e \tag{B.9}$$

可得 B_{kj}^e各元素：

$$\begin{cases}B_{11}^e=\dfrac{(l_1^e)^2}{360\Omega_e}(f_{22}-f_{12}+f_{11})\\B_{12}^e=\dfrac{l_1^e l_2^e}{720\Omega_e}(2f_{23}-f_{21}-f_{13}+f_{11})\\B_{13}^e=\dfrac{l_1^e l_3^e}{720\Omega_e}(2f_{24}-f_{21}-f_{14}+f_{11})\end{cases} \tag{B.10}$$

$$\begin{cases}B_{14}^e=\dfrac{l_1^e l_4^e}{720\Omega_e}(f_{23}-f_{22}-2f_{13}+f_{12})\\B_{15}^e=\dfrac{l_1^e l_5^e}{720\Omega_e}(f_{22}-f_{24}-f_{12}+2f_{14})\\B_{16}^e=\dfrac{l_1^e l_6^e}{720\Omega_e}(f_{24}-f_{23}-f_{14}+f_{13})\end{cases} \tag{B.11}$$

$$\begin{cases} B_{22}^e = \dfrac{(l_2^e)^2}{360\Omega_e}(f_{33} - f_{13} + f_{11}) \\ B_{23}^e = \dfrac{l_2^e l_3^e}{720\Omega_e}(2f_{34} - f_{13} - f_{14} + f_{11}) \\ B_{24}^e = \dfrac{l_2^e l_4^e}{720\Omega_e}(f_{33} - f_{23} - f_{13} + 2f_{12}) \\ B_{25}^e = \dfrac{l_2^e l_5^e}{720\Omega_e}(f_{23} - f_{34} - f_{12} + f_{14}) \\ B_{26}^e = \dfrac{l_2^e l_6^e}{720\Omega_e}(f_{13} - f_{33} - 2f_{14} + f_{34}) \end{cases} \tag{B. 12}$$

$$\begin{cases} B_{33}^e = \dfrac{(l_3^e)^2}{360\Omega_e}(f_{44} - f_{14} + f_{11}) \\ B_{34}^e = \dfrac{l_3^e l_4^e}{720\Omega_e}(f_{34} - f_{24} - f_{13} + f_{12}) \\ B_{35}^e = \dfrac{l_3^e l_5^e}{720\Omega_e}(f_{24} - f_{44} - 2f_{12} + f_{14}) \\ B_{36}^e = \dfrac{l_3^e l_6^e}{720\Omega_e}(f_{44} - f_{34} - f_{14} + 2f_{13}) \end{cases} \tag{B. 13}$$

$$\begin{cases} B_{44}^e = \dfrac{(l_4^e)^2}{360\Omega_e}(f_{33} - f_{23} + f_{22}) \\ B_{45}^e = \dfrac{l_4^e l_5^e}{720\Omega_e}(f_{23} - 2f_{34} - f_{22} + f_{24}) \\ B_{46}^e = \dfrac{l_4^e l_6^e}{720\Omega_e}(f_{34} - f_{33} - 2f_{24} + f_{23}) \end{cases} \tag{B. 14}$$

$$\begin{cases} B_{55}^e = \dfrac{(l_5^e)^2}{360\Omega_e}(f_{22} - f_{24} + f_{44}) \\ B_{56}^e = \dfrac{l_5^e l_6^e}{720\Omega_e}(f_{24} - 2f_{23} - f_{44} + f_{34}) \end{cases} \tag{B. 15}$$

$$B_{66}^e = \frac{(l_6^e)^2}{360\Omega_e}(f_{44} - f_{34} + f_{33}) \tag{B. 16}$$